全国中级注册安全工程师职业资格考试辅导教材

建筑施工安全生产专业实务

全国中级注册安全工程师职业资格考试辅导教材编写委员会　编写

中国建筑工业出版社
中国城市出版社

图书在版编目（CIP）数据

建筑施工安全生产专业实务／全国中级注册安全工
程师职业资格考试辅导教材编写委员会编写. — 北京：
中国城市出版社，2022.8
全国中级注册安全工程师职业资格考试辅导教材
ISBN 978-7-5074-3532-0

Ⅰ. ①建… Ⅱ. ①全… Ⅲ. ①建筑施工-安全生产-
资格考试-教材 Ⅳ. ①TU714.2

中国版本图书馆 CIP 数据核字（2022）第 179806 号

责任编辑：蔡文胜
责任校对：李美娜

全国中级注册安全工程师职业资格考试辅导教材
建筑施工安全生产专业实务
全国中级注册安全工程师职业资格考试辅导教材编写委员会　编写

*

中国建筑工业出版社、中国城市出版社出版、发行（北京海淀三里河路 9 号）
各地新华书店、建筑书店经销
北京鸿文瀚海文化传媒有限公司制版
北京君升印刷有限公司印刷

*

开本：787 毫米×1092 毫米　1/16　印张：13½　字数：331 千字
2022 年 11 月第一版　　2022 年 11 月第一次印刷
定价：**40.00** 元
ISBN 978-7-5074-3532-0
（904503）

前　言

自 2002 年注册安全工程师制度实施以来，安全生产形势发生了深刻变化，对注册安全工程师制度建设提出了新要求。2016 年 12 月印发的《中共中央 国务院关于推进安全生产领域改革发展的意见》和《安全生产法》对加强安全生产监督管理，完善注册安全工程师职业资格制度作出了明确要求。2017 年 11 月原国家安全生产监督管理总局联合人力资源和社会保障部印发了《注册安全工程师分类管理办法》，对注册安全工程师的分级分类、考试、注册、配备使用、职称对接、职责分工等作出了新规定。

《注册安全工程师职业资格制度规定》和《注册安全工程师职业资格考试实施办法》出台，注册安全工程师改革由此开始。此次改革主要是在总结实践经验基础上，按照新的法规制度要求进行的，有利于加强安全生产领域专业化队伍建设，有利于防范遏制重特大生产安全事故发生，推动安全生产形势持续稳定好转。《注册安全工程师职业资格制度规定》将注册安全工程师设置为高级、中级、初级三个级别，划分为煤矿安全、金属非金属矿山安全、化工安全、金属冶炼安全、建筑施工安全、道路运输安全、其他安全（不包括消防安全）七个专业类别。

作为一项被纳入国家职业资格考试目录的专业考试，越来越多的企业开始注重安全生产，安全管理人才也日益被重视。为了帮助广大参加中级注册安全工程师职业资格考试的考生复习备考，我们组织了有多年教学和培训经验的老师编写了"全国中级注册安全工程师职业资格考试辅导教材"系列图书，编写老师对命题要点做了深层次的剖析与总结，凝聚了考试命题的题源和考点，能够提升备考效率 50%。

本套丛书包括公共科目和专业科目，其中公共科目为《安全生产法律法规》《安全生产管理》《安全生产技术基础》，专业科目为《建筑施工安全生产专业实务》《化工安全生产专业实务》《其他安全生产专业实务》。

本套丛书能有效帮助考生快速掌握考试内容，特别适宜那些没有时间和精力深入系统学习考试用书的考生。

本书在编写过程中，虽然几经斟酌和讨论，但由于时间所限，难免存在疏漏和不妥之处，恳请读者指正。

3

目　　录

第一章 建筑施工安全基础

第一节 我国建筑施工生产概述

考点1 建筑业面临的不利客观因素

（1）建设工程是一个庞大的人机工程。施工人员的不安全行为和物的不安全状态是导致意外伤害事故造成损害的直接原因。

（2）与制造企业生产方式和生产规律不同，建设项目的施工具有单件性。

（3）项目施工还具有离散性的特点。

（4）建筑施工大多在露天的环境中进行，所进行的活动必然受到施工现场的地理条件、气候、气象条件的影响。

（5）建设工程往往有多方参与，管理层次比较多，管理关系复杂。

（6）目前世界各国的建筑业仍属于劳动密集型产业，技术含量相对偏低，建筑工人的文化素质较差。

考点2 建筑施工安全生产管理内容

序号	项目			内容
1	概述			建筑施工企业和施工现场都应该建立相应的安全生产管理体系，安全生产管理体系应成为企业生产经营管理系统的重要组成部分
2	建筑施工企业的管理层次	决策层	总公司（公司）	企业法定代表人、经理、企业分管生产和安全的副经理、安全总监及技术负责人等，他们在安全生产管理中起决策和指挥作用，是企业决策层安全生产管理的主要负责人
3		管理层	施工项目部	项目经理是企业安全生产管理层的重要角色，更是施工现场承担安全生产的第一责任人，对施工现场安全生产管理负总责，是施工现场安全生产管理的决策人物
4		操作层	班组	操作层是安全生产的基础环节。在建筑施工企业，专职从事安全生产管理工作的人员，包括企业安全生产管理机构的负责人及其工作人员、施工现场专职安全生产管理人员，是企业操作层的安全生产管理负责人

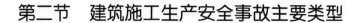

第二节 建筑施工生产安全事故主要类型

考点 总体事故类型

房屋和市政工程事故类型：高处坠落事故；物体打击事故；坍塌事故；起重伤害事故；机械伤害事故；触电、车辆伤害、中毒和窒息、火灾和爆炸及其他类型事故。

第三节 建筑施工危险因素辨识方法

考点1 建筑施工危险等级划分标准

序号	危险等级	事故后果	危险等级系数
1	Ⅰ	很严重	1.10
2	Ⅱ	严重	1.05
3	Ⅲ	不严重	1.00

考点2 危险因素辨识方法

（1）现场交谈询问。

（2）经验判断。

（3）查阅事故案例。

（4）工作任务和工艺过程分析。

（5）安全检查表法。

考点3 危险因素监控措施

（1）列出危险源清单。

（2）登记建档：重大危险源档案应包括：识别评价记录、重大危险源清单、分布区域与警示布置、监控记录、应急预案等。

（3）编制方案。

（4）监督实施：旁站式监督。

（5）公示告知：建筑施工企业应建立施工现场重大危险源公示制度，告知现场作业人员及相关方。

（6）跟踪监控。

（7）制定应急预案。

（8）告知应急措施。

第四节　建筑施工组织设计

📝 考点 1　建筑施工组织设计

序号	项目		内容
1	定义		是以施工项目为对象编制的，用以指导施工的技术、经济和管理的综合性、纲领性文件
2	分类	施工组织总设计	（1）编制对象：群体工程或特大型项目。 （2）作用：编制单位（项）工程施工组织设计的基础。 （3）审批人：总承包单位技术负责人
3		单位工程施工组织设计	（1）编制对象：单位（子单位）工程。 （2）作用：编制施工方案的基础。 （3）审批人：施工单位技术负责人或技术负责人授权的技术人员
4		施工方案	（1）编制对象：分部（分项）工程或专项工程。 （2）作用：具体指导其施工过程。 （3）审批人：项目技术负责人
5	编制		施工单位

📝 考点 2　建筑施工组织设计编制原则与依据

序号	项目	内容
1	编制原则	（1）符合施工合同或招标文件中有关工程进度、质量、安全、环境保护、造价等方面的要求。 （2）积极开发、使用新技术和新工艺，推广应用新材料和新设备。 （3）坚持科学的施工程序和合理的施工顺序，采用流水施工和网络计划等方法，科学配置资源，合理布置现场，采取季节性施工措施，实现均衡施工，达到合理的经济技术指标。 （4）采取技术和管理措施，推广建筑节能和绿色施工。 （5）与质量、环境和职业健康安全三个管理体系有效结合
2	编制依据	（1）与工程建设有关的法律、法规和文件。 （2）国家现行有关标准和技术经济指标。 （3）工程所在地区行政主管部门的批准文件，建设单位对施工的要求。 （4）工程施工合同或招标投标文件。 （5）工程设计文件。 （6）工程施工范围内的现场条件，工程地质及水文地质，气象等自然条件。 （7）与工程有关的资源供应情况。 （8）施工企业的生产能力、机具设备状况、技术水平等

第二章　建筑施工机械安全技术

第一节　起重机械安全技术

📖 考点1　塔式起重机

一、塔式起重机分类

序号	类别		内容
1	回转方式	上回转式塔式起重机	(1) 塔身不回转，回转部分装在上部，是目前建筑工地使用最多的一种塔式起重机。 (2) 特点：底部轮廓尺寸小，对建筑场地空间要求较小，不影响建筑材料堆场的使用；由于塔身不转，回转时转动惯量较小，起重能力比较大，起升高度比较高，便于改装成附着式塔式起重机，能适用多种形式建筑物的施工需要
2		下回转式塔式起重机	(1) 塔身结构比较轻便，回转机构装设于下部，塔身可以转动，一般采用整体拖运、自行架设方式，拆装容易、转场快。 (2) 底部转台和平衡臂的尺度较大，并要保证塔式起重机与建筑物至少600mm以上的安全距离
3	变幅方式	小车变幅式塔式起重机	起重臂始终处于水平位置，变幅小车悬挂于臂架下弦杆上，两端分别与变幅卷扬机的钢丝绳连接，依靠电机的转动带动卷扬机转动并进而使变幅小车运动
4		动臂变幅式塔式起重机	通过改变起重臂的仰角运动进行变幅的，幅度的改变是利用变幅卷扬机和变幅滑轮组系统来实现的
5	重臂支承方式	塔头式小车变幅式塔式起重机	上部结构主要由塔头、回转塔身（或上回转平台）、平衡臂、平衡臂拉杆、平衡重、起重臂及起重臂拉杆等组成，并通过铰接连接
6		平头式小车变幅式塔式起重机	上部结构主要包括平衡臂、平衡臂拉杆、平衡重、回转塔身与T字架（或上回转平台与A字架）等，上部结构形状呈水平且均为刚性结构
7	有无行走机构	固定式塔式起重机	塔身固定不转，安装在整块混凝土基础上或装设在条形或X形混凝土基础上，既可用作内爬式塔式起重机，也可用作附着式塔式起重机，只适用于高层建筑施工
8		有行走机构的塔式起重机（移动式塔式起重机）	可负载行驶，适用范围较广；需要一个构造复杂的行走机构，造价较高，且因受到塔身刚度和稳定性的影响

序号	类别		内容
9	自身附着式塔式起重机	外部附着式塔式起重机	底座固定在基础上，沿着塔身全高按一定的间隔距离设置若干附着装置，使塔身依附在建筑物上，将塔身和建筑物连成一体，从而较大地减少了塔身的计算长度，提高了塔身的承载能力
10		内部爬升式塔式起重机	（1）该类型结构和普通上回转塔式起重机基本相同，只增加了一套爬升框（或一个爬升套架）和一套爬升机构。 （2）该类型结构不占用建筑物外围空间，其幅度可设计制造得小一些，起重能力相对设计得大一些，塔身可以做得较短，结构较轻，造价较低，特别适用于城区改造工程。 （3）缺点是：司机在进行吊装时不能直接看到起吊过程，操作不便；施工结束后，解体比较费工费时；由于需要在屋顶上解体，因此建筑物的局部需要加强，使建筑物的造价增高，建筑施工复杂化

二、塔式起重机的特点、参数

序号	项目	内容
1	特点	（1）一种非连续性搬运机械，在高层建筑施工中其幅度利用率比其他类型起重机高。 （2）幅度利用率可达全幅度的80%。 （3）可以将构件、设备或其他重物、材料准确地吊运到建筑物的任一作业面，吊运的方式、速度优于其他起重设备，各类物体均能便捷地吊装就位，优势明显
2	参数	主参数：最大额定起重力矩，是最大额定起重量重力与其在设计确定的各种组合臂长中所能达到的最大工作幅度的乘积

三、塔式起重机的基本构造

分解为金属结构、工作机构、驱动控制系统和安全防护装置四个部分。

四、塔式起重机的工作机构

序号	构造名称	内容
1	起升机构	（1）功能：实现物品的上升或下降。 （2）组成：驱动装置、传动装置、制动装置和工作装置
2	变幅机构	（1）功能：改变吊钩的幅度位置。 （2）组成： ①小车变幅机构：电动机、减速器、卷筒、制动器和机架。优点是：变幅时重物水平移动，给安装工作带来了方便，速度快，效率高，幅度有效利用大。缺点是：吊臂承受压、弯载荷共同作用，受力状态不好，结构自重较大。 ②动臂变幅机构：电动机、制动器、联轴器、减速器和卷筒
3	回转机构	（1）功能：使起重臂架做360°的回转，改变吊钩在工作平面内的位置。 （2）组成：回转支承装置、回转驱动装置
4	大车运行机构	功能：使整台塔式起重机移动位置，改变其作业地点，一般情况下其大车运行机构只适合塔高40～60m以下使用，移动式塔式起重机超过规定的行走高度使用时必须改装为固定附着式塔式起重机

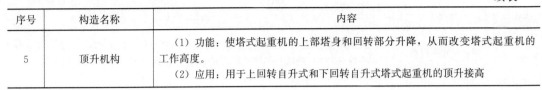

续表

序号	构造名称	内容
5	顶升机构	(1) 功能：使塔式起重机的上部塔身和回转部分升降，从而改变塔式起重机的工作高度。 (2) 应用：用于上回转自升式和下回转自升式塔式起重机的顶升接高

五、塔式起重机的安全防护装置分类

（1）限位开关（限位器）。

（2）超载荷保险器（超载断电装置）。

（3）缓冲止挡装置。

（4）钢丝绳防脱装置。

（5）风速计。

（6）紧急安全开关。

（7）安全保护音响信号。

六、塔式起重机常见安全防护装置

序号	防护装置名称		内容
1	行程限位器	起升高度限位器	(1) 用以防止吊钩行程超越极限，以免碰坏起重机臂架和出现钢丝绳乱绳现象。 (2) 分为吊钩上极限位置的起升高度限位器和吊钩下极限位置的起升高度限位器，在施工现场一般情况下只设置吊钩上极限位置的起升高度限位器
2		回转限位器	塔式起重机的幅度限位的限制范围是1080°（即可旋转三圈），并不具备限制起重臂的回转角度的能力，而且根据塔式起重机的特性也不允许采用此种方法限制回转范围
3		幅度限位器	(1) 使小车在到达臂架头部或臂架根端之前停车，防止小车越位事故的发生。 (2) 对于动臂变幅式塔式起重机，设置臂架低位置和臂架高位置的限位开关，用以防止俯仰变幅臂架在变幅过程中，由于误操作而使臂架向上仰起过度，导致整个臂架向后翻倒事故
4		行走限位器	(1) 用以限制大车行走范围，防止由于大车越位行走而造成的出轨倒塔事故。 (2) 大车行走限位器分别由限位开关、摇臂和滚轮等组成
5	起重量限制器（测力环）		整个装置由导向滑轮、测力环及限位开关等组成
6	力矩限制器		(1) 装设在塔顶结构的主弦杆上。 (2) 由调节螺母、螺钉、限位开关及变形作用放大杆等组成。 (3) 塔式起重机负载时，塔顶结构主弦杆便会因负载而产生变形。当荷载过大超过额定值时，主弦杆就产生显著变形。此变形通过放大杆的作用而使螺钉压迫限位开关触头的压键，从而切断起升机构的电源

七、专项施工方案的编制

（1）对于起重量300kN及以上，或搭设总高度200m及以上，或搭设基础标高在

200m 及以上的塔式起重机的安装、拆卸工程属于超过一定规模的危险性较大的分部分项工程范围，应由施工单位组织专家论证；实行施工总承包的，由施工总承包单位组织召开专家论证会。专家论证前专项施工方案应通过施工单位审核和总监理工程师审查。

（2）塔式起重机专项施工方案应由施工总承包单位组织编制，也可由塔式起重机安装、拆卸单位编制，编制完成后由施工单位技术负责人审核签字、加盖单位公章，并由监理工程师审查签字、加盖执业印章后方可实施。由塔式起重机安装、拆卸单位编制专项施工方案的，应由总承包单位技术负责人及分包单位技术责任人共同审核签字并加盖单位公章。

（3）塔式起重机安装专项施工方案内容：工程概况；安装位置平面和立面图；所选用的塔式起重机型号及性能技术参数；基础和附着装置的设置；爬升工况及附着点详图；安装顺序和安全质量要求；主要安装部件的质量和吊点位置；安装辅助设备的型号、性能及布置位置；电源的位置；施工人员配置；吊索具和专用工具的配备；安装工艺顺序；安全装置的调试；重大危险源和安全技术措施；应急预案等。

（4）塔式起重机在使用过程中需要附着的，应制定附着专项施工方案，由使用单位委托原安装单位或者具有相应资质的安装单位按照专项施工方案实施，并按规定组织验收。验收合格后，方可投入使用。

（5）专项施工方案实施前，按规定组织安全施工技术交底签字确认，将资料（专项施工方案、安装拆卸人员名单、安装拆卸时间等）报施工总承包单位和监理单位审核合格后，告知工程所在地县级以上地方人民政府建设主管部门。

八、塔式起重机安装前准备工作

序号	项目	内容
1	安装施工技术交底	（1）交底应写明交底时间、交底人，所有接受交底的人员均应签字，不得代签。 （2）交底内容应包含参加安装作业的人员、工种及责任，所使用起重设备的起重能力和特点，作业环境，安全操作规程，注意事项以及防护措施
2	检查安装场地及施工现场环境条件	（1）进场安装前，应对施工现场的环境条件勘察确认，不符合安装条件不得施工作业。 （2）不同施工位置的要求： ①基坑边安装应注意边坡的稳定性及承载力，应计算其是否符合要求。 ②基坑下安装应注意坡道稳定性及承载力，坡道不宜太陡。 ③在地下室顶板、栈桥或屋顶上站位时应核算承载力，必要时进行加固处理。 ④在桩基础、格构柱基础上的混凝土承台或钢承台上安装时，必须验算桩及格构柱承载力。 ⑤安装工地应具备能量足够的电源，并须配备一个专用电源箱
3	检查安装工具设备及安全防护用具	安装前应仔细检查安装工具、设备及安全防护用品的可靠性，确保无任何问题方可开始施工

九、塔式起重机安装流程

基础的制作与安装→安装塔身→安装顶升套架→安装回转支承（安装回转支承和回转机构，因回转部分是安装过程中起重量最大的环节，建议在正式吊装前进行试吊装）→安装塔司节和司机室→安装平衡臂→安装塔尖→安装起重臂→安装钢丝绳和电气装置→调试。

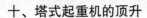

十、塔式起重机的顶升

在顶升操作过程中不得随意拆卸液压元器件。

（1）顶升前的准备：应在顶升时起重臂的正下方准备好顶升用的标准节，并选择好配平用的重物。

（2）顶升系统试运转：应在顶升油缸的全行程进行试运转。

（3）将待顶升的标准节安放到引进梁（或平台）上。

（4）吊起配平用的重物，调整变幅小车的位置找到平衡点（检查顶升套架靠轮的间隙是否符合要求）。

（5）根据说明书的要求进行顶升作业。

十一、塔式起重机的验收程序

序号	程序	说明
1	安装单位自检	（1）安装单位安装完成后，应及时组织单位的技术人员、安全人员、安装组长对塔式起重机进行验收。 （2）验收内容包括：塔式起重机安装方案及交底、基础资料、金属结构、运转机构（起升、变幅、回转、行走）、安全装置、电气系统、绳轮钩部件
2	第三方机构检验	检测单位完成检测后，出具的检测报告是整机合格，可能会有一些一般项目不合格；设备供应方应对不合格项目进行整改，并出具整改报告
3	资料审核	施工单位对资料原件进行审核，审核通过后，留存加盖单位公章的复印件，并报监理单位审核。监理单位审核完成后，施工单位组织设备验收
4	组织验收	施工单位组织设备供应方、安装单位、使用单位、监理单位对塔式起重机联合验收。实行施工总承包的，由施工总承包单位组织验收
5	验收完使用登记	塔式起重机安装验收合格之日起 30 日内，施工单位应向工程所在地县级以上地方人民政府建设主管部门办理建筑起重机械使用登记

十二、塔式起重机的使用

序号	使用要求	相关要点
1	安全正常使用条件	（1）工作环境温度为－20～+40℃。 （2）安装架设时塔式起重机顶部 3s 时距平均瞬时风速不大于 12m/s，工作状态时不大于 20m/s。 （3）无易燃和/或易爆气体、粉尘等非危险场所。 （4）海拔高度 1000m 以下。 （5）塔式起重机基础符合产品使用说明书中的规定。 （6）使用工作级别不高于产品使用说明书的规定
2	持证上岗、技术交底	塔式起重机起重司机、起重信号工等操作人员应取得特种作业人员资格证书，严禁无证上岗。塔式起重机使用前，应对起重司机、起重信号工等作业人员进行安全技术交底

序号	使用要求	相关要点
3	安全操作要求	（1）安全保护装置（塔式起重机的力矩限制器、起重量限制器、幅度限位器、行走限位器、起升高度限位器等）不得随意调整和拆除，严禁用限位装置代替操纵机构。安全装置有失灵时，不得进行吊装作业。 （2）进行回转、变幅、行走、起吊动作前应示意警示。起吊时应统一指挥，明确指挥信号；当指挥信号不清楚时，不得起吊。 （3）起吊作业前，应按规程的要求对吊具与索具进行检查，确认合格后方可进行吊装作业；吊具与索具不符合规定，不得用于起吊作业。当吊物与地面或其他物件之间存在吸附力或摩擦力而未采取处理措施时，不得起吊。 （4）塔式起重机不得起吊重量超过额定载荷的吊物，并不得起吊重量不明的吊物。在吊物荷载达到额定载荷的90%时，应先将吊物吊离地面200～500mm后，检查机械状况、制动性能、物件绑扎情况等，确认无误后方可起吊。对有晃动的物件，必须检拉溜绳使之稳固。 （5）物件起吊时绑扎牢固，不得在吊物上堆放或悬挂其他物件；零星材料起吊时，必须用吊笼或钢丝绳绑扎牢固。当吊物上站人时不得起吊。 （6）标有绑扎位置或记号的物件，应按标明位置绑扎。钢丝绳与物件的夹角宜为45°～60°，且不得小于30°。 （7）作业完毕后，应松开回转制动器，各部件应置于非工作状态，控制开关应置于零位，并应切断总电源。移动式塔式起重机停止作业时，应锁紧夹轨器。 （8）使用高度超过30m时应配置障碍灯，起重臂根部铰点高度超过50m时，应配备风速仪
4	检查与维护保养要求	（1）执行交接班制度，认真填写交接班记录，接班司机经检查确认无误后，方可开机作业。 （2）重要部件和安全装置等应进行经常性检查，每月不得少于一次。 （3）使用过程中塔式起重机发生故障时，应及时维修，维修期间应停止作业。 （4）修理后应对维修部位进行检查和试运转，确认无误后方可作业

📝 考点2　施工升降机

一、施工升降机的分类方式

序号	项目	类别
1	传动形式	分为齿轮齿条式（C）、钢丝绳式（S）、混合式（H）三种
2	导轨架形式	分为垂直式、倾斜式（Q）、曲线式（Q）三种
3	导轨架截面形状	分为三角形导轨架式（T）、矩形导轨架式、单片导轨架式三种
4	吊笼的数量	分为单笼式、双笼式两种
5	吊笼载荷种类	分为人货两用式、货用式两种
6	工作机构的形状	分为吊笼式、平台式两种
7	是否带对重	分为带对重式（D）、不带对重式两种
8	提升速度	分为低速式、中速式、高速式三种
9	是否带变频调速	分为普通式、变频式两种

二、施工升降机的型号编制方法

序号	项目	内容
1	主参数代号	单吊笼施工升降机只标注一个数值，双吊笼施工升降机标注两个数值，用符号"/"分开，每个数值均为一个吊笼的额定载重量代号
2	特性代号	表示施工升降机两个主要特性的符号。对重代号：有对重时标注 D，无对重时省略
3	标记示例	$\square$ $\square$ $\square$ $\triangle$ / $\triangle$ $\square$ 变型更新代号：用 A、B、C… 表示 主参数代号：额定载重量×10⁻¹kg 特性代号：D—有对重(无对重省略) 型式代号：C—齿轮齿条式 类组代号：S—施工升降机

三、施工升降机通常包含的内容

吊笼、外笼、导轨架节、附墙架、传动机构、吊杆、天轮及对重装置、电缆导向装置、电控系统、超载保护器、楼层呼叫系统、自动平层系统、安全层门装置。

四、施工升降机基本构造

序号	构造名称	内容
1	吊笼	(1) 吊笼是一种钢结构，由安装在吊笼上的滚轮沿导轨架做上下运行。 (2) 施工升降机的限速器采用单齿或三齿限速器。三齿限速器的制动原理同单齿限速器完全一样，但具有相对较大的制动力矩
2	导轨架节	通常称为标准节，每个导轨架节高 1508mm，截面主立管中心距为 650mm×650mm，齿条模数为 8mm
3	附墙架	沿导轨架高度，一般每隔 3～10.5m 安装一道附墙架
4	传动机构	由电动机、电磁制动器、弹性联轴器、减速机、传动齿轮和传动小车架等组成
5	吊杆	(1) 安装在吊笼顶上，在装、拆导轨架时用来起吊标准节或附墙架等零部件。 (2) 额定载重量通常为 200kg 或 300kg
6	天轮及对重装置	(1) 仅为带对重升降机使用。 (2) 对重主要用于不改变升降机载重量的情况下减少电能消耗
7	电缆导向装置	用于使接入吊笼内的供电电缆线在随吊笼上下运行时能保持在同一垂直线，不偏离固定通道，确保对吊笼正常供电
8	安全装置	(1) 安全开关：任一门开启或未关闭，吊笼均不能运行。 (2) 上、下限位开关和极限开关：因故不停车超过安全距离，极限开关动作切断总电源，使吊笼制动。 (3) 防冲顶限位开关：吊笼运行至导轨架顶端时，限位开关动作切断电源。 (4) 限速保护开关：安全器动作时，通过机电连锁切断电源。 (5) 松断绳保护开关：绳断或松，松断绳保护开关将切断升降机电源。 (6) 超载保护器：当吊笼超载时警铃报警，吊笼不能启动

五、安装和拆卸工程专项施工方案的编制

序号	项目	内容
1	方案的编制要求	（1）施工升降机的专项施工方案应当由施工总承包单位组织编制，也可以由施工升降机安装、拆卸单位编制，编制完成后由施工单位技术负责人审核签字、加盖单位公章，并由总监理工程师审查签字、加盖执业印章后方可实施。由施工升降机安装、拆卸单位编制专项施工方案的，应当由总承包单位技术负责人及分包单位技术负责人共同审核签字并加盖单位公章。 （2）对于搭设总高度200m及以上，或搭设基础标高在200m及以上的施工升降机安装、拆卸工程属于超过一定规模的危险性较大的分部分项工程范围，应当由施工单位组织专家进行方案论证；实行施工总承包的，由施工总承包单位组织召开专家论证会。专家论证前专项施工方案应当通过施工单位审核和总监理工程师审查
2	方案的编制内容	工程概况；编制依据；作业人员组织和职责；施工升降机安装位置平面、立面图和安装作业范围平面图；施工升降机技术参数、主要零部件外形尺寸和质量；辅助起重设备的种类、型号、性能及位置安排；吊索具的配置、安装与拆卸工具及仪器；安装、拆卸步骤与方法；安全技术措施；安全应急预案
3	附着的要求	附着按下列程序进行： （1）使用单位应当委托原安装单位或者具有相应资质的安装单位按专项施工方案实施。 （2）安装完毕后，组织安装、监理等有关单位进行检验，并委托具有相应资质的检验检测机构进行验收。 （3）验收合格后，由安监单位办理使用登记证，然后才可正式投入使用。 注意：实行施工总承包的，由施工总承包单位组织验收
4	接高的要求	使用单位应委托原安装单位或具有相应资质的安装单位按专项施工方案实施后，方可投入使用

六、施工升降机的安装作业程序

序号	作业程序	相关说明
1	安全施工技术交底	（1）交底要求：交底应有书面记录，并写明交底时间、交底人，所有接受交底的人员均应签字，不得代签。 （2）交底内容：参加安装作业的人员、工种及责任，所使用起重设备的起重能力和特点，作业环境，安全操作规程，注意事项以及防护措施
2	检查安装场地及施工现场环境条件	（1）环境要求：安装现场道路必须便于运输车辆进出，有满足安装要求的平整场地堆放施工升降机。安装用辅助机械的施工范围内，不得有妨碍安装的构筑物、建筑物、高压线以及其他设施或设备。安装用辅助机械的站位基础必须满足吊装要求，基础承载力必须满足要求。 （2）工地具备电源，并配备一个专供升降机使用的电源箱，每个吊笼均应由一个开关控制
3	检查安装工具设备及安全防护用具	安装前应仔细检查安装工具、设备及安全防护用品的可靠性，确保无任何问题方可开始施工
4	双笼不带对重升降机的安装程序	（1）将基础表面清扫干净后安装底盘，然后安装1个基础节和安装2个标准节，将左右两吊笼下的吊笼缓冲弹簧安装到位。 （2）安装吊笼。

续表

序号	作业程序	相关说明
4	双笼不带对重升降机的安装程序	（3）左右吊笼电机分别通电试运行：要求升降机启制动平稳，无异常声音。齿轮与齿条的啮合间隙应保证 0.2～0.5mm。导轮与齿条背面的间隙为 0.5mm。各个滚轮与标准节立管的间隙为 0.5mm。 （4）安装调试
5	施工升降机的接高	（1）接高前检查：标准节不应有明显变形或严重锈蚀，焊缝不应有明显缺陷，立管、齿条等不应严重磨损。 （2）不带对重升降机的接高程序
6	施工升降机的验收程序（同塔式起重机）	（1）安装单位自检。安装单位安装完成后，应及时组织单位的技术人员、安全人员、安装组长对施工升降机进行验收。验收内容包括：施工升降机安装方案及交底、基础资料、金属结构、运转机构、安全装置、电气系统、绳轮钩部件。 （2）第三方机构检验。检测单位完成检测后，出具的检测报告是整机合格，其中可能会有一些一般项目不合格；设备供应方应对不合格项目进行整改，并出具整改报告。 （3）资料审核。施工单位对资料原件进行审核，审核通过后，留存加盖单位公章的复印件，并报监理单位审核。监理单位审核完成后，施工单位组织设备验收。 （4）组织验收。施工单位组织设备供应方、安装单位、使用单位、监理单位对施工升降机联合验收。实行施工总承包的，由施工总承包单位组织验收
7	验收完成后的使用登记	施工升降机安装验收合格之日起 30 日内，施工单位应向工程所在地县级以上地方人民政府建设主管部门办理建筑起重机械使用登记

七、施工升降机的安全使用

（1）升降机司机必须经专门安全技术培训，考试合格，持证上岗。严禁酒后作业。

（2）每班首次运行时，必须空载及满载运行，梯笼升离地面 1m 左右停车，检查制动器灵敏性，然后继续上行楼层平台，检查安全防护门、上限位、前后门限位，确认正常方可投入运行。

（3）运行至最上层和最下层时仍应操纵按钮，严禁以行程限位开关自动碰撞的方法停机。作业后，将梯笼降到底层，各控制开关扳至零位，切断电源，锁好闸箱和梯门。

（4）梯笼乘人、载物时必须使载荷均匀分布，严禁超载作业。

（5）楼层平台安全防护门必须向内开启设计，乘坐人员卸货后必须插好安全防护门。

（6）安全吊杆有悬挂物时不得开动梯笼。

考点3 物料提升机

一、物料提升机的分类

序号	分类依据	类型
1	结构形式	龙门架式和井架式
2	驱动方式	卷扬式和曳引式（应用较少，由于其依靠摩擦力作为动力，在施工现场不易采用）

注意：施工现场使用高度不得超过 25m 的物料提升机。

二、物料提升机的组成

由吊笼、架体、提升与传动机构、附着装置、安全保护装置和电器控制装置组成。

三、物料提升机的基本构造

序号	构造名称	相关要点
1	架体	(1) 主要构件：有底架、立柱、导轨和天梁。 (2) 导轨：是为吊笼提供导向的部件，可用工字钢或钢管。可固定在立柱上，也可直接用立柱主肢作为吊笼垂直运行的导轨
2	提升与传动机构	(1) 卷扬机选用：是物料提升机主要的提升机构。不得选用摩擦式卷扬机，宜选用可逆式卷扬机。 (2) 卷扬机卷筒：边缘外周至最外层钢丝绳的距离应不小于钢丝绳直径的 2 倍，且应有防止钢丝绳滑脱的保险装置；卷筒与钢丝绳直径的比值应不小于 30。 (3) 吊笼（吊篮）：是装载物料沿提升机导轨做上下运行的部件，侧应设置高度不小于 100cm 的安全挡板或挡网
3	附墙架	(1) 概念：是保证提升机架体的稳定性而连接在物料提升机架体立柱与建筑结构之间的钢结构。 (2) 设置要求： ①附墙架与立柱及建筑物连接时应采用刚性连接，并形成稳定结构。 ②附墙架的间隔不宜大于 9m，且在建筑物的顶层宜设置 1 组，附墙后立柱顶部的自由高度不宜大于 6m
4	缆风绳	(1) 概念：是为保证架体稳定而在其四个方向设置的拉结绳索，所用材料为钢丝绳。 (2) 设置要求： ①经计算确定，直径不得小于 9.3mm；当钢丝绳用作缆风绳时，其安全系数为 3.5（计算主要考虑风载）。 ②高架物料提升机在任何情况下均不得采用缆风绳。 ③提升机高度在 20m（含 20m）以下时，缆风绳不少于 1 组（4～8 根）；提升机高度在 20～30m 时不少于 2 组。 ④缆风绳与地面的夹角不应大于 60°，应以 45°～60°为宜
5	地锚	地锚的受力情况、埋设的位置如何都直接影响着缆风绳的作用，常常因地锚角度不够或受力达不到要求发生变形，造成架体歪斜甚至倒塌

四、物料提升机的安全保护装置（8 种）

序号	安全保护装置名称	内容
1	安全停靠装置	(1) 当吊笼停靠在某一层时，能使吊笼稳妥地支靠在架体上的装置，防止因钢丝绳突然断裂或卷扬机抱闸失灵时吊篮坠落。 (2) 当吊笼装载 125% 额定载重量，运行至各楼层位置装卸荷载时，停靠装置应能将吊笼可靠定位
2	断绳保护装置	断绳保护装置必须可靠地把吊笼刹制在导轨上，最大制动滑落距离应不大于 1m，并且不应对结构件造成永久性损坏
3	载重量限制装置	当提升机吊笼内载荷达到额定载重量的 90% 时，应发出报警信号；当吊笼内载荷达到额定载重量的 100%～110% 时，应切断提升机工作电源

续表

序号	安全保护装置名称	内容
4	上极限限位器	应安装在吊笼允许提升的最高工作位置，吊笼的越程（指从吊笼的最高位置到天梁最低处的距离）应不小于3m。当吊笼上升达到限定高度时，限位器即切断电源
5	下极限限位器	应能在吊笼碰到缓冲装置之前动作。当吊笼下降至下限位时，限位器应自动切断电源，使吊笼停止下降
6	吊笼安全门	（1）在吊笼的上料口处装设。 （2）宜采用连锁开启装置。 （3）连锁开启装置可为电气连锁，如果安全门未关，可造成断电，提升机不能工作；也可为机械连锁，吊笼上行时安全门自动关闭
7	缓冲器	（1）应装设在架体的底坑里，当吊笼以额定荷载和规定的速度作用到缓冲器上时，应能承受相应的冲击力。 （2）形式可采用弹簧或弹性实体
8	通信信号装置	是由司机控制的一种音响装置，其音量应能使各楼层使用提升机装卸物料人员清晰听到。当司机不能清楚地看到操作者和信号指挥人员时，必须加装

五、物料提升机的安装与拆卸

序号	项目	内容
1	安装前的准备	基础养护期应不少于7天，基础周边5m内不得挖排水沟
2	安装前的检查	（1）检查提升卷扬机是否完好，地锚拉力是否达到要求，刹车开、闭是否可靠，电压是否在380V×（1±5%）之内，电机转向是否合乎要求。 （2）检查钢丝绳是否完好，与卷扬机的固定是否可靠，特别要检查全部架体达到规定高度时，在全部钢丝绳输出后，钢丝绳长度是否能在卷筒上保持至少3圈
3	安装与拆卸	安装程序：将底架按要求就位→将第一节标准节安于标准节底架上→提升抱杆→安装卷扬机→利用卷扬机和抱杆安装标准节→安装导轨架→安装吊笼→穿绕起升钢丝绳→安装安全保护装置。 拆卸程序：按安装架设的反程序进行

六、物料提升机的验收

序号	程序	内容
1	安装单位自检	（1）安装完成后，应及时组织单位的技术人员、安全人员、安装组长对物料提升机进行验收。 （2）验收内容：物料提升机安装方案及交底、基础资料、金属结构、运转机构、安全装置、电气系统
2	第三方机构检验	检测单位完成检测后，出具的检测报告是整机合格，其中可能会有一些一般项目不合格；设备供应方应对不合格项目进行整改，并出具整改报告，最好采用图文，以保证整改真实性
3	资料审核	施工单位对上述资料原件进行审核，审核通过后，留存加盖单位公章的复印件，并报监理单位审核。监理单位审核完成后，施工单位组织设备验收

续表

序号	程序	内容
4	组织验收	施工单位组织设备供应方、安装单位、使用单位、监理单位对物料提升机联合验收。实行施工总承包的，由施工总承包单位组织验收
5	验收完成后应进行使用登记	施工升降机安装验收合格之日起 30 日内，施工单位应向工程所在地县级以上地方人民政府建设主管部门办理建筑起重机械使用登记

考点 4　汽车起重机

一、汽车起重机的起重臂结构、支腿及伸缩机构、主要机构

序号	项目	内容
1	起重臂结构	（1）起重臂（吊臂）及其伸缩机构：吊臂是起重机最主要部件之一，起重作业的几个主要参数都和它有直接关系。吊臂分主臂和副臂；主臂是自根部与转台相铰接的铰点至头部装设的主起升定滑轮组轴心线之间的起重臂。 （2）副臂：是铰接在主臂头部以延长吊臂的长度的一节或多节结构件
2	支腿及伸缩机构	汽车起重机为了增加中大幅度时的起重能力，都设计有可移动的支腿以增加起重时的稳定力矩。支腿由固定支腿箱和活动支腿箱组成。固定支腿箱与车架焊接成一整体，活动支腿可以在其里面自由伸缩
3	主要机构	（1）起升机构：一般由驱动装置、钢丝绳卷绕系统、取物装置和安全装置等组成。驱动装置部件包括减速机、制动器、马达等。 （2）回转机构：由回转支承和回转驱动装置组成，驱动有电动机和液压两种驱动形式，汽车起重机用回转机构一般是液压驱动。 （3）变幅机构：变幅动作是通过一个或两个双作用油缸的伸缩，达到吊钩中心与回转中心的水平距离（即幅度）发生变化的机构

二、汽车起重机的安全装置

序号	必备装置	内容
1	力矩限制器	（1）对于汽车起重机来说，力矩限制器是重量检测器、长度检测器和幅度检测器等元件及显示器等的总称。 （2）一旦起重力矩达到额定力矩的 95%，黄灯会亮，对操作者提出预警；一旦起重力矩达到额定力矩 100%～102%，将切断起重机危险方面的动作，有效防止破坏的现象发生
2	防过放装置（三圈过放装置）	（1）起重机设计了防过放装置，其主要目的就是提醒操作者，到了一定的吊臂长度后，一定要换倍率，防止吊钩落不到地面。 （2）防过放装置由开关、电位器和一套传动装置组成。
3	起升高度限位装置	由重锤和行程开关等元件组成

三、汽车起重机的安全使用

（1）起重机应在平坦坚实的地面上作业、行走和停放。在正常作业时，坡度不得大于 3°。

15

（2）作业前检查：开动油泵前先使发动机低速运转一段时间。调节支腿，务必按规定顺序打好完全伸出的支腿，使起重机呈水平状态，调整机体使回转支承面的倾斜度在无载荷时不大于1/1000（水准泡居中）。

（3）检查工作地点的地面条件：工作地点地面必须具备能将起重机呈水平状态，并能充分承受作用于支腿的力矩条件。注意地基是否松软，如较松软，必须给支腿垫好能承载的木板或木块。支腿不应靠近地基挖方地段。

四、汽车起重机吊作业中的注意事项

起升（或下降）动作：

（1）严格按载荷表的规定，禁止超载，禁止超过额定力矩。

（2）在起重机作业中绝不能断开全自动超重防止装置（ACS系统），禁止从臂杆前方或侧面拖曳载荷，禁止从驾驶室前方吊货。

（3）操纵中不准猛力推拉操纵杆，开始起升前，检查离合器杆必须处于断开位置上。

（4）自由降落作业只能在下降吊钩时或所吊载荷小于许用载荷的30％时使用，禁止在自由下落中紧急制动。

（5）当起吊载荷要悬挂停留较长时间时，应该锁住卷筒鼓轮。

（6）在下降货物时禁止锁住鼓轮。

（7）在起重作业时要注意鸣号警告。

（8）在起重作业范围内除信号员外其他人不得进入。

（9）两台起重机共同起吊一货物时，必须有专人统一指挥，两台起重机性能、速度应相同，各自分担的载荷值，应小于一台起重机的额定总起重量的80％；其重物的重量不得超过两机起重量总和的75％。

考点5 桥式、门式起重机

一、桥式起重机分类

序号	分类依据	类别
1	构造形式	单主梁桥式起重机、双主梁桥式起重机、多主梁桥式起重机、双小车桥式起重机、多小车桥式起重机
2	不同的取物装置	吊钩桥式起重机、抓斗桥式起重机、电磁桥式起重机、集装箱桥式起重机
3	用途	通用桥式起重机、冶金桥式起重机、防爆桥式起重机

二、门式起重机分类

序号	分类依据	内容
1	构造形式	单主梁门式起重机、双主梁门式起重机
2	悬臂方式	单悬臂门式起重机、双悬臂门式起重机

序号	分类依据	内容
3	支承方式	轨道式门式起重机、轮胎式门式起重机
4	取物装置	吊钩门式起重机、抓斗门式起重机、电磁门式起重机
5	使用场合	通用门式起重机、造船门式起重机、水电站门式起重机
6	起重小车	自行小车式门式起重机、牵引小车式门式起重机、手拉葫芦式门式起重机

三、桥式、门式起重机的主要参数

序号	主要参数	内容
1	额定起重量	起重机连同可分吊具或属具（如抓斗、平衡梁、电磁吸盘、索具等）能吊起的重物或物料
2	跨度	桥架型起重机运行轨道中心线之间的水平距离
3	起升高度	起重机空载置于水平场地上方，从地面到吊具允许最高位置的垂直距离

四、桥式、门式起重机的主要结构件、主要机构

序号	项目	内容
1	主要结构件	由主梁（桥架）、端梁、支腿、下横梁等结构件组成。主梁结构有箱形梁和桁架等形式。箱形梁由板材焊接而成，桁架一般由管子和型钢焊接而成。端梁由板梁或桁架、车轮组等组成，是支承主梁的构架
2	主要机构	一般包含：起升机构、小车行走（牵引）机构、大车运行机构。 （1）起升机构：由电动机、制动器、减速器、卷筒等装置组成。 （2）制动器：动力驱动的起升机构和运行机构应当设置制动器，人力驱动的起升机构应当设置制动器或者停止器。 （3）小车行走（牵引）机构：有自行式和牵引式。桥式起重机的小车多为自行式，门式起重机的小车多为牵引式

五、桥式、门式起重机的安全保护装置

序号	安全保护装置名称	内容
1	起重量限制器	当实际起重量超过95%额定起重量时，起重量限制器发出报警信号，在100%～110%的额定起重量之间时，此时自动切断起升动力源，但允许物品做下降运动
2	起升高度限位器	取物装置上升到设计起升高度时，自动切断起升的动力源
3	运行行程限位器	达到设计规定的极限位置时自动切断前进方向的动力源
4	轨道清扫装置	扫轨板底面与轨道顶面的间隙一般为5～10mm
5	缓冲器及端部止挡	在轨道上运行的起重机的运行机构，起重小车的运行机构均应装设缓冲器或缓冲装置。缓冲器或缓冲装置可以安装在起重机上或轨道端部止挡装置上
6	防护罩	起重机上外露的、有可能伤人的运动零部件，如开式齿轮、传动轮、链条、皮带轮等均应装设

续表

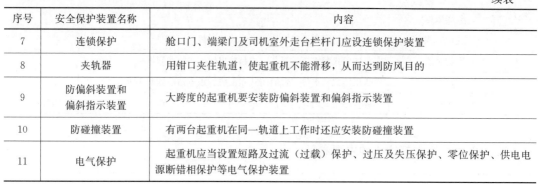

序号	安全保护装置名称	内容
7	连锁保护	舱口门、端梁门及司机室外走台栏杆门应设连锁保护装置
8	夹轨器	用钳口夹住轨道，使起重机不能滑移，从而达到防风目的
9	防偏斜装置和偏斜指示装置	大跨度的起重机要安装防偏斜装置和偏斜指示装置
10	防碰撞装置	有两台起重机在同一轨道上工作时还应安装防碰撞装置
11	电气保护	起重机应当设置短路及过流（过载）保护、过压及失压保护、零位保护、供电电源断错相保护等电气保护装置

六、桥式、门式起重机的安全使用

（1）每台起重机必须在明显的地方挂上额定起重量的标牌。

（2）工作中，桥架上不许有人或用吊钩运送人。

（3）起重机不允许超荷使用。

（4）起重机在没有障碍物的线路上运行时，吊钩或吊具以及吊物底面，必须离地面 2m 以上。越过障碍物时，须超过障碍物 0.5m 高。

（5）吊运小于额定起重量 50% 的物件，允许两个机构同时动作；吊大于额定起重量 50% 的物件，则只可以一个机构动作。

（6）具有主、副钩的桥式起重机，不要同时上升或下降主、副钩（特殊例外）。

（7）不允许用碰限位开关作为停车的办法。

（8）吊钩处于下极限位置时，卷筒上必须保留有两圈以上的安全绳圈。

📝 考点 6 起重机械安拆作业安全管理

（1）被纳入特种设备目录的起重机械在房屋建筑工地和市政工程工地安装、拆卸和使用由建设主管部门对租赁、安装、拆卸、使用实施监督管理。建筑起重机械应当具备建筑起重机械特种设备制造许可证、产品合格证。

（2）施工现场使用的额定起重力矩大于或者等于 40t·m 的塔式起重机、施工升降机（物料提升机在国家标准中应参照人员可进入的货用施工升降机）为特种设备。

（3）不得出租和使用的建筑起重机械：

① 属国家明令淘汰或者禁止使用的。

② 超过安全技术标准或者制造厂家规定的使用年限的。

③ 经检验达不到安全技术标准规定的。

④ 没有完整安全技术档案的。

⑤ 没有齐全有效的安全保护装置的。

（4）出租单位应建立安全技术档案，档案内容如下：

① 购销合同、制造许可证、产品合格证、安装使用说明书、备案证明等原始资料。

② 定期检验报告、定期自行检查记录、定期维护保养记录、维修和技术改造记录、运行故障和生产安全事故记录、累计运转记录等运行资料。

③ 历次安装验收资料。

（5）安装单位安全职责：

① 按照安全技术标准及建筑起重机械性能要求，编制建筑起重机械安装、拆卸工程专项施工方案，并由本单位技术负责人签字。

② 按照安全技术标准及安装使用说明书等检查建筑起重机械及现场施工条件。

③ 组织安全施工技术交底并签字确认。

④ 制定建筑起重机械安装、拆卸工程生产安全事故应急救援预案。

⑤ 将建筑起重机械安装、拆卸工程专项施工方案，安装、拆卸人员名单，安装、拆卸时间等材料报施工总承包单位和监理单位审核后，告知工程所在地县级以上地方人民政府建设主管部门。

（6）安装单位在安装过程中应当按照专项施工方案及安全操作规程组织安装、拆卸作业。专业技术人员、专职安全生产管理人员应当进行现场监督，技术负责人应当定期巡查。安装完毕后应当按照安全技术标准及安装使用说明书的有关要求对建筑起重机械进行自检、调试和试运转。自检合格的，应当出具自检合格证明，并向使用单位进行安全使用说明。

（7）安装单位应当建立建筑起重机械安装、拆卸工程档案。档案内容如下：

① 安装、拆卸合同及安全协议书。

② 安装、拆卸工程专项施工方案。

③ 安全施工技术交底的有关资料。

④ 安装工程验收资料。

⑤ 安装、拆卸工程生产安全事故应急救援预案。

（8）使用单位应当在安装完成后组织出租、安装、监理等有关单位进行验收，或者委托具有相应资质的检验检测机构进行验收。建筑起重机械经验收合格后方可投入使用，未经验收或者验收不合格的不得使用。自建筑起重机械安装验收合格之日起 30 日内，使用单位向工程所在地县级以上地方人民政府建设主管部门办理建筑起重机械使用登记。

（9）使用单位在建筑起重机械使用过程中应当履行安全职责：

① 根据不同施工阶段、周围环境以及季节、气候的变化，对建筑起重机械采取相应的安全防护措施。

② 制定建筑起重机械生产安全事故应急救援预案。

③ 在建筑起重机械活动范围内设置明显的安全警示标志，对集中作业区做好安全防护。

④ 设置相应的设备管理机构或者配备专职的设备管理人员。

⑤ 指定专职设备管理人员、专职安全生产管理人员进行现场监督检查。

⑥ 建筑起重机械出现故障或者发生异常情况的，立即停止使用，消除故障和事故隐患后，方可重新投入使用。

（10）施工总承包单位应当履行的安全职责：

① 向安装单位提供拟安装设备位置的基础施工资料，确保建筑起重机械进场安装、拆卸所需的施工条件。

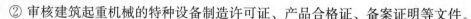

② 审核建筑起重机械的特种设备制造许可证、产品合格证、备案证明等文件。

③ 审核安装单位、使用单位的资质证书、安全生产许可证和特种作业人员的特种作业操作资格证书。

④ 审核安装单位制定的建筑起重机械安装、拆卸工程专项施工方案和生产安全事故应急救援预案。

⑤ 审核使用单位制定的建筑起重机械生产安全事故应急救援预案。

⑥ 指定专职安全生产管理人员监督检查建筑起重机械安装、拆卸、使用情况。

⑦ 施工现场有多台塔式起重机作业时，应当组织制定并实施防止塔式起重机相互碰撞的安全措施。

（11）对于依法发包给两个及两个以上施工单位的工程，不同施工单位在同一施工现场使用多台塔式起重机作业时，建设单位应当协调组织制定防止塔式起重机相互碰撞的安全措施。

（12）建筑起重机械的相关特种作业人员（安装拆卸工、起重信号工、起重司机、司索工等）应当经建设主管部门考核合格，并取得特种作业操作资格证书后，方可上岗作业。

（13）特种作业人员的特种作业操作资格证书由国务院建设主管部门规定统一的样式。省、自治区、直辖市人民政府建设主管部门负责组织实施建筑施工企业特种作业人员的考核。

第二节　土石方机械安全技术

考点1　土石方机械的分类

序号	分类	内容
1	挖掘机械	（1）用于挖掘高于或低于承机面的物料，并将其装入运输车辆或卸至堆料场。 （2）分为单斗挖掘机和多斗挖掘机
2	铲土运输机械	（1）用于铲运、推运或平整承机面的物料，主要靠牵引力工作，根据用途又分为推土机、铲运机、装载机、平地机和运土机等。 （2）推土机沿地面推运物料时适于30～60m的距离；自行式铲运机能自装、自运、自卸地面物料，适于180～2000m的长运；单斗装载机与自卸汽车配套使用时适于300m以上的运距；平地机适于大面积场地的平整作业等
3	平整作业机械	常用的有自动平地机
4	压实机械	分为羊足碾、光轮压路机、轮胎压路机、振动压路机、蛙式夯和内燃打夯机
5	水力土石方机械	常用的有水泵、水枪、吸泥泵等
6	凿岩、破岩机械	常用的有凿岩机和破碎机

考点 2 常用土石方机械的安全技术要求

序号	项目	内容
1	一般技术要求	(1) 机械操作人员必须经过安全技术培训，考试合格后，持证上岗。 (2) 机械进入现场前，必须查明行驶路线上的桥梁、涵洞的通行高度和承载力。通过涵洞前必须注意限高，确认安全后低速通过。 (3) 机械设备在沟槽附近行驶时应低速，作业时必须避开管线和构筑物，并与沟槽保持安全距离。 (4) 配合机械清底、修坡等人员，必须在机械回转半径以外作业，必须在机械回转半径范围内作业时，应停机后才可作业
2	机动翻斗车	(1) 翻斗车内严禁乘人。 (2) 路面情况不良时必须低速挡行驶，避免剧烈加速和剧烈颠簸。在行驶中不得使用半踏离合器来降低车速。只有当翻斗车完全停止后，才可换人倒挡。 (3) 爬坡时如道路情况不良，事先换低速挡爬坡。下坡时，不宜调挡行驶，严禁脱挡高速滑行，禁止下 25°以上的陡坡。 (4) 翻斗车停稳后，才能抬起锁紧机构手柄进行卸料，禁止在制动的同时翻斗卸料；在坑边缘倒料时，必须设置安全可靠的车挡方可进行施工。车辆离坑边 10m 处必须减速行驶，到靠近车挡处倒料时，防止车辆翻入坑内造成事故。粘结在斗子里的混凝土、灰浆，翻斗倒不出来时，应人工清除，禁止用车辆高速行驶，突然制动，惯性翻斗来清除斗内残留物
3	推土机	(1) 托运装卸车时，跳板必须搭设牢固稳妥，推土机开上、开下时必须低挡运行。装车就位停稳后要将发动机熄火，并将主离合器杆、制动器都放在操纵位置上，同时用三角木把履带塞牢，如长途运输还要用铁丝绑扎固定，以防在运输时移动。 (2) 陡坡上纵向行驶，不能拐死弯，会造成侧向倾翻。下坡不准切断主离合器滑行，会造成机件损坏或发生事故。 (3) 下陡坡应使用低速挡，将油门放在最小位置，慢速行驶
4	挖掘机	(1) 作业中发现地下电缆、管道或其他地下建筑物，应立刻停止工作，立即通知有关单位处理。在工作时，应等汽车司机将汽车制动停稳后方可向车厢回转倒土，回转时禁止铲斗从驾驶室上越过，卸土时铲斗应尽量放低，不得撞击汽车任何部位。 (2) 操作中，进铲不应过深，提斗不宜过猛。一次挖土高度不能高于 4m。挖掘工作过程中做到"四禁止"（禁止铲斗未离开工作面时，进行回转；禁止进行急剧的转动；禁止用铲斗的侧面刮平土堆；禁止用铲斗对工作面进行侧面冲击）。 (3) 动臂转动范围 45°～60°，倾斜角 30°～45°。 (4) 挖掘机走行上坡时，履带主动轮应在后面，下坡时履带主动轮在前面，动臂在后面，大臂与履带平行。回转机构应处于制动状态，铲斗离地面不得超过 1m。上下坡不得超过 20°，下坡应低速，禁止变速滑行。 (5) 禁止将挖掘机布置在上下两个采掘段（面）内同时作业。禁止在电线等高空架设物下作业，不准满载铲斗长时间滞留在空间。 (6) 需在斜坡上停车时，铲斗必须降落到地面，所有操纵杆置于中位，停机制动，且应在履带或轮胎后部垫置楔块
5	装载机	(1) 在发动前，先将变速杆置于空挡位置，各操纵杆于停车位置，铲斗操纵杆置于浮动位置，再启动发动机。 (2) 作业前，装载机应先无负荷运转 3～5min，确认正常后，再开始装载作业。 (3) 装载作业中，当油温超过规定数值时，应停机降温后再继续作业。 (4) 一般应采用中速行驶。在上坡及不平坦的道路上行驶应采用低速挡。下坡时，应采用制动减速，不可踩离合器踏板，以防切断动力发生溜车事故。 (5) 行驶中，铲斗尽可能降低高度。 (6) 作业时，铲斗下边严禁站人。操作人员离开驾驶位置时，必须将铲斗落地。停机前，发动机应怠速运转 5min，切忌突然停车熄火

序号	项目	内容
6	铲运机	（1）作业时，先用松土器翻松。作业区内应无树根、树桩、大的石块和过多的杂草等。 （2）多台拖式铲运机联合作业时，各机之间前后距离不得小于10m（铲土时不得小于5m），左右距离不得小于2m；多台自行式铲运机联合作业时，前后距离不得小于20m（铲土时不得小于10m），左右距离不得小于2m。行驶中，应遵守下坡让上坡、空载让重载、支线让干线的原则。 （3）在狭窄地段运行时，未经前机同意，后机不得超越。两机交会或超越平行时应减速，两机间距不得小于0.5m。 （4）铲运机上、下坡道时，低速行驶，不得中途换挡，下坡时不得空挡滑行，行驶的横向坡度不得超过6°，坡宽应大于机身2m以上。 （5）在新填筑的土堤上作业时，离堤坡边缘不得小于1m。 （6）在坡道上不得进行检修作业。在陡坡上严禁转弯、倒车或停车。下陡坡时，应将铲斗触地行驶，帮助制动。 （7）沿沟边或填方边坡作业时，轮胎离路肩不得小于0.7m，并应放低铲斗，降速缓行。 （8）拖式铲运机不得在大于15°的横坡上行驶，也不得在横坡上铲土
7	平地机	（1）启动发动机时间不得超过30s，如果需要再次启动必须把钥匙回转到关闭位置，等待2min后再启动。 （2）发动机启动后，各仪表读数必须在允许的范围内，发动机运转不得操作冷启动开关，否则会造成发动机严重损坏。 （3）行驶过程中应该把刮刀提高，并保持平地机宽度，确保转向时前轮不碰撞刮刀。转向时，或者用轴驱动轮转向时，不得锁止差速器。 （4）陡坡上作业时，不得使用铰接机架，以免造成人机伤害。在陡坡上来回作业时，刮刀伸出的方向应该始终朝向下坡方向
8	压路机	（1）压路机靠近路堤边缘作业时，应留有必要的安全距离。碾压傍山道路时，必须由里侧向外侧碾压。 （2）两台以上压路机同时作业，其起前后距离不得小于3m；在坡道上行驶时，其间距不得小于20m。 （3）必须在规定的碾压路段外转向，不允许压路机在惯性滚动的状态下变换方向。严禁用换向离合器作制动用。 （4）三轮压路机在正常情况下，禁止使用差速锁止装置，特别在转弯时严禁使用。 （5）上坡时变速应在制动后进行。在坡道上行驶禁止换挡，下坡时禁止脱挡滑行。严禁用牵引法拖动压路机，不允许用压路机牵引其他机具。严禁在压路机没有熄火，下无支垫、三角木的情况下，进行机下检修
9	凿岩机	严禁打干眼，要坚持湿式凿岩，操作时先开水、后开风，停钻时先关风、后关水
10	破碎机	（1）作业人员必须戴工作帽，发辫应罩在帽内，扣紧袖口，禁止将上衣敞开，禁止用绳、线绑扎衣、裤和袖口。 （2）操作前必须对设备机械部分、电气部分及作业环境进行仔细检查： ①应进行空车试运转，确认无问题后，方可正式启动破碎机进行作业。 ②当机器发生故障，必须停机，故障排除后，由处理故障人员通知，别人才能开动破碎机；禁止单独一人处理故障，处理故障时必须有监护人。 ③破碎机发生故障时，必须停机处理故障，并在破碎机启动位置挂上"有人检修，禁止启动"的警告牌，同时有监护人监护。 ④运行结束后，应进行信号联系，拉下电闸，切断电源，做好善后处理工作，方可离开

第三节　中小型机械安全技术

考点1　混凝土机械

一、混凝土搅拌机

序号	项目	内容
1	类型	按混凝土搅拌方式分，有自落式（按其搅拌罐的形状和出料方法又可分为鼓形、锥形反转出料和锥形倾翻出料三种）和强制式
2	使用	（1）移动式的应在平坦坚实的地面上支架牢靠，不准以轮胎代替支撑，使用时间较长的（超过3个月的），应将轮胎卸下妥善保管。使用前要空车运转，检查各机构的离合器及制动装置情况，不得在运行中做注油保养。 （2）作业中严禁将头或手伸进料斗内，不得贴近机架察看，运转出料时，严禁用工具或手进入搅拌筒内扒动。运转中途不准停机也不得在满载时启动搅拌机。作业中发生故障时，应立即切断电源，将搅拌筒内的混凝土清理干净，然后再进行检修
3	安全技术	（1）安装必须平稳牢固，轮胎必须架空或卸下另行保管，并必须搭设防雨、防砸或保温的工作棚。 （2）电源接线必须正确，必须要有可靠的保护接零（或保护接地）和漏电保护开关。 （3）操作司机必须是取得操作证者，严禁非司机操作。 （4）司机必须按清洁、紧固、润滑、调整、防腐的十字作业法，进行维护和保养。 （5）每次工作开始时，应检查各部件有无异常现象。开机前应检查离合器、制动器和各防护装置是否灵敏可靠，钢丝绳有无破损，轨道、滑轮是否良好，机身是否平衡，周围有无障碍，确认没有问题时，方能合闸试机。以2～3min试运转，滚筒转动平衡，不跳动，不跑偏，运转正常，无异常声响后，再正式生产操作。 （6）机械开动后，司机须注意机械的运转情况，若发现不正常现象，必须将筒内的存料放出，停机进行检修。 （7）搅拌机在运转中，严禁修理和保养，并不准用工具伸到筒内扒料。 （8）上料不得超过规定，严禁超负荷使用。 （9）检修搅拌机时，必须切断电源，如需进入滚筒内检修，必须在电闸箱上挂有"有人工作，禁止合闸"的标示牌，设专人看守

二、混凝土振捣器

（1）电动机接零线不良者严禁开机使用。

（2）操作人员操作振捣器作业时，应穿戴好胶鞋和绝缘橡皮手套。

（3）振捣器停止使用时，立即关闭电动机；搬动时，应切断电源。不得用软管和电缆拖拉、扯动电动机。

（4）作业时，软管弯曲半径不得小于50cm；软管不得有断裂。

（5）振捣器启振时，必须由操作人员掌握，不得将启振的振捣棒平放在钢板或水泥板等坚硬物上。

三、砂浆搅拌机

序号	项目	内容
1	卸料方式	(1) 使拌筒倾翻，筒口朝下出料。 (2) 拌筒不动，底部有出料口出料
2	安全使用要点	(1) 应使用单向开关。 (2) 拌灰叶片不应松动和摩擦料筒。 (3) 外壳必须安装保护接地（零），接地电阻不大于 4Ω

考点2 卷扬机

安全使用要点：

（1）从卷筒到第一个导向滑轮的距离，带槽卷筒应大于卷筒宽度的 15 倍，无槽卷筒应大于 20 倍。

（2）卷扬机司机应经专业培训持证上岗。

（3）留在卷筒上的钢丝绳最少应保留 3～5 圈。

（4）钢丝绳要定期涂油并放在专用的槽道。

考点3 夯土机械

序号	项目	内容
1	夯土机械安全技术	(1) 操作手柄必须采取绝缘措施。 (2) 操作人员必须穿戴绝缘胶鞋和绝缘手套，两人操作，一人扶夯，一人负责整理电缆。 (3) 必须装设防溅型漏电保护器。其额定漏电动作电流小于 15mA，额定漏电动作时间小于 0.1s。 (4) 负荷线采用橡皮护套铜芯电缆，电缆长度应小于 50m。 (5) 多机作业，其平列间距不得小于 5m，前后间距不得小于 10m。夯机前进方向和夯机四周 1m 范围内，不得站立非操作人员。夯机发生故障时，应先切断电源，然后排除故障
2	蛙式打夯机	使用的安全要点： (1) 只适用于夯实灰土、素土地基以及场地平整工作，不能用于夯实坚硬或软硬不均相差较大的地面，更不得夯打混有碎石、碎砖的杂土。 (2) 操作必须有两个人，一人扶夯，一人提电线，操作人员应穿戴好绝缘用品。 (3) 两台以上蛙式打夯机同时作业时，左右间距不小于 5m，前后间距不小于 10m
3	振动冲击夯	使用的安全要点： (1) 适用于黏性土、砂及砾石等散状物料的压实，不得在水泥路面和其他坚硬地面作业。 (2) 在接通电源启动后，应检查电动机旋转方向，有错误时应倒换相线

考点4　砂轮锯安全要求

（1）工作前穿好紧身合适的防护服。不许裸身、穿背心、短裤、凉鞋等。

（2）操作者应佩戴防护手套和防击打的护目镜。

（3）工作地点要保持清洁，不准存放易燃易爆物品。

（4）砂轮锯必须装有防护罩，禁止用没有防护罩的砂轮锯进行操作。

（5）不准切割装有易燃易爆物品的工件或各种密闭件。

（6）工作中，砂轮锯附近及正前方严禁站人。

第四节　吊篮安全技术

考点1　吊篮的相关要点

序号	项目	内容
1	组成	由悬挂机构、悬吊平台（通常称为篮体）、提升机、安全锁、钢丝绳、电气控制系统组成
2	分类	按驱动方式分为手动、气动和电动
3	工作环境	在下列环境下应能正常工作： （1）环境温度-20～+40℃。 （2）环境相对湿度不大于90%（25℃）。 （3）电源电压偏离额定值±5%。 （4）工作处阵风风速不大于8.3m/s（相当于5级风力）
4	安全装置	（1）安全锁：悬吊平台下滑速度达到锁绳速度或悬吊平台倾斜角度达到锁绳角度时，能自动锁住安全钢丝绳，使悬吊平台停止下滑或倾斜的装置。类型有离心触发式安全锁（能自动锁住安全钢丝绳，使悬吊平台在200mm范围内停住）和摆臂式防倾斜安全锁（悬吊平台工作时纵向倾斜角度不大于8°时，能自动锁住并停止运行）两种。 （2）上行程限位装置。 （3）手动滑降装置：在断电时使悬吊平台平稳下降。 （4）安全钢丝绳：应独立设置并通过安全锁

考点2　吊篮的安装

序号	项目	内容
1	安装要求	（1）建筑物或构筑物支承处应能承受吊篮的全部重量。 （2）建筑物在设计和建造时应便于吊篮安全安装和使用，并提供工作人员的安全出入通道。 （3）楼面上设置安全锚固环或安装吊篮用的预埋螺栓，其直径不应小于16mm

续表

序号	项目	内容
2	安装流程	安装悬挂机构→组装悬吊平台→安装钢丝绳并调试
3	验收	验收必须进行吊篮安全锁的锁绳试验和承载能力试验
4	在使用中应遵守的要求	（1）在正常工作状态下，吊篮悬挂机构的抗倾覆力矩与倾覆力矩的比值不得小于2。 （2）对于篮体的悬挂点不在端部的吊篮，钢丝绳吊点距悬吊平台端部距离应不大于悬吊平台全长的1/4，悬挂机构的抗倾覆力矩与额定载重量集中作用在悬吊平台外伸段中心引起的最大倾覆力矩之比不得小于1.5。 （3）吊篮的每个吊点必须设置2根钢丝绳，安全钢丝绳必须装有安全锁或相同作用的独立安全装置。 （4）安全钢丝绳和工作钢丝绳均应在地面坠有重物。 （5）提升机出现漏油现象应立即停止使用

第三章 施工现场临时用电安全技术

扫码免费观看
基础直播课程

第一节 施工现场供电形式

考点 施工现场供电形式

序号	项目	内容
1	独立变配电所供电	对于一些规模较大的项目（如规划小区、新建学校、新建工厂等工程），可利用配套建设的变配电所供电，即先建设好变配电所，由其直接供电
2	自备变压器供电	对于施工现场的临时用电，可利用附近的高压电网，增设变压器等配套设备供电。施工现场的临时用电均采用户外式变电所，户外变电所又采用杆上变电所居多
3	低压 220/380V 供电	对于电气设备容量较小的项目，若附近有低压 220/380V 电源，在其余量允许的情况下，可到有关部门申请，采用低压 220/380V 电源直接供电
4	借用电源	若建设项目电气设备容量小，施工周期时间短，可采取就近借用电源的方法，解决施工现场的临时用电

第二节 施工现场供电的原则

考点 1 施工现场供电的基本原则

施工现场临时用电工程专用的电源中性点直接接地的 220/380V 三相四线制低压电力系统，必须遵守以下基本用电安全原则：

（1）采用三级配电系统。

（2）采用二级漏电保护系统。

（3）采用 TN-S 接零保护系统。

考点2 临时用电三级配电系统

序号	项目	内容
1	概念	是指施工现场从电源进线开始到用电设备之间，经过三级配电装置配送电力。即由总配电箱（一级箱）或配电室的配电柜开始，依次经由分配电箱（二级箱）、开关箱（三级箱）到用电设备，这种分三个层次逐级配送电力的系统就是三级配电系统
2	实施三级配电系统时的原则	实施三级配电系统时，应遵循分级分路、动照分设、压缩配电间距的原则： （1）从一级总配电箱（配电柜）向二级分配电箱配电可以分路：总配电箱（配电柜）可以分若干分路向若干分配电箱配电；每一分路也可分支支接若干分配电箱。 （2）从二级分配电箱向三级开关箱配电，一个分配电箱可以分若干分路向若干开关箱配电，每一分路也可以支接或链接若干开关箱，但链接线路的总长度不得超过30m。 （3）从三级开关箱向用电设备配电不得分路，实行"一机一闸"制，每一台用电设备必须有其独立专用的开关箱，每一开关箱只能连接控制一台与其相关的用电设备，每一照明开关箱的容量不超过30A负荷的照明器。 （4）总配电箱、分配电箱内动力与照明合置共箱配电，动力与照明必须分路配电，分配电箱的分路应动、照分设，设置动力开关箱和照明开关箱。 （5）分配电箱与开关箱之间，开关箱与用电设备之间的压缩配电间距： ①分配电箱应设在用电设备或负荷相对集中的场所。 ②分配电箱与开关箱的距离一般不得超过30m。 ③开关箱与其供电的固定式用电设备的水平距离不应超过3m

考点3 TN-S接零保护系统

（1）在施工现场用电工程专用的电源中性点直接接地的220/380V三相四线制低压电力系统中，必须采用TN-S接零保护系统。当施工现场与外电线路共用同一供电系统时，电气设备的接地、接零保护应与原系统保持一致。不得一部分设备做保护接零，另一部分设备做保护接地。

（2）TN-S系统为电源中性点直接接地时，电气设备外露可导电部分通过零线接地的接零保护系统。N为工作零线，PE为专用保护接地线，即设备外壳连接到PE上。

考点4 二级漏电保护系统

序号	项目	内容
1	概念	是指在施工现场基本供配电系统的总配电箱和开关箱首、末二级配电装置中，设置漏电保护器，其中总配电箱中的漏电保护器可以设置在总路，也可以设置在支路
2	漏电保护器的安装要点	（1）极数和线数必须与负荷侧的相数和线数保持一致。 （2）电源进线类别（相线或零线）必须与其进线端标记相对应，不允许交叉混接，标有电源侧和负荷侧的漏电保护器不得接反。 （3）优先选用无辅助电源型（电磁式）产品，或选用辅助电源故障时能自动断开的辅助电源型（电子式）产品。 （4）安装漏电保护器不得拆除或放弃原有的安全防护措施，漏电保护器只能作为电气安全防护系统中的附加保护措施。

续表

序号	项目	内容
2	漏电保护器的安装要点	（5）安装漏电保护器时，必须严格区分中性线和保护线。使用三极四线式和四极四线式漏电保护器时，中性线应接入漏电保护器。经过漏电保护器的中性线不得作为保护线。 （6）工作零线不得在漏电保护器负荷侧重复接地

第三节　施工现场临时用电安全技术

考点1　临时用电的施工组织设计

序号	项目	内容
1	临时用电施工组织设计的编制	临时用电设备在5台及5台以上或设备总容量在50kW及50kW以上者，应编制临时用电施工组织设计
2	施工现场临时用电组织设计内容	（1）现场勘测。 （2）确定电源进线、变电所或配电室、配电装置、用电设备位置及线路走向。 （3）进行负荷计算。 （4）选择变压器。 （5）设计配电系统。包含：①设计配电线路，选择导线或电缆；②设计配电装置，选择电器；③设计接地装置；④绘制临时用电工程图纸，主要包括用电工程总平面图、配电装置布置图、配电系统接线图、接地装置设计图。 （6）设计防雷装置。 （7）确定防护措施。 （8）制定安全用电措施和电气防火措施
3	临时用电施工组织设计符合要求	（1）临时用电工程图纸应单独绘制，临时用电工程应按图施工。 （2）临时用电施工组织设计及变更必须履行"编制、审核、批准"程序，由电气工程技术人员编制，经安全、技术、设备、施工、材料等相关部门审核，企业技术负责人批准后进行报验；如果有变更，应及时补充有关的图纸资料。 （3）临时用电工程必须经编制、审核、批准部门和使用单位共同验收，合格后方可投入使用。 （4）对于小型工地（现场临时用电设备5台或者设备总容量在50kW以下），临时用电组织设计可不编制，但要编制安全用电措施和电气防火措施，须经过"编制、审核、批准、验收"的管理程序

考点2　临时用电安全管理

（1）施工现场建立并管理临电安全技术档案，包括：用电组织设计的全部资料；修改用电组织设计的资料；用电技术交底资料；用电工程检查验收表；电气设备的试、检验凭单和调试记录；接地电阻、绝缘电阻和漏电保护器漏电动作参数测定记录表；定期检（复）查表；电工安装、巡检、维修、拆除工作记录。

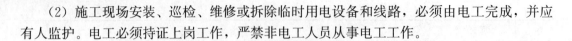

（2）施工现场安装、巡检、维修或拆除临时用电设备和线路，必须由电工完成，并应有人监护。电工必须持证上岗工作，严禁非电工人员从事电工工作。

考点3　施工现场外电线路的安全距离及防护

一、在建工程（含脚手架具）的外侧边缘与外电架空线路的边线之间的最小安全操作距离

外电线路电压等级（kV）	<1	1~10	35~110	220	330~500
最小安全操作距离（m）	4.0	6.0	8.0	10.0	15.0

注：上、下脚手架的斜道不宜设在有外电线路的一侧。

二、施工现场的机动车道与外电架空线路交叉时的最小安全垂直距离

外电线路电压等级（kV）	<1	1~10	35
最小垂直距离（m）	6.0	7.0	7.0

三、起重机与架空线路边线的最小安全距离

电压（kV）		<1	10	35	110	220	330	500
安全距离（m）	沿垂直方向	1.5	3.0	4.0	5.0	6.0	7.0	8.5
	沿水平方向	1.5	2.0	3.5	4.0	6.0	7.0	8.5

注：起重机严禁越过电力线进行作业。

四、防护设施与外电线路之间的最小安全距离

外电线路电压等级（kV）	≤10	35	110	220	330	500
最小安全距离（m）	1.7	2.0	2.5	4.0	5.0	6.0

五、外电线路的防护

（1）当不能保证最小安全距离时，为了确保施工安全，必须采取设置防护性遮栏、栅栏，及悬挂警告标志牌等防护措施。

（2）搭设上述防护屏障时应注意问题：

① 防护遮栏、栅栏的搭设可用竹、木脚手架杆作防护立杆、水平杆；可用木板、竹排或干燥的篱笆、安全网等作纵向防护屏。

② 搭设和拆除时应停电作业。

③ 如无法设置遮栏则应采取停电、迁移外电线路或改变工程位置等措施，否则不得强行施工。

考点 4　施工现场临时用电的接地与防雷

一、施工现场临时用电的接地

序号	项目	内容
1	工作接地	（1）工作接地是指将电力系统的某点（如中性点）直接与大地相连，或经消弧线圈、电阻等与大地金属连接。 （2）工作接地电阻值： ①单台容量超过 100kV·A 或使用同一接地装置并联运行且总容量超过 100kV·A 的电力变压器或发电机，不得大于 4Ω。 ②单台容量不超过 100kV·A 或使用同一接地装置并联运行且总容量不超过 100kV·A 的电力变压器或发电机，不得大于 10Ω。 ③在土壤电阻率大于 1000Ω·m 的地区，当达到上述接地电阻值有困难时，可提高到 30Ω
2	重复接地	（1）在工作接地以外，在专用保护线 PE 上一处或多处再次与接地装置相连接称为重复接地。 （2）TN 系统中，保护零线每一处重复接地装置的接地电阻值不应大于 10Ω。在工作接地电阻值允许达到 10Ω 的电力系统中，所有重复接地的等效电阻值不应大于 10Ω
3	防雷接地	接地体分为：自然接地体和人工接地体。 （1）自然接地体：包括埋在地下的自来水管及其他金属管道（液体燃料和易燃、易爆气体的管道除外）；金属井管；建筑物和构筑物与大地接触的或水下的金属结构；建筑物的钢筋混凝土基础等。 （2）人工接地体可用垂直埋置的角钢、圆钢或钢管，以及水平埋置的圆钢、扁钢等。当土壤有强烈腐蚀性时，应将接地体表面镀锡或热镀锌，并适当加大截面

二、施工现场建筑机械设备的防雷

（1）施工现场内的机械设备（如起重机、井字架、龙门架等），以及钢脚手架和正在施工的在建工程等的金属结构，当在相邻建筑物、构筑物等设施的防雷装置接闪器的保护范围以外时，应按地区年平均雷暴日安装避雷装置。

（2）当最高机械设备上避雷针（接闪器）的保护范围能覆盖其他设备，且又最后退出现场时，则其他设备可不设防雷装置。

考点 5　施工现场的配电室及自备电源

一、施工现场的配电室的位置及布置

序号	项目	具体要求
1	位置	（1）应设在灰尘少、潮气少、振动小、无腐蚀介质、无易燃易爆物及道路畅通的地方。 （2）应尽量靠近负荷中心，以减少配电线路的长度和减小导线截面，提高配电质量，同时还能使配电线路清晰，便于维护

续表

序号	项目	具体要求
2	建筑结构	(1) 建筑物和构筑物的耐火等级不低于3级。 (2) 门向外开，并配锁。 (3) 照明分别设置正常照明和事故照明
3	布置	(1) 配电柜正面的操作通道宽度：单列布置或双列背对背布置不小于1.5m，双列面对面布置不小于2m。 (2) 配电柜后面的维护通道宽度：单列布置或双列面对面布置不小于0.8m，双列背对背布置不小于1.5m，个别地点有建筑物结构凸出的地方，则此点通道宽度可减少0.2m。 (3) 配电柜侧面的维护通道宽度：不小于1m。 (4) 配电室的顶棚与地面的距离：不低于3m。 (5) 配电室内设置值班室或检修室边缘距配电柜的水平距离：大于1m。 (6) 配电室内的裸母线与地面垂直距离：小于2.5m时，采用遮栏隔离，遮栏下面通道的高度不小于1.9m。 (7) 配电室围栏上端与其正上方带电部分的净距：不小于0.075m。 (8) 配电装置的上端距顶棚间距：不小于0.5m

二、自备电源

（1）自备发配电系统也应采用具有专用保护零线的、中性点直接接地的三相四线制供配电系统。

（2）自备发配电系统应符合以下规定：

① 发电机组电源必须与外电线路电源连锁，严禁并列运行。

② 发电机供电系统应设置电源隔离开关及短路、过载、漏电保护电器。电源隔离开关分断时应有明显可见分断点。

③ 发电机组并列运行时，必须装设同期装置，并在机组同步运行后再向负载供电。

考点6　施工现场配电线路

一、施工现场配电线路

序号	项目	内容
1	类型	施工现场的配电线路包括室外线路和室内线路
2	敷设方式	室外线路主要有绝缘导线架空敷设（架空线路）和绝缘电缆埋地敷设（电缆线路）两种，也有电缆线路架空明敷设的；室内线路通常有绝缘导线和电缆的明敷设和暗敷设两种

二、架空线路

序号	项目	内容
1	概念	架空线路是用绝缘子将输电导线固定在直立于地面的杆塔上以传输电能的输电线路，由导线、架空地线、绝缘子串、杆塔、接地装置等组成。施工现场的架空线路主要是低压架空线路

序号	项目	内容
2	导线	(1) 架空线必须采用绝缘导线。 (2) 导线截面： ①导线中的计算负荷电流不大于其长期连续负荷允许载流量。 ②线路末端电压偏移不大于其额定电压的 5%。 ③三相四线制线路的 N 线和 PE 线截面不小于相线截面的 50%，单相线路的零线截面与相线截面相同。 ④按机械强度要求，绝缘铜线截面不小于 $10mm^2$，绝缘铝线截面不小于 $16mm^2$。在跨越铁路、公路、河流、电力线路档距内，绝缘铜线截面不小于 $16mm^2$，绝缘铝线截面不小于 $25mm^2$
3	线杆	架空线必须架设在专用电杆上。电杆埋设深度宜为杆长的 1/10 加 0.6m，回填土应分层夯实。在松软土质处宜加大埋入深度或采用卡盘等加固
4	线路相序	(1) 动力、照明线在同一横担上架设时，导线相序排列是：面向负荷从左侧起依次为 L1、N、L2、L3、PE。 (2) 动力、照明线在二层横担上分别架设时，导线相序排列是：上层横担面向负荷从左侧起依次为 L1、12、L3；下层横担面向负荷从左侧起依次为 L1 (L2、L3)、N、PE

三、电缆线路

序号	项目	内容
1	电缆	(1) 室外电缆的敷设分为埋地和架空两种方式，以埋地敷设为宜。 (2) 电缆中必须包含全部工作芯线和用作保护零线或保护线的芯线。需要三相四线制配电的电缆线路必须采用五芯电缆。五芯电缆必须包含淡蓝、绿/黄两种绝缘芯线。淡蓝色芯线必须用作 N 线；绿/黄双色芯线必须用作 PE 线，严禁混用
2	埋地敷设	(1) 埋地电缆路径应设方位标志。埋地敷设宜选用铠装电缆；当选用无铠装电缆时，应能防水、防腐。 (2) 电缆直接埋地敷设的深度不应小于 0.7m，并应在电缆紧邻上、下、左、右侧均匀敷设不小于 50mm 厚的细砂，然后覆盖砖或混凝土板等硬质保护层。 (3) 埋地电缆在穿越建筑物、构筑物、道路、易受机械损伤、介质腐蚀场所及引出地面从 2.0m 高到地下 0.2m 处，必须加设防护套管，防护套管内径不应小于电缆外径的 1.5 倍。 (4) 埋地电缆与其附近外电电缆和管沟的平行间距不得小于 2m，交叉间距不得小于 1m
3	架空敷设	绑扎线必须采用绝缘线，敷设高度应符合架空线路敷设高度的要求，但沿墙壁敷设时最大弧垂距地不得小于 2.0m

四、室内配线

(1) 室内非埋地明敷主干线距地面高度不得小于 2.5m。
(2) 架空进户线的室外端采用绝缘子固定，过墙处穿管，距地面高度不得小于 2.5m。
(3) 室内配线所用导线或电缆的铜线截面不应小于 $1.5mm^2$，铝线截面不应小于 $2.5mm^2$。
(4) 钢索配线的吊架间距不宜大于 12m。采用瓷夹固定导线时，导线间距不应小于 35mm，瓷夹间距不应大于 800mm；采用瓷瓶固定导线时，导线间距不应小于 100mm，瓷瓶间距不应大于 1.5m；采用护套绝缘导线或电缆时，可直接敷设于钢索上。

📝 考点7 施工现场的配电箱和开关箱

序号	项目	内容
1	配电箱与开关箱的设置	(1) 总配电箱设在靠近电源的区域，分配电箱设在用电设备或负荷相对集中的区域。分配电箱与开关箱的距离不得超过30m。开关箱与其控制的固定用电设备的水平距离不宜超过3m。 (2) 配电箱、开关箱装设位置：在干燥、通风及常温场所；不得装设位置：在有严重损伤作用的瓦斯、烟气、潮气及其他有害介质中，在易受外来固体物撞击、强烈振动、液体浸溅及热源烘烤的场所。 (3) 配电箱、开关箱周围应有足够2人同时工作的空间和通道
2	配电箱与开关箱的构造	(1) 配电箱、开关箱采用冷轧钢板或阻燃绝缘材料制作，钢板厚度应为1.2～2.0mm。 (2) 固定式配电箱、开关箱的中心点与地面的垂直距离应为1.4～1.6m。移动式配电箱、开关箱应装设在坚固的支架上。其中心点与地面的垂直距离宜为0.8～1.6m。 (3) 配电箱、开关箱内的电器（含插座）应先安装在金属或非木质阻燃绝缘电器安装板上，然后方可整体紧固在配电箱、开关箱箱体内。 (4) 配电箱的电器安装板上必须设N线端子板和PE线端子板。N线端子板必须与金属电器安装板绝缘；PE线端子板必须与金属电器安装板做电气连接。进出线中的N线必须通过N线端子板连接；PE线必须通过PE线端子板连接。 (5) 配电箱、开关箱内的连接线必须采用铜芯绝缘导线。 (6) 配电箱和开关箱的金属箱体、金属电器安装板以及电器正常不带电的金属底座、外壳等必须通过PE线端子板与PE线做电气连接，金属箱门与金属箱体必须通过采用编织软铜线做电气连接。 (7) 配电箱、开关箱中导线的进线口和出线口应设在箱体的下底面
3	配电箱与开关箱的电器选择	(1) 配电箱、开关箱内的开关电器应能保证在正常或故障情况下可靠分断电路，在漏电的情况下可靠的使漏电设备脱离电源，在维修时有明确可见的电源分断点。 (2) 配电箱的电器具备功能：电源隔离，正常接通与分断电路，以及短路、过载、漏电保护。电器设置原则： ①当总路设置总漏电保护器时，还应装设总隔离开关、分路隔离开关以及总断路器、分路断路器或总熔断器、分路熔断器。当所设总漏电保护器是同时具备短路、过载、漏电保护功能的漏电断路器时，可不设总断路器或总熔断器。 ②当各分路设置分路漏电保护器时，还应装设总隔离开关、分路隔离开关以及总断路器、分路断路器或总熔断器、分路熔断器。当分路所设漏电保护器是同时具备短路、过载、漏电保护功能的漏电断路器时，可不设分路断路器或分路熔断器。 (3) 隔离开关应设置于电源进线端，且采用分断时具有可见分断点，并能同时断开电源所有极的隔离电器。 (4) 开关箱中漏电保护器的额定漏电动作电流不应大于30mA，额定漏电动作时间不应大于0.1s。使用于潮湿或有腐蚀介质场所的漏电保护器应采用防溅型产品，其额定漏电动作电流不应大于15mA，额定漏电动作时间不应大于0.1s。 (5) 总配电箱中漏电保护器的额定漏电动作电流应大于30mA，额定漏电动作时间应大于0.1s，但其额定漏电动作电流与额定漏电动作时间的乘积不应大于30mA·s

📝 考点8 施工现场的照明

(1) 照明开关箱中的所有正常不带电的金属部件都必须做保护接零；所有灯具的金属外壳必须做保护接零。

(2) 照明开关箱（板）应装设漏电保护器。

(3) 照明线路的相线必须经过开关才能进入照明器，不得直接进入照明器。

（4）室外灯具距地不得低于 3m；室内灯具距地不得低于 2.5m。

（5）安全电压：

① 隧道、人防工程、高温、有导电灰尘或灯具离地面高度低于 2.5m 等场所的照明，电源电压不应大于 36V。

② 在潮湿和易触及带电体场所的照明电源电压不得大于 24V。

③ 在特别潮湿的场所、导电良好的地面、锅炉或金属容器内工作的照明，电源电压不得大于 12V。

④ 移动式照明器（如行灯）的照明电源电压不得大于 36V。

考点 9 电动施工机械和手持电动工具

一、电气设备外壳防护

序号	项目	内容
1	电气设备的外壳防护	包括：固体进入壳内设备的防护、人体触及内部危险部件的防护、水进入内部的防护
2	外壳防护等级示意图	IP 2 3 C H 代码字母 (国际防护) 第一位特征数字 (数字0～6或字母X) 第二位特征数字 (数字0～8或字母X) 附加字母 (字母A，B，C，D) 补充字母 (字母H，M，S，W) 说明：第一位数字表明设备抗微尘的范围，或者是人们在密封环境中免受危害的程度，代表防止固体异物进入的等级，最高级别是 6；第二位数字表明设备防水的程度，代表防止进水的等级，最高级别是 8

二、起重机械

序号	项目	内容
1	接地装置的设置要求	（1）轨道两端各设一组接地装置。 （2）轨道的接头处做电气连接，两条轨道端部做环形电气连接。 （3）较长轨道每隔不大于 30m 加一组接地装置
2	需要夜间工作的塔式起重机要求	塔式起重机与外电线路的安全距离应符合要求，轨道式塔式起重机的电缆不得拖地行走。需要夜间工作的塔式起重机，应设置正对工作面的投光灯。塔身高于 30m 的塔式起重机，应在塔顶和臂架端部设红色信号灯
3	在强电磁波源附近工作的塔式起重机要求	操作人员应戴绝缘手套和穿绝缘鞋，并应在吊钩与机体间采取绝缘隔离措施，或在吊钩吊装地面物体时，在吊钩上挂接临时接地装置
4	外用电梯、物料提升机工作要求	外用电梯梯笼内、外均应安装紧急停止开关。外用电梯和物料提升机的上、下极位置应设置限位开关。外用电梯和物料提升机在每日工作前必须对行程开关、限位开关、紧急停止开关、驱动机构和制动器等进行空载检查，正常后方可使用。检查时必须有防坠落措施

三、桩工机械

（1）潜水式钻孔机电机的密封件应符合现行国家标准 IP68 级的规定。

（2）潜水电机的负荷线应采用防水橡皮护套铜心软电缆，长度不应小于 1.5m，且不得承受外力。

四、夯土机械

（1）夯土机械 PE 线的连接点不得少于 2 处，夯土机械的负荷线应采用耐气候型橡皮护套铜芯软电缆。

（2）夯土机械的操作扶手必须绝缘，使用夯土机械必须按规定穿戴绝缘用品，使用过程应有专人调整电缆，电缆长度不应大于 50m。电缆严禁缠绕、扭结和被夯土机械跨越。

（3）多台夯土机械并列工作时，其间距不得小于 5m；前后工作时，其间距不得小于 10m。

五、焊接机械

（1）交流弧焊机变压器的一次侧电源线长度不应大于 5m，其电源进线处必须设置防护罩。

（2）交流电焊机械应配装防二次侧触电保护器。

（3）电焊机械的二次线应采用防水橡皮护套铜芯软电缆，电缆长度不应大于 30m，不得采用金属构件或结构钢筋代替二次线的地线。

六、手持电动工具

序号	项目	内容
1	分类	Ⅰ类工具：工具在防止触电的保护方面不仅依靠基本绝缘，而且它还包含一个附加安全预防措施
2		Ⅱ类工具：工具在防止触电的保护方面不仅依靠基本绝缘，而且它还提供如双重绝缘或加强绝缘的附加安全预防措施，没有保护接地措施，也不依赖安装条件
3		Ⅲ类工具：工具在防止触电的保护方面依靠由安全电压供电和在工具内部不会产生比安全电压高的电压
4	安全使用要求	（1）空气湿度小于 75% 的一般场所可选用Ⅰ类或Ⅱ类手持电动工具，相关开关箱中漏电保护器的额定漏电动作电流不应大于 15mA，额定动作时间不应大于 0.1s。 （2）在潮湿场所或金属架上操作时，必须选用Ⅱ类或由安全隔离变压器供电的Ⅲ类手持电动工具。 （3）狭窄场所必须选用由安全隔离变压器供电的Ⅲ类手持电动工具，其开关箱和安全隔离变压器均应设置在狭窄场所外面，并连接 PE 线。 （4）手持电动工具的负荷线应采用耐气候型的橡皮护套铜芯软电缆，并不得有接头。 （5）手持电动工具必须完好无损，使用前必须做绝缘检查和空载检查，在绝缘合格、空载运行正常后方可使用

扫码免费观看
基础直播课程

第四章　安全防护技术

第一节　高处作业安全防护技术

考点 1　高处作业的分级

一、作业高度分类

序号	分类依据（m）	类别	坠落半径（m）
1	$2 \leqslant h \leqslant 5$	一级高处作业	3
2	$5 < h \leqslant 15$	二级高处作业	4
3	$15 < h \leqslant 30$	三级高处作业	5
4	$h > 30$	特级高处作业	6

二、高处作业分类

序号	项目	内容
1	特殊高处作业（B类）	（1）强风（六级，风速 10.8m/s）及以上情况下进行的强风高处作业。 （2）高温或低温环境下进行的异温高处作业。 （3）在降雪时进行的雪天高处作业。 （4）在降雨时进行的雨天高处作业。 （5）在室外完全采用人工照明进行的夜间高处作业。 （6）在接近或接触带电体条件下进行的带电高处作业。 （7）在无立足点或无牢靠立足点的条件下进行的悬空高处作业
2	一般高处作业（A类）	除特殊高处作业以外的高处作业

三、直接引起坠落的客观危险因素（11 种）

（1）阵风风力五级（风速 8.0m/s）以上。

（2）平均气温等于或低于 5℃ 的作业环境。

（3）接触冷水温度等于或低于 12℃ 的作业。

（4）作业场地有冰、雪、霜、水、油等易滑物。

（5）作业场所光线不足或能见度差。

（6）作业活动范围与危险电压带电体距离小于下表的规定。

危险电压带电体的电压等级（kV）	≤10	35	63~110	220	330	500
距离（m）	1.7	2.0	2.5	4.0	5.0	6.0

（7）摆动，立足处不是平面或只有很小的平面，即任一边小于 500mm 的矩形平面、直径小于 500mm 的圆形平面或具有类似尺寸的其他形状的平面，致使作业者无法维持正常姿势。

（8）Ⅲ级或Ⅲ级以上的体力劳动强度。

（9）存在有毒气体或空气中含氧量低于 19.5% 的作业环境。

（10）可能会引起各种灾害事故的作业环境和抢救突然发生的各种灾害事故。

存在上述中列出的一种或一种以上客观危险因素的高处作业按下表规定 B 类法分级。

分类法	高处作业高度（m）			
	2≤h≤5	5<h≤15	15<h≤30	h>30
A	Ⅰ	Ⅱ	Ⅲ	Ⅳ
B	Ⅱ	Ⅲ	Ⅳ	Ⅳ

考点2　高处作业安全基本规定

序号	项目	内容
1	高处作业安全技术措施的编制	在施工组织设计或施工方案中应按规定并结合工程特点编制包括临边与洞口作业、攀登与悬空作业、操作平台、交叉作业及安全网搭设的安全防护措施等内容的高处作业安全技术措施
2	安全培训教育及交底	高处作业施工前，应对作业人员进行安全培训教育及交底，如实记录，并配备相应防护用品
3	安全防护设施检查	建筑施工高处作业前，应对安全防护设施进行检查、验收，验收合格后方可进行作业；验收可分层或分阶段进行。 安全防护设施验收内容包括： （1）防护栏杆立杆、横杆及挡脚板的设置、固定及其连接方式。 （2）攀登与悬空作业时的上下通道、防护栏杆等各类设施的搭设。 （3）操作平台及平台防护设施的搭设。 （4）防护棚的搭设。 （5）安全网的设置。 （6）安全防护设施构件、设备的性能与质量。 （7）防火设施的配备。 （8）各类设施所用的材料、配件的规格及材质。 （9）设施的节点构造，材料配件的规格、材质及其与建筑物的固定、连接状况
4	安全防护设施验收资料	（1）施工组织设计中的安全技术措施或施工方案。 （2）安全防护用品具产品合格证明安全防护设施验收记录。 （3）预埋件隐蔽验收记录。 （4）安全防护设施变更记录及签证

序号	项目	内容
5	高处作业施工时应检查的内容	应检查高处作业的安全标志、安全设施、工具、仪表、防火设施、电气设施和设备，确认其完好，方可进行施工
6	高处作业时天气状况	在雨、霜、雾、雪等天气进行高处作业时，应采取防滑、防冻措施，并应及时清除作业面上的水、冰、雪、霜。当遇有 6 级以上强风、浓雾、沙尘暴等恶劣气候时，不得进行露天攀登与悬空高处作业。暴风雪及台风暴雨后，应对高处作业安全设施进行检查，当发现有松动、变形、损坏或脱落等现象时，应立即修理完善，维修合格后再使用
7	安全防护设施标示	安全防护设施应做到定型化、工具化，防护栏以黑黄（或红白）相间的条纹标示，盖件以黄（或红）色标示

第二节　临边与洞口作业安全防护技术

考点 1　临边作业

序号	项目	内容
1	临边作业基本要求	（1）坠落高度基准面 2m 及以上进行临边作业时，在临空一侧设置防护栏杆，应采用密目式安全立网或工具式栏板封闭。临边高处作业的防护设施宜定型化、工具化。 （2）分层施工的楼梯口、楼梯平台和梯段边，应安装防护栏杆，还应采用密目式安全立网封闭。 （3）建筑物外围边沿处采用密目式安全立网全封闭，有外脚手架的工程，密目式安全立网设置在脚手架外侧立杆上，并与脚手杆紧密连接；没有外脚手架的工程，应采用密目式安全立网将临边全封闭。 （4）施工升降机、龙门架和井架物料提升机等垂直运输设备设施与建筑物间设置的通道平台两侧边，应设置防护栏杆、挡脚板，并应采用密目式安全立网或工具式栏板封闭。 （5）各类垂直运输接料平台口应设置高度不低于 1800mm 的楼层防护门，并设置防外开装置；双笼井架物料提升机通道中间，应分别设置隔离设施
2	防护栏杆设置的要求	（1）临边作业的防护栏杆应由横杆、立杆及高度不低于 180mm 的挡脚板组成。防护栏杆为两道横杆，上杆距地面高度为 1200mm，下杆在上杆和挡脚板中间设置。防护栏杆高度大于 1200mm 时，增设横杆，横杆间距不应大于 600mm；防护栏杆立柱间距不应大于 2000mm。 （2）防护栏杆的整体构造，应使栏杆上杆能承受来自任何方向的 1000N 的外力。 （3）防护栏杆应用绿色密目式安全网封闭。用在建筑工程的外侧周边，如无外脚手架应用密目式安全网全封闭。如有外脚手架在脚手架的外侧也要用密目式安全网全封闭

考点2 洞口作业

一、水平洞口防护做法

序号	项目		内容	
1	水平洞口防护	洞口短边边长为25~500mm	应采用承载力满足使用要求的盖板覆盖，盖板四周搁置均匀，且应防止盖板位移	注意：洞口盖板应能承受不小于1kN的集中荷载和不小于2kN/m² 的均布荷载，有特殊要求的盖板应另行设计
2		洞口短边边长为500~1500mm	应采用盖板覆盖或防护栏杆等措施，并应固定牢固	
3		洞口短边边长大于或等于1500mm	应在洞口作业侧设置高度不小于1200mm的防护栏杆，洞口应采用安全平网封闭	
4		工具式水平洞口防护使用材料要求	洞口盖板分别采用边长规格为500mm、1000mm厚4mm正方形钢板及边长为1600mm厚5mm正方形钢板，卡边钢管采用30mm×30mm×2.5mm方钢，连接螺栓采用ϕ10mm螺栓，螺栓长度根据楼板厚度而定，固定件采用4mm厚钢板	
5		工具式水平洞口防护制作、安装要求	(1) 钢板盖板边缘距离洞口边缘不小于50mm。 (2) 规格为边长500mm的钢板盖板应使用长度为200mm的卡边钢管，螺栓活动卡槽长度为400mm。规格为边长1000mm的钢板盖板应使用长度为400mm的卡边钢管，螺栓活动卡槽长度为900mm。规格为边长1600mm的钢板盖板应使用长度为600mm的卡边钢管，螺栓活动卡槽长度为1500mm。 (3) 钢板盖板上方应留有10mm宽的螺栓活动卡槽。螺栓活动卡槽与卡边钢管连接处应距离卡边钢管端头不小于50mm。 (4) 方管与钢板采用ϕ10mm螺栓连接，螺母与钢板处加设垫片。螺栓头与固定钢板焊接而成，固定钢板至少超过洞口边缘100mm。 (5) 钢板盖板上方应喷涂斜45°、间距200mm清晰红白漆	
6		墙角处防护做法	(1) 洞口盖板采用4mm厚钢板制作，采用ϕ10mm膨胀螺栓与墙面固定。盖板下方焊接30mm×30mm×2.5mm卡边钢管，钢管应与洞口内侧边缘处卡紧。 (2) 盖板上方喷涂斜45°、间距200mm清晰红白漆	
7		短边大于1500mm的洞口做法	洞口采用水平安全网封闭	
8		后浇带做法	钢板盖板上方应喷涂斜45°、间距200mm清晰红白漆	
9		采光井防护做法	(1) 使用材料：防护栏杆采用ϕ48.3mm×3.6mm钢管，50mm厚脚手板，安全网采用大眼网和密目网。 (2) 洞口四周用钢管搭设三道防护栏杆，第一道栏杆距地面1200mm，第二道栏杆距地面600mm，第三道栏杆距地面200mm，立杆高度1300mm，防护栏杆距洞口边不小于200mm。 (3) 洞口尺寸不大于2000mm时，中间设置一道立杆；洞口尺寸大于2000mm时，立杆间距不大于1200mm。 (4) 在第一道防护栏杆的上部满铺脚手板；栏杆的下部设置高200mm的木质挡脚板。 (5) 钢管喷涂间距为400mm清晰红白漆，挡脚板喷涂斜45°、间距200mm清晰红白漆	

二、竖向洞口防护做法

序号	项目	内容
1	电梯井防护措施	（1）电梯井首层应设置双层水平安全网，两层网之间的间距为 600mm。施工层及其他每隔两层且不大于 10m 设一道水平安全网。 （2）施工层的下一层，利用结构墙壁上的大螺栓孔安装 4 个钩头螺栓，其直径不小于 25mm。 （3）电梯井首层及其他设置层，利用结构墙壁上的大螺栓孔安装 4 个钩头螺栓，其直径不小于 25mm，钩头伸出结构井壁不大于 150mm。 （4）电梯井口设置高度不低于 1500mm 的工具式定型防护栏杆
2	竖向洞口的防护	竖向洞口短边边长小于 500mm 时，应采取封堵措施
3	垂直洞口的防护	垂直洞口短边边长大于或等于 500mm 时，应在临空一侧设置高度不低于 1200mm 的防护栏杆，并应采用密目式安全立网或工具式栏板封闭，设置挡脚板
4	预留洞口的防护	竖向结构高度大于（含）600mm 且小于 1200mm 的预留洞口安全防护措施应满足如下要求： （1）防护栏杆采用 ϕ48.3mm×3.6mm 钢管，在距离地面或楼面 1200mm 处设置一道，并在其下方距竖向结构不大于 20mm 处设置一道。 （2）当洞口位于墙角时，防护杆件一端焊接钢板，采用 ϕ10mm 的膨胀螺栓与结构墙体固定，另一端用 2mm 厚"Ω"形钢板固定件通过如 ϕ10mm 的膨胀螺栓与结构墙体固定。 （3）当洞口位于墙面时，防护栏杆两端均采用 2mm 厚"Ω"形钢板固定件通过 ϕ10mm 的膨胀螺栓与结构墙体固定。 （4）上下两道防护栏杆之间加装 20mm×20mm、钢丝直径 5mm 的钢丝网，与防护栏杆使用 12 号铅丝固定。 （5）防护栏杆上间距 400mm 喷涂清晰红白漆
5	墙面等处落地的竖向洞口、窗台高度低于 800mm 的竖向洞口防护	墙面等处落地的竖向洞口、窗台高度低于 800mm 的竖向洞口及框架结构在浇筑完混凝土未砌筑墙体时的洞口，应按临边防护要求设置防护栏杆

三、地下消火栓、市政管道、集水坑等井口防护措施

（1）井口四周采用工具式定型防护栏杆，防护栏杆长度为 1000mm，高度为 1000mm，并相应固定，且一侧设门。

（2）井口上方设置盖板，盖板应大于井口边缘 100mm。工具式定型防护栏杆距盖板边缘不小于 100mm。

（3）井口周边须设置夜间安全警示灯，灯柱高度为 2500mm。

四、洞口其他作业防护措施

（1）垂直洞口短边边长小于 500mm 时，应采取封堵措施；当垂直洞口短边边长大于或等于 500mm 时，应在临空一侧设置高度不小于 1.2m 的防护栏杆，并应采用密目式安全立网或工具式栏板封闭，设置挡脚板。

（2）非垂直洞口短边尺寸为 25～500mm 时，应采用盖板覆盖。

（3）非垂直洞口短边边长为 500～1500mm 时，应采用盖板覆盖、防护栏杆等措施；洞口盖板应能承受不小于 $1.1kN/m^2$ 的荷载。

（4）非垂直洞口短边长大于或等于 1500mm 时，应在洞口作业侧设置高度不小于 1.2m 的防护栏杆，采用密目式安全立网或工具式栏板封闭；洞口应采用安全平网封闭。洞口盖板应能承受不小于 $2kN/m^2$ 的荷载。

（5）电梯井口应设置防护门，其高度不应小于 1.5m，防护门底端距地面高度不应大于 50mm，并应设置挡脚板。

（6）在进入电梯安装施工工序之前，电梯井道内应每隔 10m 且不大于 2 层加设一道水平安全网。

第三节　攀登与悬空作业安全防护技术

考点1　攀登作业

（1）供人上下的梯踏板其使用荷载不应大于 1100N。不得两人同时在梯子上作业。在通道处使用梯子作业时，应有专人监护或设置围栏。脚手架操作层上不得使用梯子作业。

（2）用固定式直梯进行攀登作业时，攀登高度宜为 5m，且不超过 10m。超过 3m 时，宜加护笼，超过 8m 时必须设置梯间平台。

（3）钢结构安装时，使用梯子或其他登高设施攀登作业，坠落高度超过 2m 时设置操作平台。当无电焊防风要求时，操作平台的防护栏杆高度不应小于 1.2m；有电焊防风要求时，操作平台的防护栏杆高度不应小于 1.8m。

（4）梯子如需接长使用，接头不得超过 1 处，连接后梯梁的强度不应低于单梯梯梁的强度。

（5）扶梯踏步间距不应大于 400mm。

考点2　悬空作业

序号	项目	内容
1	概念	在无立足点或无牢靠立足点的条件下，进行的高处作业统称为悬空高处作业
2	构件吊装和管道安装时的悬空高处作业防护	（1）钢结构吊装，构件宜在地面组装，安全设施应一并设置。吊装时，应在作业层下方设置水平安全网。 （2）吊装钢筋混凝土大型构件（如屋架、梁、柱等）前，应在构件上预先设置安全设施（如登高通道、操作立足点等）。 （3）采用钢索做安全绳时，钢索的一端采用花篮螺栓收紧；采用钢丝绳做安全绳时，绳的自然下垂度不应大于绳长的 1/20，并不应大于 100mm。 （4）钢结构安装施工宜在施工层搭设水平通道，水平通道两侧设置防护栏杆，当利用钢梁作为水平通道时，应在钢梁一侧设置连续的安全绳，安全绳宜采用钢丝绳

续表

序号	项目	内容
3	模板支撑体系搭设和拆卸的悬空高处作业防护	（1）模板支撑应按规定的程序进行，不得在连接件和支撑件上攀登上下，不得在上下同一垂直面上装拆模板。 （2）在2m以上高处搭设与拆除柱模板及悬挑式模板时，应设置操作平台。 （3）在进行高处拆模作业时应配置登高用具或搭设支架
4	绑扎钢筋和预应力张拉的悬空高处作业防护	（1）在2m以上的高处绑扎柱钢筋时，应搭设操作平台。 （2）在高处进行预应力张拉时，应搭设有防护挡板的操作平台
5	混凝土浇筑与结构施工的悬空高处作业防护	（1）浇筑高度在2m以上的混凝土结构构件时，应设置脚手架或操作平台。 （2）悬挑的混凝土梁和檐、外墙和边柱等结构施工时，应搭设脚手架或操作平台，应设防护栏杆，采用密目式安全立网封闭
6	屋面作业时防护	（1）在坡度大于1∶2.2的屋面上作业，无外脚手架时，在屋檐边设不低于1.5m高的防护栏杆，采用密目式安全立网全封闭。 （2）在轻质型材等屋面上作业，应搭设临时走道板，不得在轻质型材上行走；安装压型板前，应采取在梁下支设安全平网或搭设脚手架等安全防护措施
7	外墙作业时防护	门窗作业时，应有防坠落措施，操作人员在无安全防护措施时，不得站立在樘子、阳台栏板上作业

第四节　交叉作业安全防护技术

考点　交叉作业

（1）交叉作业时，左右方向必须有安全间隔距离。不得在同一垂直方向上下同时操作，下层作业的位置，必须确定处于上层高度可能坠落范围半径之外。不符合前条件的，中间应设置安全防护层。

（2）进行立体交叉作业时，下层作业位置应处于坠落半径之外，坠落半径应符合下表的规定，模板、脚手架等拆除作业应适当增大坠落半径。

序号	上层作业高度 h（m）	坠落半径（m）
1	$2 \leqslant h \leqslant 5$	3
2	$5 < h \leqslant 15$	4
3	$15 < h \leqslant 30$	5
4	$h > 30$	6

（3）防护棚搭设：顶棚采用竹笆或胶合板搭设时，采用双层搭设，间距不应小于700mm；采用木板或与其等强度的其他材料搭设时，可单层搭设，厚度不应小于50mm。

（4）当建筑物高度大于24m，采用木板搭设时，应搭设双层防护棚，两层防护棚的间距不应小于700mm。

43

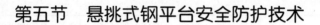

第五节　悬挑式钢平台安全防护技术

考点1　悬挑式钢平台的构造

序号	项目	内容
1	构造材料	应采用型钢做主梁与次梁，满铺厚度不应小于50mm的木板或同等强度的其他材料，并应采用螺栓与型钢固定
2	次梁计算	平台板下次梁恒荷载（永久荷载）中的自重，采用10号槽钢时以0.1kN/m计，铺板以0.4kN/m²计；施工可变荷载1.5kN/m²。按次梁承受均布荷载考虑计算弯矩
3	主梁计算	（1）外侧主梁和钢丝绳吊点作全部承载计算外侧主梁弯矩值。主梁采用20号槽钢时，自重以0.26kN/m计。 （2）将次梁所传递的荷载以集中荷载作用于主梁产生的弯矩设计值，加上主梁自重荷载产生的弯矩设计值，将上项弯矩计算外侧主梁弯曲强度

考点2　悬挑式钢平台安全技术要求

序号	项目	内容
1	有关安全管理规定严格执行	（1）悬挑式钢平台设置专项施工前，施工单位必须编制专项施工方案，并由施工企业技术部门组织本单位施工技术、安全、质量等部门的专业技术人员进行审核。经审核合格的，由施工单位技术负责人签字。实行总承包的，专项施工方案应当由总承包单位技术负责人及相关专业承包单位技术负责人签字，并报监理单位，由项目总监理工程师审核签字后方可实施。 （2）悬挑式钢平台每次进场、组装、安装前，应由项目技术负责人对悬挑式钢平台组织一次验收，并对安装作业人员与作业有关的管理人员进行书面安全技术交底，被交底人在交底单上签字。 （3）遇有六级（含）以上大风或恶劣天气，必须停止悬挑式钢平台安装作业。 （4）平台上严禁2人（不含）以上同时作业
2	剪力墙结构体系中悬挑式钢平台设置应符合的要求	（1）墙（结构）上的吊点螺栓预留孔位置的选择应使钢丝绳与平台两侧边的夹角不大于+5°，平台两侧的4个下吊点应设置在护栏外边，并确保建筑结构、脚手架及支撑体系无干涉；每侧上下各两个吊点（2根钢丝绳）须独立设置，不得采用钢丝绳从平台下兜底的方式，钢丝绳两端与上下吊点连接处宜采用心形环固定；钢丝绳遇有受剪处必须加防剪措施。 （2）平台栏杆防护高度为1.5m，且用硬质材料设置，严禁开孔。 （3）平台内侧设置荷载（吨位）标示牌，且设置各种物料放置数量和码放要求的标示牌。 （4）平台的悬挑主梁必须使用整根槽钢或工字钢。 （5）平台满铺5cm厚的木板且固定。 （6）平台临边护栏上严禁挤靠放置物料或探出护栏放置物料

序号	项目	内容
3	卸料平台安全措施	（1）卸料平台属危险性较大的分部分项工程，施工单位应编制专项施工方案。 （2）进场的槽钢、钢丝绳、钢板和钢管、扣件必须由项目部材料、技术、工程、安全等部门共同进行检查，查验生产厂家的检验合格证，检查槽钢、钢丝绳、钢管直径、壁厚，如有严重锈蚀、扁或裂纹的，禁止使用。 （3）地面上遇六级（含六级）以上大风时，卸料平台停止使用。建筑高度在300m以上的卸料平台底部应增加防风上吸的缆风绳。 （4）卸料平台搭设完毕后，由项目技术负责人组织工程、技术、安全、材料等各部门以及设计单位、搭设单位和使用单位进行验收，合格后方可挂牌并投入使用

第六节　安全防护用品

📝 考点 1　安全帽

序号	项目	内容
1	概念	安全帽被广大建筑工人称为安全"三宝"之一，是建筑工人保护头部，防止和减轻头部伤害
2	安全帽的作用	（1）缓冲减震作用：帽壳与帽衬之间有 25～50mm 的间隙，当物体打击安全帽时，帽壳不因受力变形而直接影响到头顶部。 （2）分散应力集中的作用。 （3）生物力学：规定安全帽必须能吸收 4900N 的力
3	安全帽技术性能	（1）系带应采用软质纺织物，宽度不小于10mm 的带或直不小于 5mm 的绳。 （2）不得使用有毒、有害或引起皮肤过敏等人体伤害的材料。 （3）材料耐老化性能应不低于产品标识明示的日期，正常使用的安全帽在使用期内不能因材料原因导致其性能低于标准要求。 （4）质量：普通安全帽不得超过 430g；防寒安全帽不超过 600g
4	安全帽的正确使用	（1）帽衬顶端与帽壳内顶必须保持 25～50mm 的空间。 （2）必须系好下颌带。 （3）必须戴正、戴稳。 （4）在使用过程中会逐渐损坏，要定期不定期进行检查，确保使用安全

📝 考点 2　安全带

序号	项目	内容
1	概念	是防止高处作业人员发生坠落或发生坠落后将作业人员安全悬挂的个人防护装备，被广大建筑工人誉为"救命带"
2	分类	安全带可分为围杆作业安全带、区域限制安全带和坠落悬挂安全带。建筑、安装施工中大多使用的是坠落悬挂安全带

序号	项目	内容
3	坠落悬挂安全带的主要技术性能	(1) 整体静拉力不应小于15kN；冲击作用力峰值不应大于6kN。 (2) 伸展长度或坠落距离不应大于产品标识的数值。 (3) 不应出现织带撕裂、开线、金属件碎裂、连接器开启、断绳等。 (4) 坠落停止后，安全带不应出现明显不对称滑移或不对称变形。 (5) 坠落停止后，织带或绳在调节扣内的滑移不应大于25mm
4	安全带的正确使用	(1) 选用经检验合格的安全带，并在使用有效期内。 (2) 安全带严禁打结、续接。 (3) 使用中，要可靠地挂在牢固的地方，高挂低用，且要防止摆动，避免明火和刺割。 (4) 2m以上的悬空作业，必须使用安全带。 (5) 在无法直接挂设安全带的地方，应设置挂安全带的安全拉绳、安全栏杆

考点3 安全网

序号	项目	内容
1	概念	是用来防止人员、物体坠落，或用来避免、减轻坠落及物体打击伤害的网具
2	分类	根据安装形式和使用目的不同，安全网可分为平网（安装平面平行于水平面，主要用来接住坠落的人和物的安全网）和立网（安装平面垂直于水平面，主要用来防止人或物坠落的安全网）两类
3	安全平网技术要求	(1) 质量：单张平网质量不宜超过15kg。 (2) 绳结构：平网上所用的网绳、边绳、系绳、筋绳均应由不小于3股单绳制成。 (3) 网目形状及边长：平网的网目形状应为菱形或方形，其网目边长不应大于80mm。 (4) 规格尺寸：平网为3m×6m
4	密目式安全立网技术要求	(1) 密目网的宽度应介于1.2～2m之间，长度一般为6m。 (2) 开眼环扣孔径不应小于8mm。 (3) 系绳断裂强力不应小于2000N。 (4) 阻燃性能：纵、横方向的续燃和阴燃时间不应大于4s
5	安全网的使用规则	(1) 密目式安全立网的网目密度应为10cm×10cm面积上大于或等于2000目。 (2) 采用平网防护时，严禁使用密目式安全立网代替平网使用。 (3) 密目式安全立网使用前，应检查产品分类标记、产品合格证、网目数及网体重量，确认合格方可使用。 ①安装时，在每个系结点上，边绳应与支撑物（架）靠紧，并用一根独立的系绳连接，系接点沿网边均匀分布，其距离不得大于75cm。系结点应符合打结方便、连接牢固容易解开、受力后又不会散脱的原则。 ②安装平网时，要遵守支撑安全网的三要素，即负载高度（两层平网间距离不得超过10m）、网的宽度和缓冲的距离（3m宽的水平安全网，网底距下方物体的表面不得小于3m；6m宽的水平安全网，网底距下方物体表面不得小于5m）。 (4) 拆网应自上而下

序号	项目	内容
6	安全网搭设	（1）密目式安全立网搭设时，间距不得大于 450mm。相邻密目网间应紧密结合或重叠。 （2）立网用于龙门架、物料提升架及井架的封闭防护时，四周边绳应与支撑架贴紧，边绳的断裂张力不得小于 3kN，系绳应绑在支撑架上，间距不得大于 750mm。 （3）在施工工程的电梯井、采光井、螺旋式楼梯口，应在井口内首层，并每隔四层固定一道安全网；烟囱、水塔等独立体建筑物施工时，要在里、外脚手架的外围固定一道 6m 宽的双层安全网，井内应设一道安全网。
7	安全网的出厂检验	安全网的储存期超过两年，应按 0.2% 抽样，不足 1000 张时抽样 2 张进行性能测试，测试合格后方可销售使用

第五章 土石方及基坑工程安全技术

扫码免费观看
基础直播课程

第一节 岩土的分类和性能

考点1 岩土的工程分类

序号	项目	内容
1	土按其不同粒组的相对含量分类	巨粒类土、粗粒类土、细粒类土
2	岩石坚硬程度分类	坚硬岩、较硬岩、较软岩、软岩、极软岩
3	土根据地质成因分类	残积土、坡积土、洪积土、冲击土、淤积土、冰积土和风积土
4	土根据工程特性分类	湿陷性、红黏土、软土（包括淤泥和淤泥质土）、冻土、膨胀土、盐渍土、混合土、填土和污染土
5	土按颗粒级配和塑性指数分类	碎石土、砂土、粉土和黏性土
6	建筑地基的岩土分类	岩石、碎石土、砂土、粉土、黏性土和人工填土
7	土石方工程中，土根据土的开挖难易程度分类	松软土、普通土、坚土、砂砾坚土、软石、次坚石、坚石、特坚石，前四类为一般土，后四类为岩石

考点2 岩土的工程性能

序号	工程性能	内容
1	内摩擦角	（1）是土的抗剪强度指标，是工程设计的重要参数。 （2）土的内摩擦角反映了土的摩擦特性。 （3）可以分析边坡的稳定性
2	土抗剪强度	（1）是指土体抵抗剪切破坏的极限强度，包括内摩擦力和内聚力。 （2）抗剪强度可通过剪切试验测定
3	黏聚力	是在同种物质内部相邻各部分之间的相互吸引力
4	土的天然含水量	（1）是指土中所含水的质量与土的固体颗粒质量之比的百分率。 （2）土的天然含水量对挖土的难易、土方边坡的稳定、填土的压实等均有影响

序号	工程性能	内容
5	土的天然密度	是指土在天然状态下单位体积的质量
6	土的干密度	（1）是指单位体积内土的固体颗粒质量与总体积的比值。 （2）干密度越大，表明土越坚实。在土方填筑时，常以土的干密度控制土的夯实标准
7	土的密实度	是指土被固体颗粒所充实的程度，反映了土的紧密程度
8	土的可松性	（1）是指天然土经开挖后，其体积因松散而增加，虽经振动夯实，仍不能完全恢复到原来的体积。 （2）是挖填土方时，计算土方机械生产率、回填土方量、运输机具数量、进行场地平整规划竖向设计、土方平衡调配的重要参数

第二节　土石方开挖工程安全技术

考点1　土石方开挖工程基本规定

（1）土石方工程开挖施工前，必须具备完备的地质勘察资料及工程附近管线、建筑物、构筑物和其他公共设施的构造情况，必要时应做施工勘察和调查以确保工程质量及邻近建筑的安全。

（2）施工现场发现危及人身安全和公共安全的隐患时，必须立即停止作业。

考点2　土石方开挖作业要求

一、土石方开挖准备

序号	项目	内容
1	编制安全专项施工方案	施工单位针对各级风险工程编制安全专项施工方案。深基坑工程的安全专项施工方案，应经施工单位技术负责人签认后，报监理单位
2	安全专项施工方案的审查	监理单位应组织对安全专项施工方案的审查，深基坑工程应填报施工方案安全性评估表和施工组织合理性评估表
3	深基坑的安全专项施工方案内容（案例）	（1）工程概况。 （2）工程地质与水文地质条件。 （3）风险因素分析。 （4）工程危险控制重点与难点。 （5）施工方法和主要施工工艺。 （6）基坑与周边环境安全保护要求。 （7）监测实施要求。 （8）变形控制指标与报警值。 （9）施工安全技术措施。 （10）应急方案。 （11）组织管理措施

续表

序号	项目	内容
4	监测和保护	深基坑土方开挖前，要进行施工现场勘察和环境调查，了解施工现场基坑影响范围内地下管线、建筑物地基基础情况，必要时制定预先加固方案；要对支护结构、地下水位及周围环境进行必要的监测和保护
5	开挖方式	（1）石方开挖应根据岩石的类别、风化程度和节理发育程度确定开挖方式。 （2）软地质岩石和强风化岩石，采用机械开挖或人工开挖。 （3）坚硬岩石宜采取爆破开挖。 （4）对开挖区周边有防震要求的重要结构或设施的地区开挖，宜采用机械和人工开挖或控制爆破

二、土石方开挖

序号	项目	内容
1	开挖方式	（1）土石方开挖宜根据支护形式分为无围护结构的放坡开挖、有围护结构无内支撑的基坑开挖及有围护结构有内支撑的基坑开挖等方式。 （2）深基坑工程的挖土方案，主要有放坡挖土、岛式挖土、盆式挖土、逆作法挖土。面积较大的基坑宜采用中心岛式、盆式挖土。 （3）有内支撑结构的深基坑土石方开挖，可以分为明挖法和暗挖法（盖挖法）。 （4）多道内支撑基坑开挖遵循原则："分层支撑、分层开挖、限时支撑、先撑后挖"。 （5）分层支撑和开挖的基坑上部可采用大型施工机械开挖，下部宜采用小型施工机械和人工挖土，在内支撑以下挖土时，每层开挖深度不得大于2m
2	施工安全作业要求	（1）土石方开挖必须严格遵循先设计后施工的原则，按照分层、分段、分块、对称、均衡、限时的方法，确定开挖顺序。 （2）当基坑开挖面上方的锚杆、土钉、支撑未达到设计要求时，严禁向下超挖土方。 （3）挖土机械、运输车辆等直接进入基坑进行施工作业时，坡道坡度不宜大于1：7。 （4）基坑开挖的土方不应在邻近建筑及基坑周边影响范围内堆放，并应及时外运。除坑支护设计要求允许外，基坑边1m范围内不得堆土、堆料、放置机具。 （5）基坑开挖时，两人操作间距应大于2.5m。多台机械开挖，挖土机间距应大于10m。在挖土机工作范围内，不允许进行其他作业。挖土应由上而下，逐层进行，严禁先挖坡脚或逆坡挖土。 （6）基坑开挖过程中发现地质条件或环境条件与原地质报告、环境调查报告不相符合时，应停止施工，及时会同相关设计、勘察单位进行设计验算或设计修改后方可恢复施工。 （7）临时土石方的堆放应进行包括自身稳定性、邻近建筑物地基和基坑稳定性验算。 （8）采用放坡开挖的基坑，各级边坡坡度不宜大于1：1.5，淤泥质土层中不宜大于1：2.0；多级放坡开挖的基坑，坡间放坡平台宽度不宜小于3.0m。 （9）采用复合土钉支护的基坑开挖施工要求： ①隔水帷幕的强度和龄期应达到设计要求后方可进行土方开挖。 ②面积较大的基坑采用岛式开挖，先挖除距基坑边8～10m的土方，再挖除基坑中部的土方。 ③应采用分层分段方法进行土方开挖，每层土方开挖的底标高应低于相应土钉位置，且距离不宜大于200mm，每层分段长度不应大于30m。

序号	项目	内容
2	施工安全作业要求	（10）岛式土方开挖要求： ①边部土方应采用分段开挖的方法，应减小围护墙无支撑或无垫层暴露时间。 ②中部岛状土体的高度不宜大于6m。高度大于4m时采用二级放坡形式，坡间放坡平台宽度不应小于4m，每级边坡坡度不宜大于1∶1.5，总边坡坡度不应大于1∶2.0。高度不大于4m时，可采取单级放坡形式，坡度不宜大于1∶1.5。 ③中部岛状土体的各级边坡和总边坡应验算边坡稳定性。 ④中部岛状土体的开挖应均衡对称进行，高度大于4m时，应采用分层开挖的方法。 （11）盆式土方开挖要求： ①中部有支撑时应先完成中部支撑，再开挖盆边土方。 ②盆边土体的高度不宜大于6m，盆边上口宽度不宜小于8m；盆边土体的高度大于4m时，应采用二级放坡形式，坡间放坡平台宽度不应小于3m。 ③盆边土体应分块对称开挖
3	基坑开挖的监控	（1）基坑工程的监测包括支护结构的监测和周围环境的监测。 （2）基坑监测的重点：做好支护结构水平位移、周围建筑物、地下管线变形、地下水位等的监测
4	安全防护措施	（1）开挖深度超过2m的基坑周边必须安装防护栏杆，防护栏高度不应低于1.2m。 （2）梯道应设扶手栏杆，宽度不应小于1m。 （3）同一垂直作业面的上下层不宜同时作业。 （4）采用井点降水时，井口应设置防护盖板或围栏，警示标志应明显。降水停止后，应将井填实

三、安全应急预案与响应

（1）施工单位制定建筑施工安全应急预案，并报监理审核，建设单位批准、备案。当出现基坑斜塌或人身伤亡事故时，应急响应必须由建设单位或工程总承包单位组织实施。

（2）坑体渗水、积水或有渗流时，进行疏导、排泄，截断水源。

（3）基坑变形超过报警值时，应调整分层、分段土方开挖施工方案，加大预留土墩、坑内堆砂袋、回填土、增设锚杆、支撑等。

（4）开挖施工引起邻近建筑物开裂或倾斜时，应立即停止基坑开挖，回填反压、基坑侧壁卸载，必要时及时疏散人员。

（5）临近地下管线破裂时，应立即关闭危险管道阀门；停止基坑开挖，回填反压、基坑侧壁卸载；及时加固、修复或更换破裂管线。

（6）当发现不能辨认的液体、气体及弃物时，应立即停止作业，排除隐患后方可恢复施工。

📝 考点3　土石方爆破

一、土石方爆破一般规定

（1）土石方爆破工程由具有相应爆破资质和安全生产许可证的企业承担。爆破作业人员应取得资格证书，持证上岗。作业现场由具有相应资格的技术人员指导施工。

（2）A、B、C级和对安全影响较大的D级爆破工程均应编制爆破设计书，并对爆破工程进行专家论证。

（3）爆破器材临时储存及修建临时爆破器材库房必须经过当地公安管理部门的许可。

（4）在爆破作业区内有两个及以上爆破施工单位同时实施爆破作业时，必须由建设单位负责统一协调指挥。

二、土石方爆破作业要求

序号	项目	内容
1	起爆方法	施工现场常用的起爆方法有电力起爆、导爆索起爆、导爆管起爆三种。露天爆破按孔径、孔深的不同分为深孔爆破和浅孔爆破
2	浅孔爆破	（1）宜采用台阶爆破法，台阶高度不宜超过5m。 （2）装药前应进行验孔，对于炮孔间距和深度偏差大于设计允许范围的，应由爆破技术负责人提出处理意见。 （3）炮孔采用人工装药时，不应过度挤压或分散装药；使用机械装填炸药时，应防止静电引起早爆。 （4）起爆后，应至少5min后方可进入爆破区检查
3	深孔爆破	（1）应采用台阶爆破法，在台阶形成之前进行爆破时应加大警戒范围。台阶高度宜为8～15m。 （2）宜采用电爆网路或导爆管网路起爆，大规模深孔爆破应预先进行网路模拟实验。 （3）装药和填塞过程中，应保护好起爆网路；当发生装药卡堵时，不得用钻杆捣捅药包。 （4）起爆后，应至少15min后方可进入爆破区检查
4	边坡控制爆破	（1）宜采用预裂爆破和光面爆破。 （2）需要设置隔振带的开挖区，边坡开挖宜采用预裂爆破。 （3）光面、预裂爆破的炮孔均应采用不耦合装药

三、爆后检查及发现问题的处置

序号	项目	内容
1	爆后检查	（1）B级及复杂环境的爆破工程，爆后检查工作应由现场技术负责人、起爆组长和有经验的爆破员、安全员组成检查小组实施。 （2）其他爆破工程的爆后检查工作由安全员、爆破员共同实施。 （3）爆破后检查内容： ①确认有无盲炮。 ②露天爆破爆堆是否稳定，有无危坡、危石。 ③爆破警戒区内公用设施及重点保护建（构）筑物安全情况
2	发现问题的处置	（1）检查人员发现盲炮或怀疑盲炮，应向爆破负责人报告后组织进一步检查和处理；发现其他不安全因素应及时排查处理；在上述情况下，不应发出解除警戒信号。 （2）电力起爆网路发生盲炮时，应立即切断电源，及时将盲炮电路短路。 （3）导爆索和导爆管起爆网路发生盲炮时，应首先检查导爆索和导爆管是否有损坏或断裂，发现有损坏或断裂的应修复后重新起爆。 （4）发现爆破作业对周边建（构）筑物、公用设施造成安全威胁时，应及时组织抢险、治理，排除安全隐患

第三节　基坑支护安全技术

📝 考点1　基坑支护基础知识

序号	项目	内容
1	设计使用期限	基坑支护的设计使用期限不应小于一年
2	安全等级	基坑工程按破坏后果的严重程度分为三个安全等级。 （1）一级：破坏后果是支护结构破坏、土体失稳或过大变形对基坑周边环境及地下结构施工影响很严重。 （2）二级：破坏后果是支护结构破坏、土体失稳或过大变形对基坑周边环境及地下结构施工影响一般。 （3）三级：破坏后果是支护结构破坏、土体失稳或过大变形对基坑周边环境及地下结构施工影响不严重
3	基坑支护应满足功能要求	（1）保证基坑周边建（构）筑物、地下管线、道路的安全和正常使用。 （2）保证主体地下结构的施工空间
4	支护结构选型考虑因素	（1）基坑深度。 （2）土的性状及地下水条件。 （3）基坑周边环境对基坑变形的承受能力及支护结构一旦失效可能产生的后果。 （4）主体地下结构及其基础形式、基坑平面尺寸及形状。 （5）支护结构施工工艺的可行性。 （6）施工场地条件及施工季节。 （7）经济指标、环保性能和施工工期

📝 考点2　基坑支护的种类

一、浅基坑的支护

序号	支护类型	内容
1	锚拉支撑	适于开挖较大型、深度较深的基坑或使用机械挖土，不能安设横撑时使用
2	斜柱支撑	适于开挖较大型、深度不大的基坑或使用机械挖土时
3	型钢桩横挡板支撑	适于地下水位较低、深度不很大的一般黏性或砂土层中使用
4	短桩横隔板支撑	适于开挖宽度大的基坑，当部分地段下部放坡不够时使用
5	临时挡土墙支撑	适于开挖宽度大的基坑，当部分地段下部放坡不够时使用
6	挡土灌注桩支护	适用于开挖较大、较浅（<5m）基坑，邻近有建筑物，不允许背面地基有下沉、位移时采用
7	叠袋式挡墙支护	适用于一般黏性土、面积大、开挖深度在5m以内的浅基坑支护

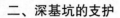

二、深基坑的支护

序号	支护类型	内容
1	排桩支护	(1) 分类：悬臂式支护结构、拉锚式支护结构、内撑式支护结构和锚杆式支护结构。 (2) 适用条件：基坑侧壁安全等级为一级、二级、三级；适用于可采取降水或止水帷幕的基坑
2	地下连续墙	(1) 地下连续墙宜同时用作主体地下结构外墙。 (2) 适用条件：基坑侧壁安全等级为一级、二级、三级；适用于周边环境条件复杂的深基坑
3	水泥土桩墙	(1) 分类：深层搅拌水泥土桩墙、高压旋喷桩墙。 (2) 适用条件：基坑侧壁安全等级宜为二、三级；水泥土桩施工范围内地基土承载力宜与150kPa；基坑深度宜在6m
4	逆作拱墙	适用条件：基坑侧壁安全等级宜为二、三级；淤泥和淤泥质土场地不宜采用；拱墙轴线的矢跨比宜≥1/8；基坑深度宜≤12m；地下水位高于基坑底面时，应采取降水或截水措施

考点3　基坑施工作业要求

一、基坑的安全级别

序号	安全级别	分类标准
1	一级	(1) 重要工程或支护结构作为主体结构的一部分。 (2) 开挖深度大于10m。 (3) 与邻近建筑物、重要设施的距离在开挖深度以内的基坑。 (4) 基坑范围内有历史文物、近代优秀建筑、重要管线等需要严加保护的基坑
2	二级	除一级基坑和三级基坑外的基坑均属二级基坑
3	三级	开挖深度小于7m，且周围环境无特别要求的基坑

二、专项方案要求

序号	项目	内容
1	编制、审核	基坑开挖前，要制定土方开挖工程及基坑支护专项方案，深基坑工程实行专业分包的，其专项方案可由专业承包单位组织编制，专项方案应当由施工单位技术部门组织本单位施工技术、安全、质量等部门的专业技术人员进行审核。 经审核合格的，由施工单位技术负责人签字。实行施工总承包的，专项方案应当由总承包单位技术负责人及相关专业承包单位技术负责人签字
2	论证	不需专家论证的专项方案，经施工单位审核合格后报监理单位，由项目总监理工程师审核签字后方可实施。 超过一定规模的危险性较大的深基坑工程专项方案应当由施工单位组织召开专家论证会。实行施工总承包的，由施工总承包单位组织召开专家论证会

序号	项目	内容
3	修改	施工单位应当根据论证报告修改完善专项方案并经施工单位技术负责人、项目总监理工程师、建设单位项目负责人签字后，方可组织实施。
4	专项方案编制内容	（1）工程概况。 （2）编制依据。 （3）施工计划。 （4）施工工艺技术。 （5）施工安全保证措施。 （6）劳动力计划。 （7）计算书及相关图纸

三、土方开挖的要求

（1）土方开挖原则："开槽支撑，先撑后挖，分层开挖，严禁超挖"。

（2）相邻基坑开挖时，应遵循先深后浅或同时进行的施工顺序。

（3）开挖时，挖土机械不得碰撞或损害支撑结构，不得损害已施工的基础桩。

（4）当基坑采用降水时，应在降水后开挖地下水位以下的土方，且地下水位应保持在开挖面50cm以下。

（5）软土基坑开挖要求：

① 分层、分段、对称、均衡、适时的开挖。

② 当主体结构采用桩基础且基础桩已施工完成时，应根据开挖面下软土的性状，限制每层开挖厚度。

③ 对采用内支撑的支护结构，宜采用开槽方法浇筑混凝土支撑或安装钢支撑；开挖到支撑作业面后，应及时进行支撑的施工。

④ 对重力式水泥土墙，沿水泥土墙方向应分区段开挖，每一开挖区段的长度不宜大于40m。

四、支护的作业要求

（1）应按支护结构设计规定的施工顺序和开挖深度分层开挖。

（2）当支护结构构件强度达到开挖阶段的设计强度时，方可向下开挖；对采用预应力锚杆的支护结构，应在施加预加力后，方可开挖下层土方；对土钉墙，应在土钉、喷射混凝土面层的养护时间大于2天后，方可开挖下层土方。

（3）开挖至锚杆、土钉施工作业面时，开挖面与锚杆、土钉的高差不宜大于500mm。

（4）采用锚杆或支撑的支护结构，在未达到设计规定的拆除条件时，严禁拆除锚杆或支撑。

（5）基坑开挖和支护结构使用期内基坑进行维护要求：

① 雨期施工，在坑顶、坑底采取截排水措施；排水沟、集水井应采取防渗措施。

② 基坑周边地面宜做硬化或防渗处理。

③ 基坑周边的施工用水应有排放系统，不得渗入土体内。

④ 当坑体渗水、积水或有渗流时，应进行疏导、排泄，截断水源。

⑤ 开挖至坑底后，应及时进行混凝土垫层和主体地下结构施工。

⑥ 主体地下结构施工时，结构外墙与基坑侧壁之间应及时回填。

五、基坑的监测

序号	项目	内容
1	实施监测的基坑工程	开挖深度大于等于5m或开挖深度小于5m但现场地质情况和周围环境较复杂的基坑工程及其他需要检测的基坑工程
2	监测方	基坑工程施工前，应由建设方委托具备相应资质的第三方对基坑工程实施现场监测。监测单位应编制监测方案，监测方案需经建设方、设计方、监理方等认可
3	支护结构监测	安全等级为一级、二级的支护结构，在基坑开挖过程与支护结构使用期内，必须进行支护结构的水平位移监测和基坑开挖影响范围内建（构）筑物、地面的沉降监测
4	监测次数	各监测项目应在基坑开挖前或测点安装后测得稳定的初始值，且次数不应少于两次
5	监测方案内容	（1）工程概况。 （2）建设场地岩土工程条件及基坑周边环境状况。 （3）监测目的和依据。 （4）监测内容及项目。 （5）基准点、监测点的布设与保护。 （6）监测方法及精度。 （7）监测期和监测频率。 （8）监测报警及异常情况下的监测措施。 （9）监测数据处理与信息反馈。 （10）监测人员的配备。 （11）监测仪器设备及检定要求。 （12）作业安全及其他管理制度
6	监测方案论证	下列基坑工程的监测方案应进行专门论证： （1）地质和环境条件复杂的基坑工程。 （2）临近重要建筑和管线，以及历史文物、优秀近代建筑、地铁、隧道等破坏后果很严重的基坑工程。 （3）已发生严重事故，重新组织施工的基坑工程。 （4）采用新技术、新工艺、新材料、新设备的一、二级基坑工程。 （5）其他需要论证的基坑工程
7	基坑工程现场监测的对象	（1）支护结构。 （2）地下水状况。 （3）基坑底部及周边土体。 （4）周边建筑。 （5）周边管线及设施。 （6）周边重要的道路。 （7）其他应监测的对象

序号	项目	内容
8	基坑工程巡视检查内容	(1) 支护结构。 (2) 施工工况。 (3) 周边环境：周边管道有无破损、泄漏情况；周边建筑有无新增裂缝出现；周边道路（地面）有无裂缝、沉陷；临近基坑及建筑的施工变化情况；裂缝监测应监测裂缝的位置、走向、长度、宽度，必要时尚应监测裂缝深度。 (4) 监测设施：基准点、监测点完好情况；有无影响观测工作的障碍物
9	提高监测频率情况	(1) 监测数据达到报警值。 (2) 监测数据变化较大或速率加快。 (3) 存在勘察未发现的不良地质。 (4) 超深、超长开挖或未及时加撑等违反设计工况施工。 (5) 基坑及周边大量积水、长时间连续降雨、市政管道出现泄漏。 (6) 基坑附近地面荷载突然增大或超过设计限制。 (7) 支护结构出现开裂。 (8) 周边地面突发大沉降或出现严重开裂。 (9) 邻近建筑突发较大沉降、不均匀沉降或出现严重开裂。 (10) 基坑底部、侧壁出现管涌、渗漏或流沙等现象。 (11) 基坑工程发生事故后重新组织施工。 (12) 出现其他影响基坑及周边环境安全的异常情况
10	对基坑支护结构和周边环境中的保护对象采取应急措施情况	(1) 监测数据达到监测报警值的累计值。 (2) 基坑支护结构或周边土体的位移值突然明显增大或基坑出现流沙、管涌、隆起、陷落或较严重的渗漏等。 (3) 基坑支护结构的支撑或锚杆体系出现过大变形、压屈、断裂、松弛或拔出的迹象。 (4) 周边建筑的结构部分、周边地面出现较严重的突发裂缝或危害结构的变形裂缝。 (5) 周边管线变形突然明显增长或出现裂缝、泄漏等。 (6) 根据当地工程经验判断，出现其他必须进行危险报警的情况

📝 考点4　基坑安全措施

（1）开挖深度超过 2m 的，必须在沿基坑边设立防护栏杆且在危险处设置红色警示灯，防护栏杆周围悬挂"禁止翻越""当心坠落"等禁止、警告标志。

（2）基坑内应搭设上下通道。作业人员在作业施工时应有安全立足点，禁止垂直交叉作业。

（3）基坑内及基坑周边应设置良好的排水系统，并满足施工、防汛要求。

（4）基坑周边距基坑边 1m 范围内严禁堆放土石方、料具等荷载较重的物料。

📝 考点5　地下水控制

序号	项目	内容
1	截水	(1) 基坑截水根据工程地质条件、水文地质条件及施工条件等，选用水泥土搅拌桩帷幕、高压旋喷或摆喷注浆帷幕、地下连续墙或咬合式排桩。

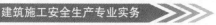

续表

序号	项目	内容
1	截水	（2）支护结构采用排桩时，可采用高压喷射注浆与排桩相互咬合的组合帷幕。 （3）对碎石土、杂填土、泥炭质土、泥炭、pH 值较低的土或地下水流速较大时，水泥土搅拌桩帷幕、高压喷射注浆帷幕宜通过试验确定其适用性或外加剂品种及掺量。 （4）当坑底以下存在连续分布、埋深较浅的隔水层时，应采用落底式帷幕。 （5）截水帷幕在平面布置上应沿基坑周边闭合。 （6）高压喷射注浆截水帷幕施工要求： ①采用与排桩咬合的高压喷射注浆截水帷幕时，应先进行排桩施工，后进行高压喷射注浆施工。 ②高压喷射注浆的施工作业顺序应采用隔孔分序方式，相邻孔喷射注浆的间隔时间不宜小于 24h。 ③喷射注浆时，由下而上均匀喷射，停止喷射的位置宜高于帷幕设计顶面标高 1m。 ④可采用复喷工艺增大固结体半径、提高固结体强度。 ⑤喷射注浆时，当孔口的返浆量大于注浆量的 20% 时，可采用提高喷射压力、增加提升速度等措施。 ⑥当喷射注浆因故中途停喷后，继续注浆时应与停喷前的注浆体搭接，其搭接长度不应小于 500mm。 ⑦当注浆孔邻近既有建筑物时，宜采用速凝浆液进行喷射注浆
2	降水	（1）基坑降水可采用管井、真空井点、喷射井点等方法。 （2）降水后基坑内的水位应低于坑底 0.5m。 （3）抽水系统在使用期的维护要求：采用管井时，应对井口采取防护措施，井口宜高于地面 200mm 以上
3	集水明排	（1）对坑底汇水、基坑周边地表汇水及降水井抽出的地下水，可采用明沟排水。 （2）对坑底渗出的地下水，可采用盲沟排水。 （3）基坑排水设施与市政网连接口之间应设置沉淀池。 （4）明沟、集水井、沉淀池使用时应排水畅通并应随时清理淤积物

考点6　基坑发生坍塌前主要迹象

（1）周围地面出现裂缝，并不断扩展。

（2）支撑系统发出挤压等异常响声。

（3）环梁或排桩、挡墙的水平位移较大，并持续发展。

（4）支护系统出现局部失稳。

（5）大量水土不断涌入基坑。

（6）相当数量的锚杆螺母松动，甚至有槽钢松脱现象。

考点7　基坑工程应急措施

序号	情形	处理方法
1	在基坑开挖过程中，出现了渗水或漏水	应根据水量大小，采用坑底设沟排水、引流修补、密实混凝土封堵、压密注浆、高压喷射注浆等方法及时进行处理

序号	情形	处理方法
2	位移持续发展，超过设计值较多	应采用水泥土墙背后卸载、加快垫层施工及加大垫层厚度和加设支撑等方法及时进行处理
3	悬臂式支护结构位移超过设计值	应采取加设支撑或锚杆、支护墙背卸土等方法及时进行处理
4	悬臂式支护结构发生深层滑动	应及时浇筑垫层，必要时也可以加厚垫层，形成下部水平支撑
5	支撑式支护结构发生墙背土体沉陷	应采取增设坑外回灌井、进行坑底加固、垫层随挖随浇、加厚垫层或采用配筋垫层、设置坑底支撑等方法及时进行处理
6	轻微的流沙现象	在基坑开挖后可采用加快垫层浇筑或加厚垫层的方法"压住"流沙
7	较严重的流沙	应增加坑内降水措施进行处理
8	发生管涌	可以在支护墙前再打设一排钢板桩，在钢板桩与支护墙间进行注浆
9	邻近建筑物沉降	一般可以采用回灌井、跟踪注浆等方法
10	邻近建筑物沉降很大，而压密注浆又不能控制的建筑	如果基础是钢筋混凝土的，可以考虑采用静力锚杆压桩的方法进行处理
11	对于基坑周围管线保护的应急措施	一般包括增设回灌井、打设封闭桩或管线架空等方法
12	当基坑变形过大，或环境条件不允许等危险情况出现时	采取底板分块施工和增设斜支撑的方法措施

第六章 脚手架、模板工程安全技术

扫码免费观看
基础直播课程

第一节 脚手架安全技术

考点1 脚手架的统一要求

一、脚手架的基本规定

序号	项目	内容
1	作业方案	(1) 脚手架搭拆作业前，应根据工程特点编制专项施工方案，应经审批后组织实施。 (2) 专项施工方案满足施工要求和安全承载、安全防护要求
2	稳定性	架体的构造设计注意事项： (1) 脚手架的构造应满足设计计算基本假定条件（边界条件）的要求。脚手架边界条件主要是连墙件、水平杆、剪刀撑（斜撑杆）、扫地杆的设置；支撑脚手架边界条件主要是纵向和横向水平杆、竖向（纵、横）剪刀撑、水平剪刀撑、斜撑杆、扫地杆的设置。 (2) 脚手架的设计计算模型与脚手架的构造相对应
3	性能要求	脚手架的设计、搭设、使用和维护应满足要求： (1) 应能承受设计荷载。 (2) 结构应稳固，不得发生影响正常使用的变形。 (3) 应满足使用要求，具有安全防护功能。 (4) 在使用中，脚手架结构性能不得发生明显改变。 (5) 当遇意外作用或偶然超载时，不得发生整体破坏。 (6) 脚手架所依附、承受的工程结构不应受到损害

二、脚手架材质、构配件要求

序号	项目	内容
1	材料与规格	(1) 钢管：每根钢管的最大质量不应大于 25.8kg，钢管的尺寸为 $\phi48.3mm \times 3.6mm$。 (2) 扣件：扣件的螺杆拧紧扭力矩达到 65N·m 时不得发生破坏，使用时扭力矩在 40~65N·m 之间。 (3) 脚手板：冲压钢脚手板的钢板厚度不宜小于 1.5mm，板面冲孔内切圆直径应小于 25mm。 (4) 底座和托座： ①底座的钢板厚度不得小于 6mm，托座 U 形钢板厚度不得小于 5mm，钢板与螺杆应采用环焊，焊缝高度不应小于钢板厚度，并宜设置加劲板。 ②可调底座和可调托座螺杆插入脚手架立杆钢管的配合公差应小于 2.5mm。 ③可调底座和可调托座螺杆与可调螺母啮合的承载力应高于可调底座和可调托座的承载力，螺母厚度不得小于 30mm

续表

序号	项目	内容
2	构配件标准要求	(1) 具有良好的互换性，且可重复使用。 (2) 杆件、构配件的外观质量规定： ①不得使用带有裂纹、折痕、表面明显凹陷、严重锈蚀的钢管。 ②铸件表面应光滑，不得有砂眼、气孔、裂纹、浇冒口残余等缺陷，表面粘砂应清除干净。 ③冲压件不得有毛刺、裂纹、明显变形、氧化皮等缺陷。 ④焊接件的焊缝应饱满，焊渣应清除干净，不得有未焊透、夹渣、咬肉、裂纹等缺陷

三、脚手架地基基础安全要求

（1）脚手架的基础可以用十个字来概括：平整、夯实、硬化、垫木、排水（沟槽）。

（2）现浇混凝土宜为 C15 以上素混凝土，现浇混凝土宽度应超出脚手架宽度两边各 100mm 以上，待混凝土强度达到 70% 以上时才可搭设脚手架。

（3）地基上应铺设 50mm（厚）×200mm（宽）木板，木板平行于墙面放置。底座底面标高以高于自然地坪 50mm 为宜。

（4）地基应里高外低，坡度不少于 3%。应沿地基周圈设置排水沟槽。

（5）直接支承在土体上的模板支架及脚手架，立杆底部应设置可调底座，土体应采取加固措施（如压实、铺设块石或浇筑混凝土垫层等）防止不均匀沉陷，也可在立杆底部垫设垫板，垫板的长度不宜少于 2 跨。

四、脚手架搭设与拆除

序号	项目	内容
1	搭设	(1) 落地作业脚手架、悬挑脚手架的搭设应与工程施工同步，一次搭设高度不应超过最上层连墙件两步，且自由高度不应大于 4m。 (2) 支撑脚手架应逐排、逐层进行搭设。 (3) 剪刀撑、斜撑杆等加固杆件应随架体同步搭设，不得滞后安装。 (4) 构件组装类脚手架的搭设应自一端向另一端延伸，自下而上按步架设，并应逐层改变搭设方向。 (5) 每搭设完一步架体后，应按规定校正立杆间距、步距、垂直度及水平杆的水平度
2	连墙件设置	(1) 连墙件安装必须随作业脚手架搭设同步进行，严禁滞后安装。 (2) 当作业脚手架操作层高出相邻连墙件 2 个步距及以上时，在上层连墙件安装完毕前，必须采取临时拉结措施
3	拆除	(1) 架体拆除从上而下逐层进行，严禁上下同时作业。 (2) 同层杆件和构配件必须按先外后内的顺序拆除；剪刀撑、斜撑杆等加固杆件必须在拆卸至该杆件所在部位时再拆除。 (3) 作业脚手架连墙件必须随架体逐层拆除，严禁先将连墙件整层或数层拆除后再拆架体。拆除作业过程中，当架体的自由端高度超过 2 个步距时，必须采取临时拉结措施。 (4) 拆除作业不得重锤击打、撬别。拆除的杆件、构配件应采用机械或人工运至地面，严禁抛掷

五、脚手架质量控制

序号	项目	内容
1	脚手架的质量控制	按搭设前、搭设过程中、搭设完工或阶段使用前三个环节进行质量控制的规定: (1) 对搭设脚手架的材料、构配件和设备应进行现场检验。 (2) 脚手架搭设过程中应分步校验,并应进行阶段施工质量检查。 (3) 在脚手架搭设完工后应进行验收,并应在验收合格后方可使用
2	脚手架搭设中的检验	脚手架材料、构配件和设备应按进入施工现场的检验,检验合格后方可搭设施工,并应符合下列规定: (1) 新产品应有产品质量合格证,工厂化生产的主要承力杆件、涉及结构安全的构件应具有型式检验报告。 (2) 材料、构配件和设备质量应符合本标准及国家现行相关标准的规定。 (3) 按规定应进行施工现场抽样复验的构配件,应经抽样复验合格。 (4) 周转使用的材料、构配件和设备,应经维修检验合格

六、脚手架的使用与管理

(1) 设置供操作人员上下使用的安全扶梯、爬梯或斜道。

(2) 搭设完毕后应进行检查验收,经检查合格后才准使用。

(3) 在脚手架上同时进行多层作业的情况下,各作业层之间设置防护棚。

(4) 维修、加固。脚手架专项施工方案应包括脚手架拆除的方案和措施。

考点2 扣件式钢管脚手架

一、扣件式钢管脚手架一般规定

序号	项目	内容
1	施工方案	搭设高度超过50m的架体,必须采取加强措施,专项施工方案必须经专家论证
2	构配件	(1) 钢管:脚手架钢管宜采用 $\phi48.3mm \times 3.6mm$ 钢管。每根钢管的最大质量不应大于25.8kg。 (2) 扣件: ①扣件在螺栓拧紧扭力矩达到65N·m时,不得发生破坏。 ②扣件铸件材料采用可锻铸铁或铸钢。扣件按结构形式分直角扣件(用于垂直交叉杆件间连接的扣件)、旋转扣件(用于平行或斜交杆件间连接的扣件)、对接扣件(用于杆件对接连接的扣件)。 (3) 脚手板: 脚手板可采用钢、木、竹材料制作,单块脚手板的质量不宜大于30kg。 (4) 可调托撑: ①可调托撑螺杆与支托板焊接应牢固,焊缝高度不得小于6mm;可调托撑螺杆与螺母旋合长度不得少于5扣,螺母厚度不得小于30mm。 ②可调托撑抗压承载力设计值不小于40kN,支托板厚不应小于5mm

序号	项目	内容
3	荷载	（1）荷载分类：对作用于脚手架上的荷载分为永久荷载（恒荷）和可变荷载（活载）。永久荷载分项系数取 1.2，可变荷载分项系数取 1.4。 （2）荷载取值：根据脚手架的不同用途，确定装修、结构两种施工均布荷载（kN/m^2）：装修脚手架为 $2kN/m^2$、结构施工脚手架为 $3kN/m^2$。 （3）荷载组合： ①设计脚手架的承重构件时，应根据使用过程中可能出现的荷载取其最不利组合进行计算。 ②钢管脚手架的荷载由横向水平杆、纵向水平杆和立杆组成的承载力构架承受，并通过立杆传给基础。 ③剪刀撑、斜撑和连墙杆主要是保证脚手架的整体刚度和稳定性，增加抵抗垂直和水平力作用的能力。连墙杆则承受全部的风荷载。扣件则是架子组成整体的连接件和传力件。 ④组成扣件式钢管脚手架的杆件受力分析： 由荷载传递路线可知，立杆是传递全部竖向和水平荷载的最重要构件，主要承受压力，计算忽略扣件连接偏心以及施工荷载作用产生的弯矩。 当不组合风荷载时，简化为轴压杆以便于计算。当组合风荷载时则为压弯构件。 纵向、横向水平杆是受弯构件。 连墙件也是最终将脚手架水平力传给建筑物的最重要构件，一般为偏心受压（刚性连墙件）构件，因偏心不大，可以简化为轴心受压构件计算

二、扣件式钢管脚手架的构造

序号	项目	设置要求
1	基本构造及要求	（1）扣件式钢管脚手架由钢管和扣件组成，有单排架和双排架两种。 （2）主节点（在立杆、纵向水平杆、横向水平杆三杆的交叉点）处立杆和纵向水平杆的连接扣件与纵向水平杆与横向水平杆的连接扣件的间距小于 150mm。 （3）在脚手架使用期间，主节点处的纵向、横向水平杆，纵、横向扫地杆及连墙件不能拆除
2	常用单、双排脚手架设计尺寸	搭设高度：单排脚手架，不应超过 24m；双排脚手架，不宜超过 50m
3	纵向水平杆	（1）纵向水平杆可用于设置在立杆内侧，其长度不能小于 3 跨。 （2）纵向水平杆用对接扣件接长，也可采用搭接。 （3）纵向水平杆的对接扣件应交错布置。两根相邻纵向水平杆的接头不宜设置在同步或同跨内；不同步不同跨两相邻接头在水平方向错开的距离不应小于 500mm；各接头中心至最近主节点的距离不宜大于纵距的 1/3。 （4）搭接长度不应小于 1m；应等间距设置 3 个旋转扣件固定，端部扣件盖板边缘至纵向水平杆端部的距离不应小于 100mm。 （5）当使用冲压钢脚手板、木脚手板、竹串片脚手板时，纵向水平杆应作为横向水平杆的支座，用直角扣件固定在立杆上；当使用竹笆脚手板时，纵向水平杆应采用直角扣件固定在横向水平杆上，并应等间距设置，间距不应大于 400mm
4	横向水平杆	（1）主节点处必须设置一根横向水平杆，用直角扣件扣接且严禁拆除。 （2）脚手架必须设置纵、横向扫地杆。纵向扫地杆应采用直角扣件固定在距底座上皮不大于 200mm 处的立杆上。横向扫地杆应采用直角扣件固定在紧靠纵向扫地杆下方的立杆上。当立杆基础不在同一高度上时，必须将高处的纵向扫地杆向低处延长两跨与立杆固定，高低差不应大于 1m。靠边坡上方的立杆轴线到边坡的距离不应小于 500mm

续表

序号	项目	设置要求
5	脚手板	（1）脚手板的设置规定： ①作业层脚手板应铺满、铺稳。 ②冲压钢脚手板、木脚手板、竹串片脚手板等，应设置在三根横向水平杆上。 ③当脚手板长度小于2m时，可采用两根横向水平杆支承，但应将脚手板两端与其可靠固定，严防倾翻。 （2）冲压钢脚手板、木脚手板、竹串片脚手板铺设可采用对接平铺、搭接铺设。 ①对接平铺时，接头处必须设两根小横杆，脚手板外伸长应取130～150mm，两块脚手板外伸长度的和不应大于300mm。 ②搭接铺设时，接头必须支在横向水平杆上，搭接长度应大于200mm，其伸出横向水平杆的长度不应小于100mm
6	立杆	（1）脚手架底层步距不应大于2m。 （2）立杆接长除顶层顶部可采用搭接外，其余各层必须采用对接扣件连接。 （3）立杆上的搭接扣件应交错布置，并满足要求： ①两根相邻立杆的接头不应设置在同步内，同步内隔一根立杆的两个相隔接头在高度方向错开的距离不宜小于500mm。 ②各接头中心至主节点的距离不宜大于步距的1/3。 （4）搭接长度不应小于1m，应采用不小于两个旋转扣件固定，端部扣件盖板的边缘至杆端距离不应小于100mm。 （5）脚手架立杆顶端栏杆宜高出女儿墙上端1m；宜高出檐口上端1.5m
7	连墙件	（1）宜靠近主节点设置，偏离主节点的距离不应大于300mm。 （2）开口型脚手架的两端必须设置连墙件，连墙件的垂直间距不应大于建筑物的层高，并且不应大于4m。 （3）对高度24m以上的双排脚手架，应采用刚性连墙件与建筑物连接。 （4）当搭设抛撑时，抛撑应采用通长杆件，并用旋转扣件固定在脚手架上，与地面的倾角应在45°～60°之间；连接点中心至主节点的距离不应大于300mm。抛撑应在连墙件搭设后再拆除。 （5）架高超过40m且有风涡流作用时，应采取抗上升翻流作用的连墙措施
8	门洞桁架	（1）单、双排脚手架门洞宜采用上升斜杆、平行弦杆桁架结构形式。 （2）斜腹杆宜采用旋转扣件固定在与之相交的横向水平杆的伸出端上，旋转扣件中心线至主节点的距离不宜大于150mm。当斜腹杆在1跨内跨越2个步距时，宜在相交的纵向水平杆处，增设一根横向水平杆，将斜腹杆固定在其伸出端上。 （3）斜腹杆宜采用通长杆件，当必须接长使用时，宜采用对接扣件连接，也可采用搭接。 （4）门洞桁架下的两侧立杆应为双管立杆，副立杆高度应高于门洞口1～2步。 （5）门洞桁架中伸出上下弦杆的杆件端头，均应增设一个防滑扣件，该扣件宜紧靠主节点处的扣件
9	剪刀撑	（1）双排脚手架应设置剪刀撑与横向斜撑，单排脚手架应设置剪刀撑。每道剪刀撑跨越立杆的根数为5～6根，斜杆与地面的倾角应在45°～60°。 （2）剪刀撑斜杆的接长应采用搭接或对接，应用旋转扣件固定在与之相交的横向水平杆的伸出端或立杆上，旋转扣件中心线至主节点的距离不应大于150mm。 （3）高度在24m及以上的双排脚手架应在外侧全立面连续设置剪刀撑；高度在24m以下的单、双排脚手架，均必须在外侧两端、转角及中间间隔不超过15m的立面上，各设置一道剪刀撑
10	横向斜撑	（1）横向斜撑应在同一节间，由底至顶层呈之字形连续设置。 （2）高度在24m以下的封闭型双排脚手架可不设横向斜撑，高度在24m以上的封闭型双排脚手架，除拐角应设置横向斜撑外，中间应每隔6跨间距设置一道。 （3）开口型双排脚手架的两端均必须设置横向斜撑

序号	项目	设置要求
11	斜道	(1) 高度不大于 6m 的脚手架，宜采用一字形斜道；高度大于 6m 的脚手架，宜采用之字形斜道。 (2) 运料斜道宽度不应小于 1.5m，坡度不应大于 1∶6；人行斜道宽度不应小于 1m，坡度不应大于 1∶3。栏杆高度应为 1.2m，挡脚板高度不应小于 180mm

三、脚手架验收

序号	项目	内容
1	验收阶段	(1) 基础完工后及脚手架搭设前。 (2) 作业层上施加荷载前。 (3) 每搭设完 6~8m 高度后。 (4) 达到设计高度后。 (5) 遇有六级强风及以上风或大雨后，冻结地区解冻后。 (6) 停用超过一个月
2	验收要求	(1) 脚手架的基础处理、做法、埋置深度必须正确可靠。 (2) 架子的布置、立杆、大小横杆间距应符合要求。 (3) 连墙点要安全可靠。 (4) 剪刀撑、斜撑应符合要求。 (5) 脚手架的扣件和绑扎拧紧程度应符合规定。 (6) 脚手板的铺设应符合规定

四、脚手架常见安全隐患

(1) 未编制专项施工方案，或方案未经审批。

(2) 连墙件的设置不符合规范要求。

(3) 杆件间距与剪刀撑的位置不符合规范要求。

(4) 脚手板、立杆、纵向水平杆、横向水平杆材质不符合规范要求。

(5) 施工层脚手板未铺满。

(6) 搭设前未进行交底，未组织脚手架分段及搭设完毕的检查验收，或验收、记录不全面。

(7) 脚手架上材料堆放不均匀，荷载超过规范要求。

(8) 通道及卸料平台的防护栏杆不符合规范要求。

(9) 搭设人员未经专业培训上岗作业。

五、脚手架工程的安全技术要求

(1) 必须有完善的施工方案，并经企业技术负责人审批。

(2) 必须有完善的安全防护措施，要按规定设置安全网、防护栏、挡脚板。

(3) 操作人员上下架子，要有保证安全的扶梯、爬梯或斜道。

(4) 必须有良好的防电、避雷装置，钢脚手架等均应可靠接地，高于四周建筑物的脚手架应设避雷装置。

（5）脚手板要铺满、铺稳，不得留探头板，要保证有 3 个支撑点，并绑扎牢固。

（6）在脚手架搭设和使用过程中，必须随时检查，经常清除架上的垃圾，注意控制架上荷载，禁止在架上过多地堆放材料和多人挤在一起。

（7）工程复工和风、雨、雪后应对脚手架进行检查，发现有立杆沉陷、悬空、接头松动、架子歪斜等情况应及时处理。

（8）遇 6 级以上大风或大雾、大雨，应暂停高处作业，雨雪后上架操作要有防滑措施。

（9）设置供操作人员上下使用的安全扶梯、爬梯或斜道。

（10）在脚手架上同时进行多层作业的情况下，各作业层之间应设置可靠的防护棚，以防止上层坠物伤及下层作业人员。

考点 3　悬挑式脚手架

序号	项目	内容
1	一般规定	（1）悬挑架的支承结构不得采用钢管；其节点应螺栓联结或焊接，不得采用扣件连接。 （2）悬挑钢梁前端采用吊拉卸荷，结构预埋吊环使用 HPB300 级钢筋制作，但钢丝绳、钢拉杆卸荷不参与悬挑钢梁受力计算
2	搭设前的准备工作	（1）施工前应编制专项施工方案，必须有施工图和设计计算书，且符合安全技术条件，审批手续齐全，并在专职安全管理人员监督下实施。 （2）当采用型钢悬挑架作为脚手架的支承结构时，应进行下列设计计算： ①型钢悬挑梁的抗弯强度、整体稳定性和挠度。 ②型钢悬挑梁锚固件及其锚固连接的强度。 ③型钢悬挑梁下建筑结构的承载能力验算
3	选择和制作应注意的问题	（1）悬挑式脚手架必须编制专项施工方案，方案必须经企业技术负责人审批并签字盖章，架体高度在 20m 及以上的悬挑式脚手架工程须按《危险性较大的分部分项工程安全管理规定》组织专家论证。 （2）型钢悬挑悬挑梁悬挑端应设置能使脚手架立杆与钢梁可靠固定的定位点，定位点离悬挑梁端部不应小于 100mm。 （3）悬挑式脚手架的支承结构应为型钢制作的悬挑梁或悬桁架等，不得采用钢管。 （4）必须经过设计计算内容包括： ①材料的抗弯强度。 ②抗剪强度。 ③整体稳定。 ④挠度。 （5）悬挑式脚手架应水平设置在梁上，锚固位置必须设置主梁或主梁以内的楼板上，不得设置在外伸阳台上或悬挑板上。 （6）节点的制作必须采用焊接或螺栓连接的结构，不得采用扣件连接。 （7）支承体与结构的连接方式必须进行设计。目前普遍采用是预埋圆钢环或 U 形螺栓，预埋件不得使用螺纹钢。 （8）型钢悬挑梁宜采用双轴对称截面的型钢。悬挑梁型号及锚固件应按设计确定，钢梁截面高度不应小于 160mm。锚固型钢悬挑梁的 U 形钢筋拉环或锚固螺栓直径不宜小于 16mm。 （9）每个型钢悬挑梁外端宜设置钢丝绳或钢拉杆与上一层建筑结构斜拉结。钢丝绳与建筑结构拉结的吊环应使用 HPB300 级钢筋，其直径不宜小于 20mm。 （10）悬挑钢梁悬挑长度应按设计确定，固定段长度不应小于悬挑段长度的 1.25 倍

考点4 操作平台

序号	项目	内容
1	移动式操作平台	架体构造应符合下列规定： （1）移动式操作平台的面积不应超过 $10m^2$；高度不应超过 5m；高宽比不应大于 2∶1；所承受的施工荷载不应超过 $1.5kN/m^2$。 （2）当操作平台面积、高度或荷载超过上述规定时，必须由专业人员编制专项施工方案。 （3）立柱底部离地面不得超过 80mm 或行走轮和导向轮应配有制动器或刹车闸等固定措施。 （4）单独设置的操作平台应设置供人上下、踏步间距不大于 400mm 的扶梯。 （5）操作平台四周必须设置防护栏杆。 （6）移动式操作平台在移动时，操作平台上不得站人。 （7）平台的次梁间距不应大于 40cm，台面应满铺 5cm 厚的木板或竹笆
2	落地式操作平台	架体构造应符合下列规定： （1）落地式操作平台的面积不应超过 $10m^2$，高度不应超过 15m，高宽比不应大于 3∶1。 （2）施工平台的施工荷载不应超过 $2.0kN/m^2$，接料平台的施工荷载不应超过 $3.0kN/m^2$。 （3）落地式操作平台应独立设置，并应与建筑物进行刚性连接，不得与脚手架连接。 （4）落地式操作平台应从底层第一步水平杆起逐层设置连墙件且间隔不应大于 4m，同时应设置水平剪刀撑
3	悬挑式操作平台	（1）可分为斜拉方式的悬挑式操作平台和下支承方式的悬挑式操作平台两种方式。 （2）悬挑式操作平台的悬挑长度不宜大于 5m，承载力需经设计验收。 （3）当悬挑式操作平台安装时，钢丝绳应采用专用的卡环连接，钢丝绳卡数量应与钢丝绳直径相匹配，且不得少于 4 个。 （4）悬挑式操作平台的外侧应略高于内侧，外侧应安装固定的防护栏杆并应设置防护挡板完全封闭。 （5）不得在悬挑式操作平台吊运、安装时上人

第二节 模板工程安全技术

考点1 模板的分类

序号	类别	内容
1	定型组合模板	包括定型组合钢模板（目前我国推广应用量较大）、钢木定型组合模板、组合铝模板以及定型木模板

续表

序号	类别	内容
2	墙体大模板	有钢制大模板、钢木组合大模板以及由大模板组合而成的筒子模等
3	飞模（台模）	是用于楼盖结构混凝土浇筑的整体式工具式模板，具有支拆方便、周转快、文明施工的特点。形式包括铝合金桁架与木（竹）胶合板面组成的铝合金飞模，轻钢桁架与木（竹）胶合板面组成的轻钢飞模
4	滑升模板	广泛应用于工业建筑的烟囱、水塔、筒仓、竖井和民用高层建筑剪力墙、框剪、框架结构施工
5	木模板	板面采用木板或木胶合板，支承结构采用木龙骨、木立柱，连接件采用螺栓或铁钉

考点2　模板的构造和使用材料的性能

序号	项目	内容
1	构造	（1）组成：模板面、支承结构和连接配件。 （2）模板的结构设计，必须能承受作用于模板结构上的所有垂直荷载和水平荷载。 （3）在所有可能产生的荷载中要选择最不利的组合验算模板整体结构和构件及配件的强度、稳定性和刚度
2	使用材料	（1）钢材：有严重锈蚀、弯曲、压扁及裂纹等疵病的不得使用。模板支架的材料宜优先选用钢材。 （2）面板材料：面板除采用钢、木外，可采用胶合板、复合纤维板、塑料板、玻璃钢板等。 ①覆面木胶合板：厚度应采用12～18mm的板材。 ②覆面竹胶合板：厚度不小于15mm。 ③复合纤维板： 厚度宜为12mm、15mm、18mm。 技术性能应符合下列要求：72h吸水率＜5%；72h吸水膨胀率＜4%。耐酸碱腐蚀性在1%苛性钠中浸泡24h，无软化及腐蚀现象；耐水汽性能在水蒸气中喷蒸24h，表面无软化及明显膨胀

考点3　模板荷载规定

序号	项目	内容
1	荷载标准值	恒荷载标准值、活荷载标准值、风荷载标准值
2	荷载设计值	（1）荷载分项系数：永久荷载为1.2，活荷载为1.4。 （2）钢模板及其支架的荷载设计值可乘以系数0.95予以折减。采用冷弯薄壁型钢，其荷载设计值不应折减

序号	项目	内容
3	荷载组合	(1) 按极限状态设计时，其荷载组合应按两种情况分别选派： ①对于承载能力极限状态，应按荷载效应的基本组合采用。 ②对于正常使用极限状态应采用标准组合。 (2) 当验算模板及其支架的刚度时，规定其最大变形值不得超过下列容许值： ①对结构表面外露的模板，为模板构件计算跨度的 1/400。 ②对结构表面隐蔽的模板，为模板构件计算跨度的 1/250。 ③支架的压缩变形或弹性挠度，为相应的结构计算跨度的 1/1000

考点4 模板设计计算

序号	项目	内容
1	模板及其支架的设计要求	应具有足够的承载能力、刚度和稳定性，应能可靠地承受新浇混凝土的自重、侧压力和施工过程中所产生的荷载及风荷载
2	模板设计应包括的内容	(1) 根据混凝土的施工工艺和季节性施工措施，确定其构造和所承受的荷载。 (2) 绘制配板设计图、支撑设计布置图、细部构造和异形模板大样图。 (3) 按模板承受荷载的最不利组合对模板进行验算。 (4) 制定模板安装及拆除的程序和方法。 (5) 编制模板及配件的规格、数量汇总表和周转使用计划。 (6) 编制模板施工安全、防火技术措施及设计、施工说明书
3	木模板及其支架的设计	受压立杆除满足计算需要外，其梢径不得小于 80mm
4	模板结构构件的长细比规定	(1) 受压构件长细比：支架立柱及桁架不应大于 150；拉条、缀条、斜撑等联系构件不应大于 2000。 (2) 受拉构件长细比：钢杆件不应大于 350，木杆件不应大于 250
5	用门式钢管脚手架作支架立柱的规定	几种门式钢管脚手架（简称门架）混合使用时，必须取支承力最小的门架作为设计依据
6	支承楞梁计算	(1) 次楞：一般为两跨以上连续楞梁，当跨度不等时，应按不等跨连续楞梁或悬臂楞梁设计。 (2) 主楞：可根据实际情况按连续梁、简支梁或悬臂梁设计；同时主、次楞梁均应进行最不利抗弯强度与挠度验算
7	柱箍	用于直接支承和夹紧柱模板，应用扁钢、角钢、槽钢和木楞制成，其受力状态为拉弯杆件，按拉弯杆件计算

考点5 模板安装

序号	项目	内容
1	模板安装规定	(1) 对模板施工单位进行全面的安全技术交底，施工单位应是具有资质的单位。 (2) 竖向模板和支架支承部分安装在基土上时，应加设垫板，如钢管垫板上应加底座。对湿陷性黄土应有防水措施；对特别重要的结构工程可采用混凝土、打桩等措施防止支架柱下沉。

69

序号	项目	内容
1	模板安装规定	（3）现浇钢筋混凝土梁、板，当跨度大于4m时，模板应起拱；当设计无具体要求时，起拱高度宜为全跨长度的1/1000～3/1000。 （4）现浇多层或高层房屋和构筑物，安装上层模板及其支架规定： ①下层楼板应具有承受上层荷载的承载能力或加设支架支撑。 ②上层支架立柱应对准下层支架立柱，并于立柱底铺设垫板。 ③当采用悬臂吊模板、桁架支模方法时，其支撑结构的承载能力和刚度必须符合要求。 （5）当层间高度大于5m时，宜选用桁架支模或多层支架支模。 （6）模板安装作业高度超过2m时，必须搭设脚手架或平台。 （7）模板安装时，严禁抛掷。且不得将模板支搭在门窗框上，也不得将脚手板支搭在模板上，并严禁将模板与井字架脚手架或操作平台连成一体。 （8）五级风及其以上应停止一切吊运作业。 （9）拼装高度为2m以上的竖向模板，不得站在下层模板上拼装上层模板，安装过程中应设置足够的临时固定设施。 （10）垂直允许偏差：当层高不大于5m时为6mm，当层高大于5m时为8mm
2	单立柱做支撑要求	（1）立柱支撑群应沿纵、横向设水平拉杆，其间距按设计规定；立杆上、下两端200mm处设纵、横向扫地杆；架体外侧每隔6m设置一道剪刀撑，并沿竖向连续设置，剪刀撑与地面的夹角应为45°～60°。当楼层高超过10m时，还应设置水平方向剪刀撑。 （2）单立柱支撑的所有底座板或支撑顶端都应与底座和顶部模板紧密接触，支撑头不得承受偏心荷载。 （3）采用扣件式钢管脚手架作立柱支撑时，立杆接长必须采用对接，主立杆间距不得大于1m，纵横杆步距不应大于1.2m
3	柱模板安装要求	（1）现场拼装柱模时，应设临时支撑固定，斜撑与地面的倾角宜为60°。 （2）当高度超过4m时，应群体或成列同时支模，并应将支撑连成一体，形成整体框架体系

📝 考点6　模板拆除

序号	项目	内容
1	拆模申请要求	拆模之前必须有拆模申请，并根据同条件养护试块强度记录达到规定时，技术负责人方可批准拆模
2	拆模顺序和方法的确定	（1）模板设计无规定时，可按先支的后拆，后支的先拆顺序进行。 （2）先拆非承重的模板，后拆承重的模板及支架
3	拆模时混凝土强度	（1）不承重的侧模板，包括梁、柱、墙的侧模板，只要混凝土强度能保证其表面及棱角不因拆除模板而受损坏，即可拆除。一般墙体大模板在常温条件下，混凝土强度达到$1N/mm^2$即可拆除。 （2）承重模板，包括梁、板等水平结构构件的底模，应根据与结构同条件养护的试块强度达到规定，方可拆除。 （3）在拆模过程中，有影响结构安全的质量问题，应暂停拆模，经妥当处理，实际强度达到要求后，方可继续拆除。 （4）已拆除模板及其支架的混凝土结构，应在混凝土强度达到设计的混凝土强度标准值后，才允许承受全部设计的使用荷载

序号	项目	内容
4	现浇楼盖及框架结构拆模	一般现浇楼盖及框架结构的拆模顺序如下：拆柱模斜撑与柱箍→拆柱侧模→拆楼板底模→拆梁侧模→拆梁底模。 拆下的钢模板不准随意向下抛掷，要向下传递至地面。 多层楼板模板支柱的拆除，下面应保留几层楼板的支柱
5	现浇柱模板拆除	柱模板拆除顺序如下：拆除斜撑或拉杆（或钢拉条）→自上而下拆除柱箍或横楞→拆除竖楞并由上向下拆除模板连接件、模板面

第七章　城市轨道交通工程施工安全技术

扫码免费观看
基础直播课程

第一节　城市轨道交通工程施工安全技术

考点 1　城市轨道交通特点

（1）城市轨道交通具有高效、节能、环保、运量大、速度快、安全性好、占用城市道路面积少、防空好等优点。

（2）我国地铁施工方法已由最初单一的明挖法发展到现在的明挖、暗挖、盖挖、盾构法等多种方法并存。

考点 2　城市轨道交通系统构成

最基本的组成包括车站建筑、线路、车辆、轨道、供电、给水排水、通风系统以及通信、信号系统等。新的组成部分包括自动售检票系统、屏蔽门、设备监控系统、消防系统等。

考点 3　城市轨道交通对城市发展的作用

（1）提高城市交通供给水平，缓解大城市日益拥挤的道路交通。

（2）引导城市格局按规划意图发展，支持大型新区建设。

（3）通过对城市轨道交通的巨大投入，从源头为城市经济链注入活力，并通过巨大的社会效益提高整个城市的综合价值。

第二节　城市轨道交通工程施工主要工法及特点

考点 1　地铁车站施工主要工法及特点

序号	施工工法	适用条件	优点	缺点
1	明挖法	适合多种不同类别的地质条件，适用于浅埋车站，征占地较容易，可使用的空间比较大，周边环境简单	工艺简单、技术成熟，施工安全、质量易保证、便于大型机械化施工	长时间占用地面或中断地面交通，对周围环境影响大

续表

序号	施工工法	适用条件	优点	缺点
2	盖挖法	在地面不能长期占用或交通不能长期中断的情况下，可采用盖挖法	占用场地时间短，对地面干扰较小，施工安全	施工工序复杂，交叉作业较多，施工环境差
3	暗挖法	由于地面环境复杂，交通不允许中断，地面建筑物众多，或者管线错综复杂，不易改移，不宜采用明挖和盖挖法施工的地铁车站	避免大量拆改移工作，该法工艺简单、灵活，无需大型设备，在变截面地段尤为适应，施工对道路交通基本无干扰	施工风险大、机械化程度低，作业环境差，造价高

考点2　区间隧道施工主要工法及特点

序号	施工工法	适用条件	优点	缺点
1	明挖法	该法是各国地铁施工的首选方法，在地面交通和环境允许的地方，通常采用明挖法施工。主要分为围护结构施工、站内土方开挖、车站主体结构施作和回填上覆土以及恢复管线四个部分	施工作业面多、速度快、工期短、易保证工程质量和工程造价较低	对城市生活干扰大，应用受到各种因素的限制
2	盖挖法	一般对交通做短暂封锁，等结构顶板施工结束并达到强度后恢复道路交通，利用竖井作出入口进行内部暗挖逆筑。可分盖挖逆作法和盖挖顺作法	占用场地时间短，对地面干扰小和施工安全	施工工序复杂、交叉作业和施工环境差
3	暗挖法	又称矿山法，通常采用施工竖井、通道在地下开挖、支护、衬砌的施工方法。对地层适应性较广，适于地面建筑物密集、交通运输繁忙、地下管线密布的地下构筑物施工。通常包括新奥法和浅埋暗挖法等。新奥法和浅埋暗挖法的主要区别在于有没有充分考虑围岩的自承能力		
4		浅埋暗挖法：是针对埋置深度较浅、松散不稳定的土层和软弱破碎岩层施工。浅埋暗挖法无须充分考虑利用围岩的自承作用，更强调地层的预先支护和预先加固，要求初期支护（简称初支）具有一定刚度，以改造地质条件为前提，以控制地表沉降为重点，以格栅和喷锚作为初期支护手段，按照十八字原则（即管超前、严注浆、短开挖、强支护、快封闭、勤量测）进行设计和施工	浅埋暗挖法与明挖法、盖挖法相比，对地面建、构筑物等影响最小，在环境复杂区域应用广泛	工序复杂、交叉作业多、作业环境差、安全风险大及工程造价高
5		新奥法：是充分利用围岩的自承能力和开挖面的空间约束作用的松弛和变形，采用锚杆和喷射混凝土为主要支护手段，对围岩进行加固，约束围岩并通过对围岩和支护的量测、监控，指导地下工程的设计和施工。适用于稳定地层，以利用围岩的自承能力为基点，使围岩成为支护体系的组成部分，为了充分利用围岩的自承能力，要求初期支护具有一定柔度	—	—

续表

序号	施工工法	适用条件	优点	缺点
6	盾构法	盾构的基本原理是基于一圆柱形的钢组件沿隧洞轴线被向前推进的同时开挖土壤。该钢组件始终处于已开挖的安全空间，直到初步或最终隧洞衬砌建成。盾构必须承受周围地层的压力，而且要防止地下水的侵入	（1）机械化施工程度高，进度快。 （2）隧道结构形状准确。 （3）对地面结构影响小。 （4）工作人员作业较安全，劳动强度低。 （5）对环境影响较小，地下水位可保持。 （6）施工质量高，衬砌经济	（1）盾构的规划、设计、制造和组装时间长。 （2）准备困难且费用高，只有长距离掘进时才较经济。 （3）当地层条件变化大时，有实施风险。 （4）隧道断面变化的可能性小，断面如需变化，费用较高

第三节 城市轨道交通工程施工主要安全技术

考点1 车站暗挖施工及安全技术

一、暗挖车站常见结构形式

序号	结构形式		暗挖工法
1	多拱双层式车站	三拱双柱双层式车站	PBA法、中洞法、侧洞法、柱洞法
		双拱单柱双层式车站	
2	多拱（或单拱多跨）单层式车站	三拱双柱单层式车站	中洞法、柱洞法、侧洞法
		双拱单柱单层式车站	
		单拱双柱单层式车站	
		单拱单柱单层式车站	
3	单拱双层式车站	单拱单柱双层式车站	中洞法
		单拱无柱双层式车站（一般适用于岩石地层）	双侧壁导坑法
4	单拱无柱单层式车站		CRD法
5	分离式车站的分离式单拱双层式车站		PBA法、CRD法、
6	分离式车站的分离式单拱单层式车站		CRD法

二、暗挖地铁车站结构形式选择原则

暗挖地铁车站结构形式选择原则：

（1）在满足功能的前提下，车站的结构形式应尽量紧凑，压缩土建规模，节省造价。

（2）在车站客流量较大，地质条件较好，地下水可以疏干的情况下，可采用多拱双层结构形式。

（3）当车站客流量不大，水文地质条件好时，可采用多拱（或单拱多跨）单层结构形式。

（4）当车站受到环境条件限制，线间距不能拉开，岛式站台宽度小于 12m 时，可采用双拱或单拱结构。

（5）在车站主体布置受到周边建筑物（特别是既有楼房或桥梁基础）的限制，或车站线间距较大的情况下，宜采用分离式结构，依实际情况选择采用双洞分离式或三洞分离式。

（6）当车站局部受到环境条件或周边建（构）筑物、道路交通、地下管线等的限制，而车站周围区域具备明挖（盖挖）条件时，可采用局部暗挖（明挖、暗挖结合）的结构形式或站厅层明挖、站台层暗挖的结构形式。

（7）当车站位于富水软弱地层中时，应充分考虑地下水的影响，减少地下水在施工过程中和施工完成后对车站的不利影响，尽量选取防水、受力效果好的单拱结构形式。

（8）在相同的水文地质条件下，在满足车站使用功能且周边环境允许的前提下，考虑结构受力性能及防水效果，车站的结构形式应尽量遵循"连拱不如小间距，洞室宜近不宜连"的原则。

（9）若车站规划为换乘车站且分期修建时，先期暗挖车站的结构形式选择应统筹考虑两站施工方法协调、结构连接顺畅、预留接口等问题，尽量做到远期车站施工简便、节省投资，同时降低远期车站的施工风险和对既有轨道交通正常运营的影响。

三、暗挖车站工法选择原则

暗挖车站工法选择原则：
（1）安全可行性原则。
（2）工期可控性原则。
（3）经济合理性原则。

四、暗挖车站常用的 PBA 法施工步序

序号	项目	内容
1	侧式车站 PBA 法施工步序	（1）自横通道进洞，施工导洞拱部超前小导管，并注浆加固地层，开挖导洞并施作初期支护，上导洞贯通后，开挖横向导洞。 （2）在上导洞内施工挖孔桩、桩顶冠梁及导洞内的扣拱初支。 （3）完成上导洞内回填混凝土施工。 （4）施工导洞初支扣拱超前小导管，并注浆加固地层，采用环形留核心土开挖土体，施工顶拱初期支护及临时竖撑。 （5）初支扣拱贯通后，由车站端头向横通道方向后退，沿车站纵向分段凿除上导洞部分初期支护及临时竖撑，施工顶拱防水层及结构二次衬砌（简称二衬）。 （6）顶拱二衬施工完成后，沿车站纵向分为若干个施工段，在每个施工段分层开挖土体至中板下 0.5m 处，分段施工中板梁及中板，并施工侧墙防水层、保护层及侧墙。 （7）分段向下开挖土方至钢支撑处，并及时架设钢支撑。 （8）沿车站纵向分为若干个施工段，在每个施工段分层开挖土体至基底，施工底板防水层及底板，然后施工部分侧墙防水层及侧墙。 （9）沿车站纵向分为若干个施工段拆除钢支撑，在每个施工段内施工结构侧墙防水层及侧墙，完成车站主体结构施工

续表

序号	项目	内容
2	岛式车站PBA法施工步序	（1）自横通道进洞，施工导洞拱部超前小导管，并注浆加固地层，开挖导洞并施作初期支护，上、下纵向导洞贯通后，开挖上、下横向导洞。 （2）在边导洞及横导洞内施工条基，在两边上下导洞内施工挖孔桩及桩顶冠梁，并在中间导洞内施工上、下导洞间钢管混凝土柱挖孔护筒。 （3）在下层中导洞施工底板梁防水层及结构后，施工钢管混凝土柱，然后在上层中导洞内施工顶拱梁防水层及顶纵梁，并在顶纵梁中预埋钢拉杆。 （4）施工洞室Ⅰ、Ⅱ及Ⅲ拱顶超前小导管，并注浆加固地层，开挖导洞Ⅰ、Ⅱ及Ⅲ土体，施工顶拱初期支护。 （5）导洞Ⅰ、Ⅱ及Ⅲ贯通后，由车站端头向横通道方向后退，沿车站纵向分段凿除小导洞部分初期支护结构，施工顶拱防水层及结构二衬，并及时施工钢拉杆。 （6）顶拱二衬施工完成后，沿车站纵向分为若干个施工段，每个施工段分层开挖土体至中板下0.5m处，分段施工中板梁及中板，并施工侧墙防水层、保护层及侧墙。 （7）分段向下开挖土方至钢支撑处，并及时架设钢支撑。 （8）沿车站纵向分为若干个施工段，在每个施工段分层开挖土体至基底，施工底板防水层及底板，然后施工部分侧墙防水层及侧墙。 （9）沿车站纵向分为若干个施工段拆除钢支撑，在每个施工段内施工结构侧墙防水层及侧墙，完成车站主体结构施工

五、暗挖车站常用的双侧壁导坑法、中洞法、侧洞法与柱洞法施工步序

序号	项目	内容
1	双侧壁导坑法的施工步序	双侧壁导坑法施工步序如图7-1所示。 （1）洞门加固及拱顶超前支护施工完成后，左右错开安全距离（10～15m）施作边导洞1。 （2）错开安全距离施作导洞2。 （3）自上而下，施作边导洞3、4、5，各导洞间前后保持安全距离（10～15m）。 （4）自上而下施工中洞6、7、8。 （5）自端头向横通道，按设计长度分段拆除临时中隔壁，施作仰拱防水及防水保护层，及时做好临时中隔壁换撑。 （6）分段局部破除临时仰拱初支，施作负二层侧墙防水及钢筋。 （7）分段搭设脚手架，施作中板。 （8）分段破除临时仰拱及中隔壁，及时施作负一层二衬。 （9）待二衬混凝土达到设计强度后，拆除临时中隔壁及仰拱
2	中洞法的施工步序	中洞法的施工步序如图7-2所示。 中洞法将暗挖隧道的施工步序简单描述为先中洞后侧洞施工，即先将隧道的中部含两柱开挖初支衬砌完毕，然后再进行两侧侧洞开挖初支和衬砌。中洞初支分成6块，衬砌分4步完成；侧洞初支分成6块，两边各3块，对称施工，衬砌分侧洞底板和拱墙（含部分拱顶）2步施工
3	侧洞法的施工步序	侧洞法的施工步序如图7-3所示。 侧洞法将暗挖隧道的施工步序简单描述为先侧洞后中洞。即先将隧道的两侧含柱洞开挖初支衬砌完毕，然后再进行中洞的开挖初支衬砌施工。侧洞初支分12块对称施工，衬砌分4步。中洞初支分3块从上往下施工，衬砌分2步施工，先顶拱后底板
4	柱洞法的施工步序	先将隧道的两柱洞开挖初支衬砌完成，然后施作底梁防水及结构、钢管柱和顶梁防水及结构；然后进行中洞初支衬砌施工，并施作二衬扣拱及底板施工；第三步，施作侧洞初支；第四步，施作侧洞二衬

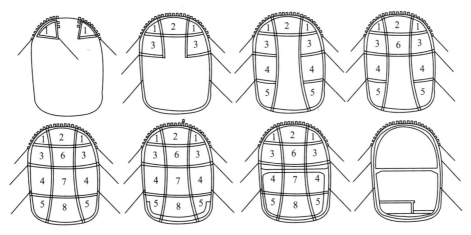

图 7-1　双侧壁导坑法施工步序图

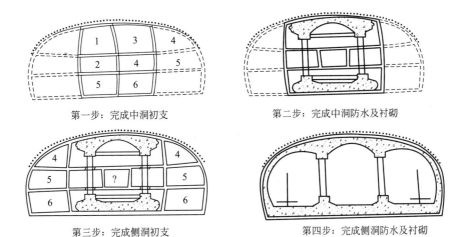

第一步：完成中洞初支　　　　　　　第二步：完成中洞防水及衬砌

第三步：完成侧洞初支　　　　　　　第四步：完成侧洞防水及衬砌

图 7-2　中洞法施工步序图

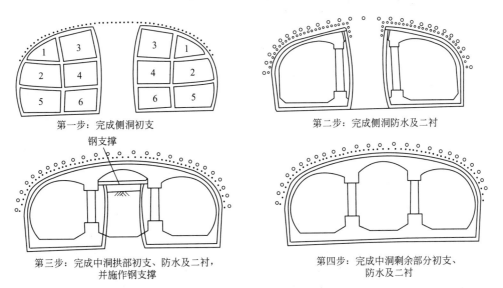

第一步：完成侧洞初支　　　　　　　第二步：完成侧洞防水及二衬

第三步：完成中洞拱部初支、防水及二衬，　　　第四步：完成中洞剩余部分初支、
　　　　并施作钢支撑　　　　　　　　　　　　　　　防水及二衬

图 7-3　侧洞法施工步序图

六、PBA 法暗挖地铁大跨扣拱关键技术

序号	项目	内容
1	具体施工流程	导洞开挖→边桩施工、柱孔开挖→底梁施工→钢管柱吊装及灌注混凝土→桩、柱顶梁施工→顶部初支及二衬扣拱→站厅层施工→站台层施工
2	PBA 工法扣拱施工的安全技术难点	(1) 大跨度暗挖施工风险高、难度大。 (2) 扣拱施工结构受力复杂。 (3) 初支和二衬的施工节点多。 (4) 施工作业面狭小，施工组织困难
3	PBA 工法桩柱梁体系施工原则及安全技术措施	(1) 全过程进行信息化管理，加强过程监测，实施动态化施工，根据监控量测、信息反馈、位移反分析来调整支护参数，以此作为安全保证的主要手段。 (2) 多个小导洞开挖时，进行工况分析，合理开挖顺序，先施工两侧上导洞，拉开一定距离后，再施工中部下导洞，最后施工中部上导洞，相邻导洞之间错开一定距离施工，减少围岩扰动次数，减小群洞效应，以策安全。 (3) 对于地处富水地层的暗挖车站，要加强降水配合工作，做好洞内的散水排放和注浆止水工作，保证无水作业，避免出现局部坍塌或流砂等现象。 (4) 扣拱和小导洞拱部开挖前，可以选择辅助工法，如小导管注浆超前加固地层，弧形开挖导坑、留核心土，架设临时支撑、及时喷射混凝土等措施，保证开挖及支护安全。 (5) 根据地质条件及导洞工作面大小，做好维护桩精确定位，保证成桩垂直度，钢管柱安装就位并灌注钢筋混凝土后，钢管柱与柱孔之间空隙用细砂填塞实。 (6) 严格控制相邻小导洞格栅同步情况，从而使扣拱初支格栅能够与小导洞格栅连为一体，小导洞破除喷混凝土前，在小导洞与顶纵梁之间加设临时支撑，顶纵梁设对拉杆，平衡水平推力与竖向压力。 (7) 顶纵梁、底纵梁两侧需预留钢筋与车站其他部位钢筋相连，在导洞狭小的空间可以采用机械连接预留钢筋头，并设置钢板保护防水板免遭破坏。 (8) 顶纵梁、底纵梁结构断面较为复杂，且钢筋密度大，灌注条件差，因此要确保混凝土灌注密实，特别是顶纵梁顶部，减少初支和二衬混凝土之间空隙，必要时可以设置预留灌注孔位进行隔孔灌注，并采取纵梁三面同时振捣，同时加强对施工缝的处理

七、中洞法暗挖地铁车站钢管柱施工技术

序号	项目		内容
1	钢管柱施工的安全技术难点分析		钢管混凝土柱因其结构特征，同时具备了钢管和混凝土两种材料的性质。钢管混凝土在轴向压力作用下，钢管的轴向和径向受压而环向受拉，混凝土则三向皆受压，钢管和混凝土处于三向应力状态。三向受压的混凝土抗压强度大大提高，同时塑性增大，其物理性能上发生了质的变化，由原来的脆性材料转变为塑性材料。正是这种结构力学性质的根本变化，决定了钢管混凝土柱的基本性能和特点优于普通的钢筋混凝土柱
2	钢管柱施工原则及措施	前期准备	(1) 对钢管柱的施工，在准备阶段就应该加强安全质量管理与监督检查，熟悉了解钢管柱加工厂家的设备，相关工艺，以便分析在加工钢管柱阶段，什么情况、什么位置容易产生质量问题。 (2) 对于较大的钢管柱，对今后钢梁安装有很大影响，应作为重点检查对象，派专人跟踪验收，了解加工进度，协调其与工地现场的施工进度，确保以工地的实际情况来安排进场时间及钢管柱进场顺序，避免挤占施工用地，也避免了钢管柱运到现场或安装后发现问题而影响进度。 (3) 对重而长的钢管柱，在运输过程中，应对较长的牛腿实施保护，避免运输途中出现变形。 (4) 施工中采用焊接临时拉结板条的方法，证明是简单可行的，割开后不会因焊缝收缩等原因造成牛腿变形

续表

序号	项目		内容
2	钢管柱施工原则及措施	吊装	为便于起吊，钢管柱出厂前应在管顶焊接耳片，位置约在管顶下 50mm，耳片中间孔与柱身焊缝长 200～250mm，取厚度 20～25mm 与柱身相同材料钢板，耳片侧面须加焊挡板，以确保在最不利位置起吊时不至侧翻破坏
		轴线与垂直度校正	（1）当钢管柱底部轴线对齐后，对其进行调直时，可用 2 台经纬仪在两个垂直方向沿轴线向上观察管顶轴线，大的偏差靠吊臂调整，用 4 根钢丝绳拉住管顶，靠兰花扣进行细致调整。 （2）在观察轴线是否垂直的同时，应注意观察钢管柱身两侧边线是否也垂直。调垂直后焊接应四周对称均匀进行，避免焊接收缩引起垂直度改变。 （3）还应注意，在柱安装完成过程中，由于上述种种原因，牛腿端面的位置、角度一定会跟着产生某种程度的位移，如果柱之间牛腿是钢梁连接，为避免对接处缝隙过大超出允许偏差范围，钢梁加工时可考虑加长 10mm，其中一端不在厂家开坡口，吊装时根据实际牛腿间距现场加工切割并开坡口，能有效减少因柱身倾斜偏差、牛腿角度偏差等引起焊接处缝隙偏大或偏小而造成安装、焊接困难的情况
		临时支护	钢管柱的接驳过程中，焊接需要较长的时间，在焊接未完成时，吊钩不能松开，这会明显影响到吊装的速度，同时也影响其他吊装任务。可以考虑用比较长的钢管柱作有效临时支护，尽快脱钩后再继续进行焊接工序，加快吊装速度

八、中洞法暗挖地铁车站顶梁与顶拱施工技术

序号	项目		内容
1	顶纵梁施工技术	顶梁结构的施工顺序	芯梁底板预制→芯梁底板安装→顶部防水层铺设→芯梁部位钢筋绑扎→模板支架施工→混凝土浇筑
		顶梁底板的制作	由于顶梁底板的制作精度要求较高，故由专业厂家进行加工制作，运到现场进行安装。工厂制作部分为钢板裁制、坡口加工、各种连接孔洞及连接板件的加工、角钢及焊钉的焊接。现场工作主要为芯梁与钢管柱的栓接，两片芯梁的俯焊
		顶芯梁底板预制技术要求	每跨顶芯梁由 2 片芯梁结合而成，2 片芯梁用 61mm 的钢筋横向连接而成；角钢及钢板下料长度应留有足够的因焊接而引起的收缩量；角钢与钢板焊接后须校验变形，当产生侧向变形垂直弯曲时宜采用压力机冷矫、扭转变形时宜采用加热方法矫正；由于芯梁与钢管柱连接的每片芯梁底均有螺栓孔，为保证螺栓孔的边距正确，应先焊接，待矫正变形后再钻孔。 圆柱头焊钉，柱头与柱身采用热镦工艺制作；芯梁外露钢件表面要彻底清除氧化铁皮、铁锈及焊渣并做防腐及防火处理
		顶梁底板安装	顶芯梁底板从预制厂运到工地现场在钢管柱外侧，用倒链（两端各 1 个）同时吊起，吊起过程中（2 个葫芦）要尽量保持一致，吊装底板钢板下严禁站人，梁底钢板基本与钢管柱顶面一致后，迅速在梁底钢板两端及中心处进行支撑
		芯梁顶部防水层铺设	（1）施工前搭设脚手架，脚手架的纵横向步距为 90cm，每次搭设长度为 9m，宽度为 3.6m。 （2）防水材料按铺设长度及宽度下料，下料后在干净的顶芯梁上部防水基面上先铺土工布。 （3）土工布（褐色）面朝下，铺设从一端开始，用水泥钉及压条固定铺设要注意保持土工布直顺，不能出现褶皱现象，然后再铺塑料防水板，四周要与土工布对齐，防水板要与土工布黏结牢固。 （4）防水层的保护采用 0.5～1mm 厚的钢板，内外侧夹住土工布及塑料防水板
		芯梁部位钢筋绑扎	顶芯梁与中跨及边跨拱部钢筋接着连接采用正反丝扣型钢筋接驳器连接，采用 I 级接头

续表

序号	项目	内容
2	顶拱施工技术	（1）顶芯梁的混凝土达到强度要求后，中洞拱顶施工前，分段拆除顶部中隔墙，通常分段拆除长度为18m。 （2）进行中隔墙拆除时，严格做好监控量测。拆除到顶部后，用防水砂浆把凹凸不平处涂抹圆顺，铺设防水层。 （3）顶拱与顶芯梁连接处拱圈主筋在顶芯梁钢筋施工时，已进行了接茬钢筋的预留，采用正反丝扣型钢筋接驳器或套筒冷挤压机械连接方式

九、侧洞法临时中隔壁拆除与二衬施工力系转换控制技术

序号	项目	内容
1	临时中隔壁拆除与二衬施工力系转换的安全技术难点分析	（1）对于采用侧洞法修建的复合式衬砌隧道结构，初支受力最危险的时期是为施作二衬而分段拆除初期支护的临时支撑的过程。 （2）当暗挖车站各个施工部位均已通过监测断面，且监测的各项数据均已稳定时，就要考虑临时支撑的拆除及二衬的施作。 （3）浅埋暗挖法中的初期支护形成了棚架体系，于是在二衬修筑时需要分段拆除临时支撑，临时支撑的拆除将导致结构内的应力重新分布，此过程也是初期支护受力最危险、最不安全的时期
2	施工原则及措施	暗挖车站二衬时应注意以下几点： （1）二衬施工前应编制混凝土的浇筑方案，制定详细的混凝土供应方式、现场安全质量控制措施、混凝土浇筑工艺流程、混凝土施工路线、混凝土灌注及养护、防止混凝土安全质量通病的措施等，报监理审批后实施。 （2）混凝土灌注前应对模板（或台车）、钢筋、预埋件、预留孔洞、施工缝、变形缝、止水带等进行检查，清除模板内杂物，隐蔽验收合格后，方可灌注混凝土。 （3）混凝土灌注过程中应随时观察模板（或台车）、支撑、防水板、钢筋、预埋件、预留孔洞等情况，发现问题及时处理。 （4）二衬每隔一段距离可以设置一个观察孔（兼做排气孔），当混凝土灌注时，用以检查混凝土灌注是否密实，此孔在二衬背后回填注浆时，可作为注浆孔用

考点2　区间暗挖施工及安全技术

一、区间暗挖施工主要工法及适用条件

序号	施工工法	适用条件
1	全断面法	（1）全断面法适用于土质稳定、断面较小的隧道施工，适宜人工或机械作业。 （2）全断面法采取自上而下一次开挖成形，沿着隧道断面轮廓开挖，按施工方案一次进尺并及时进行初期支护。 （3）全断面法的优点是可以减少开挖对围岩的扰动次数，有利于围岩天然承载拱的形成，工序简便；缺点是对地质条件要求较高，围岩必须有足够的自稳能力
2	台阶法	（1）台阶法适用于土质较好的隧道施工。 （2）台阶法将结构断面分成两个以上部分，即分成上下两个工作面或几个工作面，分步开挖。根据地层条件和机械配套情况，台阶法又可分为正台阶法和中隔壁台阶法等。正台阶法能较早使支护闭合，有利于控制其结构变形及由此引起的地面沉降。 （3）台阶法优点是具有足够的作业空间和较快的施工速度、灵活多变，适用性强

续表

序号	施工工法	适用条件
3	环形开挖预留核心土法	（1）环形开挖预留核心土法适用于一般土质或易坍塌的软弱围岩、断面较大的隧道施工。 （2）一般情况下，将断面分成环形拱部、上部核心土、下部台阶等三部分。根据断面的大小，环形拱部又可分成几块交替开挖。环形开挖进尺通常为 0.5～1.0m，不宜过长。台阶长度一般控制在 1D 内（D 一般指隧道跨度）为宜。 （3）施工作业流程：用人工或单臂掘进机开挖环形拱部，架立钢支撑，喷混凝土。在拱部初次支护保护下，开挖上部核心土和下部台阶，随时接长钢支撑和喷混凝土、封底。视初次支护的变形情况或施工步序，安排施工二次衬砌作业
4	单侧壁导坑法	（1）单侧壁导坑法适用于断面跨度较大、地表沉陷难于控制的软弱松散围岩中隧道施工。 （2）单侧壁导坑法是将断面横向分成 3 块或 4 块。侧壁导坑尺寸应本着充分利用台阶的支撑作用，并考虑机械设备和施工条件而定。 （3）一般情况下侧壁导坑宽度不宜超过 0.5 倍洞宽，高度以到起拱线为宜，这样导坑可分二次开挖和支护，不需要架设工作平台，人工架立钢支撑也较方便
5	双侧壁导坑法	双侧壁导坑法又称眼镜工法。当隧道跨度很大，地表沉陷要求严格，围岩条件特别差，单侧壁导坑法难以控制围岩变形时，可采用双侧壁导坑法，一般用于区间暗挖单洞双线段
6	中隔壁法和交叉中隔壁法	（1）中隔壁法也称 CD 工法，主要适用于地层较差和不稳定岩体，且地面沉降要求高的地下工程施工。 （2）当 CD 工法不能满足要求时，可在 CD 工法基础上加设临时仰拱，即所谓的交叉中隔壁法（CRD 工法）。 （3）CD 工法和 CRD 工法在大跨度隧道施工中应用普遍

二、区间暗挖施工安全技术

序号	项目	内容
1	竖井使用安全技术	（1）在井口设置明显的安全防护设施，设置安全使用警示牌、下井人员明细牌。 （2）严禁在井口附近堆码杂物，防止跌落井内。 （3）井内爬梯处必须有足够的照明设施。 （4）下井施工人员必须穿戴符合要求的着装，严禁闲杂人员进入井内。 （5）井内和井外配备先进的通信设备，并设专人值班，确保安全
2	起重设备使用安全技术	（1）设备正式使用前，先试空车。 （2）加强井底与提升司机的信号联系，除常用的声响信号装置外，还必须有备用信号装置（电话或传话筒）。 （3）井底应能给提升司机发送紧急停车信号。 （4）使用过程中不允许超额定负荷起吊、不允许吊钩下站人、不允许斜吊平拉、不允许骤然反车、不允许限位器作开关使用、不允许起吊重物过久空悬
3	结构开挖初支安全技术	（1）坚持先护顶后开挖的原则施工。 （2）严格控制每循环进尺，开挖成型后及时进行初期支护，尽早施作仰拱封闭成环，对特殊地段缩小钢格栅的间距
4	结构衬砌作业安全技术	（1）工作平台应搭设不低于 1m 的栏杆，底板满铺，木板端头必须搭在支点上，严禁出现探头板，上下平台的梯子一侧应有扶手。 （2）灌注混凝土前，应先检查挡头板是否稳定和严密，灌注时必须两侧对称进行，不使台架受到偏压；拆除混凝土输送软管时，必须停止混凝土泵的运转；台架停止工作时，应及时切断电源，以防漏电、触电

续表

序号	项目	内容
5	模板脚手架施工安全技术	（1）编制脚手架施工方案，制定具体安全保护措施，所有架设人员必须有架子工上岗证。 （2）采取二次检查脚手架的方法

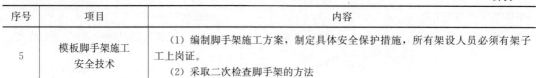 考点3　区间盾构法施工及安全技术

一、盾构法施工起重吊装作业安全技术

序号	项目	内容
1	基础检查	在吊装作业进行之前，吊装司机必须检查：指示仪表是否齐全精准，各限位和警示设施是否有效，起重设备的燃油、润滑油、液压油及冷却水是否添加充足，吊索、吊具及其连接部位是否符合规定等事项
2	加强起重吊装作业过程中的施工安全管理	（1）参加起重吊装作业人员，包括司机、信号指挥、电焊工等均应属特种作业人员，必须是经专业培训、考核取得合格证，并经体检确认可进行高处作业的人员。 （2）大型起重吊装作业前应详细勘察现场，按照工程特点及作业环境编制专项方案，并经企业技术负责人审批后方可实施，且必须安排相关安全管理人员现场监督。 （3）在周边临空状态下进行高空作业时应有牢靠的立足处，并视作业条件设置防护栏杆、张挂安全网、佩戴安全带等安全措施。起重吊装作业时不宜上下在同一垂直方向上交叉施工，下层作业的位置，宜处于上层高度可能坠落半径范围以外，当不能满足要求时，必须设置安全防护层。 （4）在吊装过程中，有时移动式起重机需带载行走时，载荷不得超过允许起重量的70%，行走道路应坚实平整，重物应在起重机正前方向，重物离地面不得大于0.5m，并应拴好拉绳，缓慢行驶。严禁长距离带载行驶。起重机地面松软不平时，起吊禁止同时进行两个动作。 （5）在吊装盾体时，有时需要用两台或多台起重机同时吊运，在吊运过程中钢丝绳应保持垂直，各台起重机的升降、运行应保持同步，各台起重机所承受的载荷均不得超过各机的额定起重能力，达不到上述要求时，应降低额定起重能力至80%

二、盾构法施工用电安全技术

序号	项目	内容
1	一般用电	（1）专项临时用电施工组织设计要由电气专业技术人员进行编制，并经单位技术负责人审核、审批后方可施工。临时用电系统在施工完成后要经过编制人、项目经理、审批人及专职电工共同验收合格后方可投入使用。 （2）电工必须持证上岗。 （3）二级漏电保护器的参数相匹配。 （4）保护零线（PE线）必须由工作接地线、配电室（总配电箱）或总漏电保护器电源侧引出，同一供电系统内不得同时采用接零保护和接地保护两种方式，所有电气设备的金属外壳、配电箱柜的金属框架、门，以及人体可能接触到的金属支撑、底座、架体，电气保护管及其配件等均应与保护零线做牢固电气连接，箱内开关应贴上标有用电设备编号及名称的标签且箱内接线端子应牢固压接，严禁虚接。 （5）施工现场固定式开关箱与所控设备必须实行"一机""一闸""一箱""一漏"的控制方法，严禁一个开关直接控制两台及以上用电设备

续表

序号	项目	内容
2	高压用电	盾构机动力系统掘进用电一般是采用双回路专供的电缆路专供的电缆，但电缆从变电站接到盾构机上面一般采用埋地敷设，高压电缆埋地深度不小于 0.7m，电缆周围需铺 50mm 厚的细砂，上面盖红砖保护，然后回填夯实，并在醒目位置设置警示标志牌

三、盾构机开舱与刀具更换的安全管理

序号	项目	内容
1	常压换刀	（1）在地质条件比较稳定的情况下，一般采取常压换刀。 （2）开舱过程应在开舱点垂直上方和重要建（构）筑物四周设置监测点，严密注视它们的位移和沉降情况。 （3）在开舱之前，首先要观察土压的变化情况，待情况稳定后再进入舱内进行刀具更换。作业人员进入土舱前要系上安全绳，在舱口外还应至少挂有一把斧头，以备发生紧急情况时在人员撤离后能及时砍断入舱的电线电缆等障碍物并关上舱门。更换刀具时，土舱内的照明工具，包括行灯等局部照明工具，必须是 24V 以下的安全电压，且应设置应急灯，在断电时可以应急照明，保障作业人员安全撤离。 （4）作业面要保持通风，及时排净废气，防止二氧化碳等有害气体积聚在下方造成作业人员不适，同时也可以降温，改善作业面的环境等。 （5）在开舱之前，必须准备好开舱需要的设备工具和刀具等，还需准备好担架和配有应急药品的简易药箱等，并且要求电瓶车在最后一节台车后面应急备用，如发生作业人员受伤等意外情况，可乘电瓶车将其快速运出
2	气压换刀	（1）加压舱在使用前必须认真检查所有的阀门、管路是否有堵塞和漏气现象，压力表是否准确，通信装置、照明设备是否正常，舱门开关是否灵便，所需的工具、器材是否完备和加压系统、供氧系统等辅助设备是否准备齐全，必要时需对加压舱进行耐压和泄漏试验。 （2）在正式进行气压换刀之前，还应进行无人压力试验。 （3）在压力舱内作业时，舱内的照明要求也更高，必须是经得起压力的防爆灯；通信方面也需更加精准，外面值守人员必须不间断地与压力舱内的人员保持联络，了解其情况；应急措施也需更加充分，除了准备一般的应急药品外，还需有相关专业的医生在外面值守，以便采取抢救措施

四、盾构法施工管片拼装与拆除作业

序号	项目	内容
1	管片拼装作业	（1）拼装机刚开始作业时，必须保证其旋转时警报蜂鸣器响，警示灯闪烁，警示作业人员不得在拼装机旋转范围内。 （2）管片起吊时吊销必须全插到位，以免旋转中销子脱出，管片落下伤人；另外在插入管片吊销时，销子和管片起吊金属件之间有夹住手指的危险，操作人员必须明确信号、确认操作人员安全后再操作。 （3）拼装管片时，拼装工必须站在安全可靠的位置，严禁将手、脚放在环缝和千斤顶的顶部，以防受到意外伤害。 （4）组装管片，拼装机和推进油缸的操作手也必须在收到作业人员安全的明确信号后才能动作，以防夹住作业人员的手脚

续表

序号	项目	内容
2	管片拆除作业	（1）应按拆除技术方案规定的顺序拆除，不得一次将整环管片螺栓全部松懈或拆除，以免发生一次性大面积脱落。 （2）拆卸管片螺栓时，应满足管片的自稳角，应先挂好吊钩，穿好吊销杆，拉紧绳索后再行拆除连接螺杆，以防管片滑移倾倒。 （3）起吊前应确定连接螺杆无遗漏且起吊管片与其他管片、连接体完全脱离，并且一定要将周围的电缆管线等进行保护，以防在拆除过程中管片突然塌落击穿电缆或其他设施设备；吊装时，吊装物下方及重心摆动方向禁止站人，待作业人员撤离到安全有效距离位置时方可起吊。 （4）拆除洞门管片一般需要电机车的配合，电机车的牵引钢丝绳一定要相匹配，以免钢丝绳崩断管片突然掉落伤人或者损坏路轨、电机等设施设备。 （5）在联络通道管片拆除之前，必须严格按照要求对上方管片进行支撑，以防管片受力不均产生挤压变形等恶性影响

五、盾构区间隧道施工风险源分析及防护措施

序号	危险源类别	可能的后果	基本对策及措施
1	高处坠落、物体打击、设备事故	起重作业	（1）编制安装、拆除方案。 （2）过程中做好监控，设置警戒区。 （3）自检合格后，报特种设备监督检验所检测。 （4）安装单位须有相应资质。 （5）特殊工种必须持证上岗。 （6）定期做好维修、保养
2	施工用电	触电事故	（1）必须编制《临时用电施工组织设计》。 （2）临时用电设施验收合格后方可使用。 （3）施工现场线路全部采用橡套电缆或用塑铜线架空架设。 （4）施工现场线路、电气设备的安装、维修保养及接线、拆线工作必须由持证电工进行。 （5）对移动机具及照明的使用实行二级漏电保护，并经常进行检查、维修和保养。 （6）坚持每周一次安全用电检查和日常巡视工作，发现问题立即整改
3	安全通道	人员伤亡	（1）隧道内安全通道采用专用的走道板。 （2）使用前进行验收并挂牌。 （3）走道板须绑扎牢固
4	中小型机械使用	机械伤人	（1）机管员负责对机械使用前的验收工作，平时做好对机械运行情况的检查。 （2）操作人员必须持有效证件上岗。 （3）按规定搭设机械防护棚。 （4）机械设备金属外壳必须接地，随机开关灵敏可靠。 （5）督促机操人员做好定期检查、保养及维修工作，并做好运转、保养记录。 （6）机械设备的防护装置必须齐全有效，严禁带病运转。 （7）固定机械设备和手持移动电具，必须实施二级漏电保护。 （8）必须做到定机、定人、定岗位。 （9）下班之前必须做好安全整理工作，切断机械电器设备的电源

序号	危险源类别	可能的后果	基本对策及措施
5	地下管线	管线损坏、煤气中毒、爆炸、供水中断	(1) 与管线单位取得联系，弄清地下管线的分布确切情况，编制地下管线保护方案，做好安全交底。 (2) 加强沉降观测，对观测结果分析，提出处理及预防措施。 (3) 合理设置掘进参数，加强注浆效果的控制。 (4) 定期检查管线保护措施的落实情况及保护措施的可靠性。 必要时，跟踪注浆，并做好应急准备。
6	隧道内水平运输	财产损失、人员伤亡、设备事故	(1) 对运输机具、轨道必须定期进行安全运行检查和维护。 (2) 电瓶车辆在隧道内曲线段行驶以及进出台车，必须缓慢通过。 (3) 工作人员必须在人行走道板上通行，走道板须绑扎牢固。 (4) 电瓶车、平板车严禁载人运输。 (5) 电瓶车司机持证上岗，禁止酒后驾驶。 (6) 做好例行保养，制车片及时更换。 (7) 长距离大坡度地段：电瓶车增设电动制动刹车装置及配置行车闪光示警灯具，定期及时检查制车装置，保证其良好性；将钢轨轨枕可靠固定连接、不允许松动；工作面钢轨末端设置行驶止动装置，制定安全行车操作规程；配置专用防止管片旋转的专用平板车
7	动火作业	发生火灾、财产损失、人员伤亡	(1) 动火前必须分级办理动火证，专人进行监护。 (2) 配备足够的消防器材。 (3) 成立防火领导小组，建立义务消防队
8	垂直运输	物体坠落、物体打击	(1) 盾构工作井及竖井四周设立安全栏杆及安全挡板，防止发生井边物体坠落打击事故。 (2) 起吊设备必须有限位保险装置，不得带病或超负荷作业。 (3) 起重专职指挥，加强责任心，预防发生碰撞事故。 (4) 管片、土斗配用吊具及钢丝绳，要定期检查，发现缺陷，及时调换。 (5) 满载土斗起吊前，必须进行处理，防止泥块坠落伤人。 (6) 夜间施工井口必须有足够的光照度。 (7) 特种作业人员要持证上岗。 (8) 起重用索具、夹具须有产品合格证和质保书
9	管片拼装	财产损失、人员伤亡、设备事故	(1) 机械手操作人员在机械手转动前必须告知上、下作业人员，在确保无人的情况下才可转动机械手。 (2) 机械手举起管片后，严禁该断面区域站人，以防吊耳脱落，引起管片坠落伤人。 (3) 机械手转动前小脚应撑住管片，不得晃动。 (4) 小脚调定油压≤$6\mu Pa$，以免吊耳、预埋件受损伤。 (5) 机械手的声、光警报装置齐全。 (6) 机械手由专人操作。 (7) 吊耳丝扣拧到底
10	高温	施工人员中暑事件	配备必要的防暑降温用品，隧道内加强通风，保持隧道内空气流通
11	暴雨	财产损失、人员伤亡、设备事故	(1) 与当地气象台保持信息联系，掌握天气情况，提前预知预防。 (2) 提前做好防雨防汛物资准备，准备足够的防汛器材。 (3) 加强地面及隧道内排水

序号	危险源类别	可能的后果	基本对策及措施
12	盾构机拆除与安装	人员伤亡、设备事故、财产损失	（1）拆除和安装必须制定专项施工方案，其中，起吊作业还需制定安全专项施工方案。 （2）安装、拆除施工单位必须具备相应的安装资质。 （3）起吊作业必须做到设备有检验合格证，专业人员持证上岗。 （4）高处作业必须有牢固可靠的操作平台，安全带使用规范。 （5）作业前，按规定开展安全技术交底和班前讲话。 （6）施工中，必须有专职安全员全过程监控。 （7）临时用电按要求做到三级配电二级保护、所有用电设备做到验收合格，重复接地接零规范
13	地面建（构）筑物	沉降、开裂、倾斜等其他破坏	（1）全面调查建筑物的现状，制定相应施工措施，特别是对地表沉降敏感的建筑物。 （2）盾构机严格控制出土量，控制姿态、保持均衡施工，同时严格进行同步注浆和二次注浆。 （3）暗挖隧道严格按工艺要求和顺序进行。 （4）对地表沉降和建筑物变形进行严密监测，及时反馈信息，优化施工参数。 （5）必要时跟踪注浆。 （6）做好应急准备

第四节　城市轨道交通工程安全生产检查

考点　城市轨道交通工程参建单位安全检查项目

一、检查建设单位、勘察单位、设计单位与监理单位的质量安全的主要项目

序号	项目	内容
1	检查建设单位质量安全的主要项目	主要包括质量安全管理机构、人员，质量安全责任制，质量安全管理制度与标准，质量安全会议制度，质量安全教育培训，招标、工期造价，参建各方主体资质和人员资格审查，组织工程周边环境调查与现状评估，提供工程基础资料，委托专项勘察、设计，办理施工图审查，组织勘察设计地下管线交底，采购材料设备，提供施工场地，支付工程款及安全措施费，办理质量安全监督手续，质量安全风险管理，委托第三方监测、检测，履约管理与现场检查，现场协调管理，应急预案管理，预警与响应，质量安全事故处理，工程验收，建设项目档案管理，违规行为
2	检查勘察单位质量安全的主要项目	主要包括资质资格及管理制度，资料收集与研究，大纲编制，勘探点布置，取样、原位测试、现场试验布置，室内试验布置，安全文明施工，大纲落实，管线核查，孔位测放，探孔调整，钻进及岩芯采取率，岩土鉴别与描述，样品采集，原位测试，物探测试，水位观测及水文地质试验，外业记录，室内试验，外业安全，岩土层划分，不良地质与特殊岩土，地下水，场地稳定性、适宜性，围岩及土石工程分级，岩土物理力学参数，工程地质、水文地质条件评价及措施建议，场地与地基的建筑抗震设计基本条件，环境影响分析，遗留问题说明，成果审查及意见落实情况，成果文件签章及资料归档，勘察成果准确性，勘察成果交底，施工配合

续表

序号	项目	内容
3	检查设计单位质量安全的主要项目	主要包括资质资格及管理制度，基础资料，法律法规标准执行，结构计算，地下水处理，不良地质和特殊性岩土，结构与防水，风险工程设计及抗震专项设计，监控量测，内部审核，外部审查确认，设计交底，设计变更，施工配合
4	检查监理单位质量安全的主要项目	主要包括资质资格及管理制度，监理规划与实施细则，资质资格审查，制度审查，方案审查，费用核查，日常巡视，旁站监理，材料设备查验，平行检验，测量、监测查核，验收，问题处理，协调管理，档案管理，监理效果

二、检查施工单位质量安全的主要项目

序号	项目	内容
1	安全管理	安全管理检查主要内容包括单位资质与人员资格，责任制度与目标管理，施工组织设计，安全技术交底，安全教育和班前活动，作业管理，安全检查，工程周边环境保护，安全防护用品管理，分包管理与协调管理，费用管理，应急管理，事故管理
2	扣件式钢管脚手架	扣件式钢管脚手架检查主要内容包括施工方案，立杆基础，架体与建筑结构拉结，杆件间距与剪刀撑，脚手板与防护栏杆，横向水平杆设置，杆件连接，层间防护，构配件材质，通道，验收
3	碗扣式钢管脚手架	碗扣式钢管脚手架检查主要内容包括施工方案，架体基础，架体稳定，杆件锁件，脚手板，架体防护，构配件材质，荷载，通道，验收
4	承插型盘扣式钢管脚手架	承插型盘扣式钢管脚手架检查主要内容包括施工方案，架体基础，架体稳定，杆件设置，脚手板，架体防护，杆件连接，构配件材质，通道，验收
5	满堂式脚手架	满堂式脚手架检查主要内容包括施工方案，架体基础，架体稳定，杆件锁件，脚手板，架体防护，构配件材质，荷载，通道，验收
6	模架工程	模架工程安全检查主要内容包括施工方案，材料材质，地面基础，支撑系统或桥墩立模，移动模架或挂篮，施工荷载，支拆模板，模板存放，上下通道，关键节点验收
7	施工用电	施工用电安全检查主要内容包括外电防护，接零保护系统，配电线路，配电箱与开关箱，现场照明，电器装置，配电室与变配电装置，电气消防安全，用电管理
8	安全防护	安全防护检查主要内容包括安全帽，安全网，安全带，电气作业防护用品，防尘防毒用品，临边防护，洞口防护，通道口防护，攀登作业，悬空作业，移动式操作平台，物料平台，悬挑钢平台
9	塔吊	塔吊安全检查主要内容包括限载装置，行程限位装置，保护装置，吊钩、滑轮、卷筒与钢丝绳，安装拆卸验收，附着装置，防雷，基础，结构设施，多塔作业，周边安全，检查检测及维修保养
10	龙门吊	龙门吊安全检查主要内容包括安装、拆卸与验收，保险装置，轨道，电气安全，吊钩与钢丝绳，结构设施，防撞措施，防护及警示，检查检测及维修保养
11	物料提升机	物料提升机检查主要内容包括安全装置，防护设施，附墙架与缆风绳，吊篮，钢丝绳及滑轮，基础与导轨架，动力与传动，操作棚，通信装置，避雷装置，安装、拆卸与验收，检查、检测及维修保养

序号	项目	内容
12	起重吊装	起重吊装安全检查主要内容包括施工方案，人员配备，起重吊装条件验收，索具，操作控制，过程管理，多机协作，高处作业，构件堆放，占道吊装，安全警戒
13	施工机具	施工机具安全检查主要内容包括平刨，圆盘电锯、手持电动工具，钢筋机械，电焊机，搅拌机，气瓶，场内运输车，潜水泵，振捣器，桩工机械（含成槽机），预应力张拉机械，其他施工机具、设备
14	基坑支护	基坑支护安全检查主要内容包括施工方案，基坑支护，降排水，坑边荷载，上下通道，土方开挖，支撑拆除，附属结构，基坑监测，作业环境
15	盾构法/TBM隧道施工	盾构法/TBM隧道施工安全检查主要内容包括盾构机选型，施工方案，安装调试，始发/接收，掘进施工，隧道施工运输，开舱与刀具更换，洞门及联络通道施工，管片堆放与管片拼装，安全防护与保护措施，施工监测
16	矿山法隧道施工	矿山法隧道施工安全检查主要内容包括施工方案，地层超前支护加固，降水排水，洞口工程，隧道开挖，爆破施工，初期支护，防水作业，二次衬砌，作业架防护，隧道运输，施工监测，作业环境
17	轨行区施工	轨行区施工安全检查主要内容包括调度、方案及安全协议，施工请销点，轨行区施工安全，行车安全
18	特殊气候施工	特殊气候施工安全检查主要内容包括人员管理，预警，暴雨及地质灾害防范，大风防范，雷电防范，低温、冰雪（雹）、大雾防范，应急管理
19	人工挖孔	人工挖孔安全检查主要内容包括施工方案，提升设备，护壁，通风及检测，开挖，上下井梯，井边载荷，配合或监护，井边防护，孔内防护
20	架桥机作业	架桥机作业安全检查主要内容包括施工方案，架桥机验收，桥梁架设

第五节　城市轨道交通工程建设风险管理

考点1　城市轨道交通工程建设风险基本类型

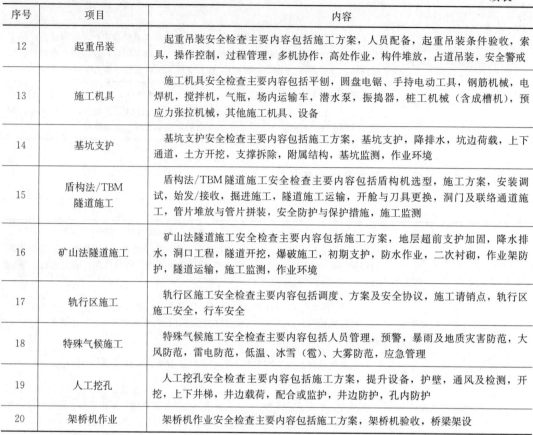

序号	项目	内容
1	按照风险损失进行分类	(1) 人员伤亡风险。 (2) 环境影响风险。 (3) 经济损失风险。 (4) 工期延误风险。 (5) 社会影响风险
2	按照建设内容与实施过程进行分类	(1) 规划阶段风险管理。 (2) 可行性研究风险管理。 (3) 勘察与设计风险管理。 (4) 招标、投标与合同风险管理。 (5) 施工风险管理

考点2 城市轨道交通工程建设风险管理基本要点

序号	项目	内容
1	风险管理组织与责权	工程建设风险管理应由建设单位负责组织和实施，并以合同约定建设各方的风险管理责任。风险管理责任分担应坚持责、权、利协调一致，权责明确。建设单位在编制概算时，应确定建设风险管理的专项费用，做到风险处置措施费专款专用
2	风险等级标准划分原则	城市轨道交通地下工程建设风险管理应根据工程建设阶段、规模、重要程度及风险管理目标等制定风险等级标准。工程建设风险等级标准应按风险发生可能性及其损失进行划分
3	风险辨识的基础资料	(1) 工程周边水文地质、工程地质、自然环境及人文、社会区域环境等资料。 (2) 已建线路的相关工程建设风险或事故资料，类似工程建设风险资料。 (3) 工程规划、可行性分析、设计、施工与采购方案等相关资料。 (4) 工程周边建（构）筑物（含地下管线、道路、民防设施等）等相关资料。 (5) 工程邻近既有轨道交通及其他地下工程等资料。 (6) 可能存在业务联系或影响的相关部门与第三方等信息
4	风险分析方法	(1) 定性分析方法。 (2) 定量分析方法。 (3) 综合分析方法。 工程施工风险管理中宜采用综合风险分析方法
5	风险处置方式	城市轨道交通地下工程建设风险处置对策包括： (1) 风险消除。 (2) 风险降低。 (3) 风险转移。 (4) 风险自留
6	风险清单内容	城市轨道交通应建立风险清单，其内容一般包括：风险名称、风险因素、风险发生可能性、风险损失、风险发生位置及征兆等，可采用列表的形式给出具体的辨识成果

考点3 城市轨道交通工程建设施工风险管理

一、城市轨道交通地下工程施工风险管理实施的主要阶段、应完成的工作、主要风险因素与动态管理

序号	项目	内容
1	施工风险管理实施的主要阶段	(1) 施工准备期。 (2) 施工期。 (3) 车辆及机电系统安装与调试。 (4) 试运行和竣工验收
2	施工风险管理应完成的工作	(1) 建设各方施工风险分析及职责划分。 (2) 制定现场工程建设风险管理实施制度。 (3) 编制关键节点工程建设风险管理专项文件。 (4) 编制突发事件或事故应急预案

续表

序号	项目	内容
3	施工期风险管理中的主要风险因素	（1）邻近或穿越既有或保护性建（构）筑物、军事区、地下管线设施区等地段施工。 （2）穿越地下障碍物地段施工。 （3）浅覆土层地段施工。 （4）小曲率区地段施工。 （5）大坡度地段施工。 （6）小净距隧道施工。 （7）穿越江河湖海地段施工。 （8）特殊地质条件或复杂地段施工
4	实施动态风险管理	（1）城市轨道交通地下工程施工必须实施动态风险管理，利用现场监测数据和风险记录，实现施工风险动态跟踪与控制 （2）动态风险管理主要体现在风险信息的收取、分析与决策过程的动态，对风险的预报、预警与控制实施的动态

二、施工期的建设风险管理应完成的工作

（1）施工中的风险辨识和评估。

（2）编制现场施工风险评估报告，并以正式文件发送给工程建设各方，经各方沟通研究后，形成现场风险管理实施文件记录。

（3）施工对邻近建（构）筑物影响风险分析。

（4）施工风险动态跟踪管理。

（5）施工风险预警预报。

（6）施工风险通告。

（7）现场重大事故上报及处置。

三、施工单位负责施工现场建设风险管理的执行和落实，其风险管理主要内容及职责

（1）结合施工组织设计拟定风险管理计划，建立工程施工风险实施细则。

（2）对Ⅲ级及以上风险，根据设计单位技术要求等，确定工程施工预警监控指标及标准。

（3）对Ⅱ级及以上建设风险编制事故应急处置预案。

（4）现场区域作业人员必须严格执行登记制度，对作业层技术人员进行施工风险交底，制订工程建设风险管理培训计划。

（5）负责完成工程施工风险动态评估，分析并梳理Ⅱ级及以上风险，提交施工重大工程建设风险动态评估报告。

（6）结合工程施工进度及时上报工程施工信息，向工程建设各方通告现场施工风险状况。

（7）工程设计、施工方案如有重大变更，应根据变更情况对工程建设风险进行重新分析与评估。

（8）因建设风险处置措施的实施而发生的费用增加或工期延长，应经过建设单位批准后方可实施。

（9）对与工程施工有关的事故、意外或缺陷等进行风险记录。

（10）必须做到施工安全措施费用专款专用。

四、试运行和竣工验收风险管理

序号	项目	内容
1	建设方面风险分析	（1）土建系统风险分析包括：车站、区间、车辆基地和综合维修基地、轨道系统、预留线等。 （2）机电设备风险分析包括：供电系统、信号系统、通信系统、通风空调系统、给水排水和消防系统、防灾报警系统（FAS）、设备监控系统（BAS）、自动售检票系统（AFC）、车站屏蔽门、安全门、自动扶梯及电梯、防掩门系统等。 （3）车辆系统风险分析。 （4）系统联调及试运行风险分析
2	运营方面风险分析	（1）组织机构和人员配置及要求风险分析。 （2）行车组织和客运组织风险分析。 （3）线路运营备品备件风险分析。 （4）相关技术资料配备风险分析。 （5）资产接管风险分析。 （6）试运营规章制度风险分析。 （7）应急预案与演练

📝 考点4 城市轨道交通工程关键节点风险管控

序号	项目	内容
1	关键节点风险管控主要内容	（1）勘察和设计交底的完成情况。 （2）专项施工方案编制、审批和专家论证情况。 （3）监测方案编制、审批及落实情况。 （4）施工安全技术交底情况。 （5）安全技术措施落实情况。 （6）周边环境核查和保护措施落实情况。 （7）材料、施工机械准备情况。 （8）项目管理、技术人员和劳动力组织情况。 （9）应急预案编制、审批和救援物资储备情况。 （10）相关工程质量检测资料合规情况。 （11）法规、标准及合同约定的其他情况
2	关键节点风险管控程序	（1）施工单位根据《关键节点分类清单》编制《关键节点识别清单》，报监理单位审批。 （2）施工单位对照经监理单位批准的《关键节点识别清单》，对关键节点施工前条件自检自评，符合要求的报监理单位。 （3）监理单位对关键节点施工前条件进行预核查，通过后报建设单位。 （4）建设单位（或委托监理单位）依据相关制度规定和标准规范组织开展关键节点施工前条件核查。 （5）通过核查的，方可进行关键节点施工；未通过核查的，相关单位按照核查意见进行整改，整改完成后建设单位重新组织核查
3	风险管控保障措施	（1）明确核查人员工作职责。 （2）加强督促检查。 （3）建立关键节点风险管控相关制度

第八章 专项工程施工安全技术

扫码免费观看
基础直播课程

第一节 危险性较大的分部分项工程安全技术

考点1 前期保障

序号	项目	内容
1	勘察单位	勘察单位应当根据工程实际及工程周边环境资料，在勘察文件中说明地质条件可能造成的工程风险
2	建设单位	（1）建设单位应当依法提供真实、准确、完整的工程地质、水文地质和工程周边环境等资料。 （2）建设单位应当组织勘察、设计等单位在施工招标文件中列出危大工程清单，要求施工单位在投标时补充完善危大工程清单并明确相应的安全管理措施。 （3）建设单位应当按照施工合同约定及时支付危大工程施工技术措施费以及相应的安全防护文明施工措施费，保障危大工程施工安全。 （4）建设单位在申请办理安全监督手续时，应当提交危大工程清单及其安全管理措施等资料
3	设计单位	设计单位应当在设计文件中注明涉及危大工程的重点部位和环节，提出保障工程周边环境安全和工程施工安全的意见，必要时进行专项设计

考点2 专项施工方案

一、危险性较大的分部分项工程

序号	项目	内容
1	基坑工程	（1）开挖深度超过3m（含3m）的基坑（槽）的土方开挖、支护、降水工程。 （2）开挖深度虽未超过3m，但地质条件、周围环境和地下管线复杂，或影响毗邻建、构筑物安全的基坑（槽）的土方开挖、支护、降水工程
2	模板工程及支撑体系	（1）各类工具式模板工程：包括大模板、滑模、爬模、飞模、隧道模等工程。 （2）混凝土模板支撑工程：搭设高度5m及以上；搭设跨度10m及以上；施工总荷载10kN/m² 及以上；集中线荷载15kN/m 及以上；高度大于支撑水平投影宽度且相对独立无联系构件的混凝土模板支撑工程。 （3）承重支撑体系：用于钢结构安装等满堂支撑体系

序号	项目	内容
3	起重吊装及安装拆卸工程	（1）采用非常规起重设备、方法，且单件起吊重量在 10kN 及以上的起重吊装工程。 （2）采用起重机械进行安装的工程。 （3）起重机械安装和拆卸工程
4	脚手架工程	（1）搭设高度 24m 及以上的落地式钢管脚手架工程（包括采光井、电梯井脚手架）。 （2）附着式升降脚手架工程。 （3）悬挑式脚手架工程。 （4）高处作业吊篮。 （5）卸料平台、移动操作平台工程。 （6）异形脚手架工程
5	拆除工程	可能影响行人、交通、电力设施、通信设施或其他建、构筑物安全的拆除工程
6	暗挖工程	采用矿山法、盾构法、顶管法施工的隧道、洞室工程
7	其他	（1）建筑幕墙安装工程。 （2）钢结构、网架和索膜结构安装工程。 （3）人工挖扩孔桩工程。 （4）水下作业工程。 （5）装配式建筑混凝土预制构件安装工程。 （6）采用新技术、新工艺、新材料、新设备及尚无相关技术标准的危险性较大的分部分项工程

二、超过一定规模的危险性较大的分部分项工程

序号	项目	内容
1	基坑工程	开挖深度超过 5m（含 5m）的基坑（槽）的土方开挖、支护、降水工程
2	模板工程及支撑体系	（1）各类工具式模板工程：包括滑模、爬模、飞模、隧道模工程。 （2）混凝土模板支撑工程：搭设高度 8m 及以上；搭设跨度 18m 及以上；施工总荷载 $15kN/m^2$ 及以上；集中线荷载 20kN/m 及以上。 （3）承重支撑体系：用于钢结构安装等满堂支撑体系，承受单点集中荷载 7kN 以上
3	起重吊装及安装拆卸工程	采用非常规起重设备、方法，且单件起吊重量在 100kN 及以上的起重吊装工程。起重量 300kN 及以上，或搭设总高度 200m 及以上，或搭设基础标高在 200m 及以上的起重机械安装和拆卸工程
4	脚手架工程	（1）搭设高度 50m 及以上落地式钢管脚手架工程。 （2）提升高度在 150m 及以上的附着式升降脚手架工程或附着升降操作平台工程。 （3）分段架体搭设高度 20m 及以上的悬挑式脚手架工程
5	拆除工程	（1）码头、桥梁、高架、烟囱、水塔或拆除中容易引起有毒有害气（液）体或粉尘扩散、易燃易爆事故发生的特殊建、构筑物的拆除工程。 （2）文物保护建筑、优秀历史建筑或历史文化风貌区控制范围的拆除工程
6	暗挖工程	采用矿山法、盾构法、顶管法施工的隧道、洞室工程

续表

序号	项目	内容
7	其他	（1）施工高度50m及以上的建筑幕墙安装工程。 （2）跨度大于36m及以上的钢结构安装工程；跨度大于60m及以上的网架和索膜结构安装工程。 （3）开挖深度超过16m的人工挖孔桩工程。 （4）水下作业工程。 （5）重量1000kN及以上的大型结构整体顶升、平移、转体等施工工艺。 （6）采用新技术、新工艺、新材料、新设备及尚无相关技术标准的危险性较大的分部分项工程

三、方案编制内容

（1）工程概况。危险性较大的分部分项工程概况和特点、施工平面布置、施工要求和技术保证条件。

（2）编制依据。相关法律、法规、规范性文件、标准、规范及施工设计文件、施工组织设计等。

（3）施工计划。施工进度计划、材料与设备计划。

（4）施工工艺技术。技术参数、工艺流程、施工方法、操作要求、检查要求等。

（5）施工安全保证措施。组织保障措施、技术措施、监测监控措施等。

（6）施工管理及作业人员配备和分工。施工管理人员、专职安全生产管理人员、特种作业人员、其他作业人员等。

（7）验收要求。验收标准、验收程序、验收内容、验收人员等。

（8）应急处置措施。

（9）计算书及相关施工图纸。

四、方案审核要求

（1）专项方案应当由施工单位技术部门组织本单位施工技术、安全、质量等部门的专业技术人员进行审核。经审核合格的，由施工单位技术负责人签字。实行施工总承包的，专项方案应当由总承包单位技术负责人及相关专业承包单位技术负责人签字。

（2）不需专家论证的专项方案，经施工单位审核合格后报监理单位，由项目总监理工程师审查签字

五、方案论证要求

序号	项目		内容
1	论证参加人员	组织召开	超过一定规模的危险性较大的分部分项工程专项方案应当由施工单位组织召开专家论证会。实行施工总承包的，由施工总承包单位组织召开专家论证会
		参加人员	下列人员应当参加专家论证会： （1）专家。 （2）建设单位项目负责人。 （3）有关勘察、设计单位项目技术负责人及相关人员。 （4）总承包单位和分包单位技术负责人或授权委派的专业技术人员、项目负责人、项目技术负责人、专项施工方案编制人员、项目专职安全生产管理人员及相关人员。 （5）监理单位项目总监理工程师及专业监理工程师

续表

序号	项目	内容
2	专家论证的主要内容	（1）专项方案内容是否完整、可行。 （2）专项方案计算书和验算依据是否符合有关标准规范。 （3）安全施工的基本条件是否满足现场实际情况
3	其他	（1）专项方案经论证后，专家组应当提交论证报告，对论证的内容提出明确的意见，并在论证报告上签字。该报告作为专项方案修改完善的指导意见。施工单位应当根据论证报告修改完善专项方案，并经施工单位技术负责人、项目总监理工程师签字后，方可组织实施。实行施工总承包的，应当由施工总承包单位、相关专业承包单位技术负责人签字。 （2）专项方案经论证后需做重大修改的，施工单位应当按照论证报告修改，并重新组织专家进行论证。 （3）施工单位应当严格按照专项方案组织施工，不得擅自修改、调整专项方案

考点3　现场安全管理

序号	项目	内容
1	施工单位	（1）施工单位应当在施工现场显著位置公告危大工程名称、施工时间和具体责任人员，并在危险区域设置安全警示标志。 （2）施工单位应当严格按照专项施工方案组织施工，不得擅自修改专项施工方案。因规划调整、设计变更等原因确需调整的，修改后的专项施工方案应当重新审核和论证。涉及资金或者工期调整的，建设单位应当按照约定予以调整。 （3）施工单位应当对危大工程施工作业人员进行登记，项目负责人应当在施工现场履职。 （4）施工单位应当按照规定对危大工程进行施工监测和安全巡视，发现危及人身安全的紧急情况，应当立即组织作业人员撤离危险区域。 （5）危大工程发生险情或者事故时，施工单位应当立即采取应急处置措施，并报告工程所在地住房城乡建设主管部门。 （6）施工单位应当将专项施工方案及审核、专家论证、交底、现场检查、验收及整改等相关资料纳入档案管理
2	建设单位	危大工程应急抢险结束后，建设单位应当组织勘察、设计、施工、监理等单位制定工程恢复方案，并对应急抢险工作进行后评估
3	监理单位	（1）监理单位应当结合危大工程专项施工方案编制监理实施细则，并对危大工程施工实施专项巡视检查。 （2）监理单位发现施工单位未按照专项施工方案施工的，应当要求其进行整改；情节严重的，应当要求其暂停施工，并及时报告建设单位。施工单位拒不整改或者不停止施工的，监理单位应当及时报告建设单位和工程所在地住房城乡建设主管部门
4	监测单位	（1）监测单位应当编制监测方案。监测方案由监测单位技术负责人审核签字并加盖单位公章，报送监理单位后方可实施。 （2）监测单位应当按照监测方案开展监测，及时向建设单位报送监测成果，并对监测成果负责；发现异常时，及时向建设、设计、施工、监理单位报告，建设单位应当立即组织相关单位采取处置措施

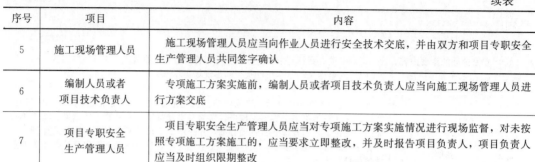

续表

序号	项目	内容
5	施工现场管理人员	施工现场管理人员应当向作业人员进行安全技术交底，并由双方和项目专职安全生产管理人员共同签字确认
6	编制人员或者项目技术负责人	专项施工方案实施前，编制人员或者项目技术负责人应当向施工现场管理人员进行方案交底
7	项目专职安全生产管理人员	项目专职安全生产管理人员应当对专项施工方案实施情况进行现场监督，对未按照专项施工方案施工的，应当要求立即整改，并及时报告项目负责人，项目负责人应当及时组织限期整改

第二节　钢结构工程安全技术

考点1　钢结构构件的制作加工安全技术

序号	项目	内容
1	触电伤害事故预防安全技术	（1）电器设备应使用合格产品，进入施工现场应严格落实验收手续。 （2）总配电箱应设在靠近电源的区域，分配电箱应设在用电设备或负荷相对集中的区域，分配电箱与开关箱的距离不得超过30m，开关箱与其控制的固定式用电设备的水平距离不宜超过3m。 （3）确保三级配电，两级保护。每台用电设备必须有各自专用的开关箱，严禁用同一个开关箱直接控制2台及2台以上用电设备（含插座）。 （4）配电箱、开关箱外形结构应能防雨、防尘。配电箱、开关箱内的电器必须可靠、完好，严禁使用破损、不合格的电器。 （5）电缆线路应采用埋地或架空敷设，严禁沿地面明设，并应避免机械损伤和介质腐蚀。埋地电缆路径应设方位标志
2	机械伤害事故预防安全技术	（1）操作人员应熟悉机械工具的安全操作规程。 （2）机械工具应具有合格证等质量证明文件，经验收合格后方能使用。 （3）建立机械使用台账，专人负责管理，做好日常维护保养工作。 （4）发生故障时，应及时报告项目部并由专业人员负责检修，不得使用有故障的设备进行作业
3	物体打击事故预防安全技术	钢结构构件在制作加工时，转运、存放过程中有发生物体打击事故的风险，应注意如下几点： （1）构件码放应设定专门区域，设置警示标识，底部按设计位置设置垫木。 （2）构件存放应保证物料安全存放的自稳角度或设置插架等保证物料不滑脱
4	电气焊作业安全技术	（1）电焊工必须持证上岗。 （2）严格落实动火作业审批制度。 （3）动火作业时，看火人必须持有效合格的灭火器材，在焊渣掉落的最下方安全距离外履职。 （4）合理安排施工工序，防止上方动火作业时下方可燃材料未隔离

考点 2　钢结构构件连接施工安全技术

一、高处坠落、起重伤害事故预防安全技术

序号	项目	内容
1	高处坠落事故预防安全技术	进行钢结构构件的连接作业时，应使用梯子或其他登高设施。当钢柱或钢结构接高时，应设置操作平台。并应注意如下事项： （1）当采用其他登高措施时，应进行结构安全计算。 （2）多层及高层钢结构施工应采用人货两用电梯登高，对电梯尚未达到的楼层应搭设合理的安全登高设施。 （3）钢柱吊装松钩时，施工人员宜通过钢挂梯登高，并应采用防坠器进行人身防护。钢挂梯应预先与钢柱可靠连接，并应随柱起吊。 （4）钢结构吊装，构件宜在地面组装，安全设施应一并设置。吊装时，应在作业层下方设置一道水平安全网；钢结构安装施工宜在施工层搭设水平通道，水平通道两侧应设置防护栏杆，当利用钢梁作为水平通道时，应在钢梁一侧设置连续的安全绳，安全绳宜采用钢丝绳。 （5）钢结构构件连接作业时安全防护设施宜采用标准化、定型化产品。 （6）当遇有 6 级以上强风、浓雾、沙尘暴等恶劣天气时，不得进行露天攀登或悬空高处作业。暴风雪及台风暴雨后，应对高处作业安全设施进行检查，当发现有松动、变形、损坏或脱落等现象时，应立即修理完善，维修合格后再使用。 （7）监督作业工人正确使用个人安全防护用品
2	起重伤害事故预防安全技术	（1）起重吊装作业前，必须编制吊装作业专项施工方案，并应进行安全技术措施交底；作业中，未经技术负责人批准，不得随意更改。 （2）起重机操作人员、起重信号工、司索工等特种作业人员必须持特种作业资格证书上岗，严禁非起重机驾驶人员驾驶、操作起重机。 （3）起重吊装作业前，应由主管人员依据使用说明书或国家标准检查所使用的机械，滑轮、吊具和地锚等，必须符合安全要求。 （4）吊装时根据构件的外形、中心及工艺要求选择吊点。 （5）严格执行"十不吊"，即：信号不明不准吊；斜牵斜挂不准吊；吊物重量不明或超负荷不准吊；散物捆扎不牢或物料装放过满不准吊；吊物上有人不准吊；埋在地下物不准吊；安全装置失灵或带病不准吊；现场光线阴暗看不清吊物起落点不准吊；棱刃物与钢丝绳直接接触无保护措施不准吊；六级以上强风不准吊。 （6）吊装大、重构件和采用新的吊装工艺时，应先进行试吊，确认无问题后，方可正式起吊。 （7）吊装作业起重臂旋转半径范围内应拉设警戒线，设专职安全管理人员旁站监督。 （8）采用非定型产品的吊装机械时，必须进行设计计算，并应进行安全验算

二、触电伤害、火灾事故预防安全技术

序号	项目	内容
1	触电伤害事故预防安全技术	（1）现场使用的电焊机，应设有防雨、防潮、防晒、防砸机棚，并应装设相应的消防器材。 （2）电焊机导线应具有良好的绝缘性能，绝缘电阻不得小于 0.5MΩ，接地线接地电阻不得大于 4Ω；接线部分不得有腐蚀和受潮。

续表

序号	项目	内容
1	触电伤害事故预防安全技术	(3) 电焊钳应有良好的绝缘和隔热性能；电焊钳握柄应绝缘良好，握柄和导线连接应牢靠，接触良好。 (4) 电焊机的二次线应采用防水橡皮护套铜芯软电缆，电缆长度不宜大于30m，一次线长度不宜大于5m，电焊机必须设单独的电源开关和自动断电装置，应配装二次侧空载降压器。两侧接线应压接牢固，必须安装可靠的防护罩。 (5) 安全防护装置应齐全有效；漏电保护器参数应匹配，安装应正确，动作应灵敏可靠。 (6) 吊装作业使用行灯照明时，电压不得超过36V
2	火灾事故预防安全技术	(1) 电焊工必须持证上岗。 (2) 严格履行动火作业审批制度。 (3) 动火作业时，看火人必须持有效合格的灭火器材，在焊渣掉落的最下方安全距离外履职。 (4) 合理安排施工工序，禁止交叉作业

考点3 钢结构涂装施工安全技术

(1) 油漆、稀释剂与其他物资分类分库存放，仓库要有禁止烟火等明显标识。

(2) 涂装作业区保证空气流通，促进通风换气。

(3) 监督作业工人正确佩戴个人安全防护用品。

第三节 建筑幕墙工程安全技术

考点1 物体打击事故预防安全技术

(1) 幕墙施工时，下方均应设置警戒隔离区，防止高空坠物。

(2) 高处作业所使用的工具和零配件等，应放在工具袋（盒）内，并严禁抛掷。

(3) 所用材料不得随意抛掷，当有交叉作业可能时，应搭设防护棚或通道，否则不得进行交叉作业。

(4) 幕墙材料存放应单独设置存放区，材料存放高度应满足安全要求，保证自稳角度。吊装或抬运物料时，应确保自身安全。

考点2 高处坠落事故预防安全技术

序号	项目	内容
1	脚手架作业安全注意事项	(1) 搭设高度24m及以上的落地式钢管脚手架工程、附着式整体和分片提升脚手架工程、悬挑式脚手架工程、移动式操作平台工程及新型、异形脚手架工程，施工单位必须在施工前编制安全专项施工方案。

续表

序号	项目	内容
1	脚手架作业安全注意事项	（2）搭设高度50m及以上落地式钢管脚手架、提升高度150m及以上附着式整体和分片提升脚手架工程、架体高度20m及以上悬挑式脚手架工程，施工单位必须组织专家对专项方案进行论证。 （3）脚手架所用构件必须符合国家现行标准，扣件式钢管宜采用 $\phi48.3mm \times 3.6mm$，扣件规格应与钢管外径相同且螺栓拧紧力矩不应小于40N·m，且不应大于65N·m。 （4）作业层脚手板应铺满、铺稳、铺实，并应用安全网双层兜底，施工层以下每隔10m应用安全网封闭。 （5）脚手架沿架体外围应用密目式安全网全封闭，密目式安全网宜设置在脚手架外立杆内侧，并应与架体绑扎牢固
2	吊篮作业安全注意事项	（1）吊篮脚手架工程施工单位必须在施工前编制安全专项施工方案。 （2）高处作业吊篮应设置作业人员专用的挂设安全带的安全绳及安全锁扣。安全绳应固定在建筑物可靠位置上，不得与吊篮上的任何部位连接，安全绳与安全锁扣的规格应一致，安全绳不得有松散、断股、打结现象，安全锁扣的配件应完好、齐全，规格和方向标识应清晰可辨。 （3）吊篮的限位装置、安全锁必须灵敏可靠。 （4）吊篮内的作业人员不应超过2人。 （5）吊篮正常工作时，人员应从地面进入吊篮内，不得从建筑物顶部、窗口等处或其他孔洞处出入吊篮。 （6）吊篮内的作业人员应佩戴安全帽，系安全带，并应将安全锁扣正确挂置在独立设置的安全绳上。 （7）吊篮平台内应保持荷载均衡，不得超载运行。 （8）施工中发现吊篮设备故障和安全隐患时，应及时排除，可能危及人身安全时，应停止作业，并应由专业人员进行维修。维修后的吊篮应重新进行检查验收，合格后方可使用。 （9）下班后不得将吊篮停留在半空中，应将吊篮降至地面。人员离开吊篮、进行吊篮维修或每日收工后应将主电源切断，并应将电器柜中各开关置于断开位置并加锁。 （10）当吊篮施工遇有雨雪、大雾、风沙及5级以上大风等恶劣天气时，应停止作业，并应将吊篮平台停放在地面，应对钢丝绳、电缆进行绑扎固定

考点3　机械伤害事故预防安全技术

（1）操作人员应熟悉所使用机械工具的安全操作规程。

（2）机械工具应具有合格证等质量证明文件，经验收合格后方能使用。

（3）建立机械台账，主管人员负责管理，做好日常维护保养工作。

（4）当机械设备发生故障和出现安全隐患时，应及时排除，可能危及人身安全时，应停止作业，并应由专业人员进行维修。维修后的机械设备应重新进行检查验收，合格后方可使用。

考点4　焊接工程安全技术

（1）电焊工必须持证上岗。

（2）严格履行动火作业审批制度。

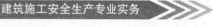

（3）动火作业时，看火人必须持有效合格的灭火器材，在焊渣掉落的最下方安全距离外履职。

（4）合理安排施工工序，禁止交叉作业。

第四节　机电安装工程安全技术

考点1　机电安装工程安全技术总体要求

根据工程项目特点，施工组织设计中应有针对性的施工安全技术措施，其主要内容包括：

（1）施工总平面布置的安全技术要求：

① 油料及其他易燃、易爆材料库房与其他建筑物的安全距离。

② 电气设备、变配电设备、输配电线路的安全位置、距离等。

③ 材料、机械设备与结构坑、槽的安全距离。

④ 加工场地、施工机械的位置应满足使用、维修的安全距离。

⑤ 配置必要的消防设施、装备、器材，确定控制和检查手段、方法、措施。

（2）确定机电工程项目施工全过程中的人员资格。对作业人员、特殊工种、管理人员和操作人员安全作业资格进行审查。

（3）确定机电工程项目重大风险因素的部位和过程，制定相应措施。

（4）针对工程项目的特殊需求制定安全技术措施。

考点2　机电安装工程施工安全技术

序号	项目	内容
1	机电安装阶段	（1）电气设备和线路的绝缘必须良好，裸露的带电导体应该安装于碰不着的处所，或者设置安全遮栏和显明的警告标志。 （2）电气设备和装置的金属部分，可能由于绝缘损坏而带电的，必须根据技术条件采取保护性接地或者接零的措施。 （3）电线和电源相接的时候，应该设开关或者插销，不许随便搭挂；露天的开关应该装在特制的箱匣内。 （4）安装吊顶内线照明线路时，不得直接在板条天棚或隔声板上行走或堆放材料；因作业需要行走时，必须铺设脚手板；有触电危险的照明设施应采用36V及以下安全电压。 （5）从事剔槽、打洞作业的人员，必须戴防护眼镜，锤柄不得松动，錾子不得卷边、裂纹。打过墙、楼板透眼时，墙体后面，楼板下面不得有人靠近。 （6）在平台、楼板上用人力弯管器煨弯时，应背向楼心，操作时面部要避开。大管径管子灌砂煨管时，砂子必须用火烘干后灌入。用机械敲打时，下面不得站人；人工敲打时，上下要错开，不得在同一立面进行交叉作业。管子加热时，管口前不得有人停留。 （7）电焊工作物和金属工作台同大地相隔的时候，都要有保护性接地。 （8）电动机械和电气照明设备拆除后，不能留有可能带电的电线。如果电线必须保留，应该将电源切断，并且将线头绝缘。

序号	项目	内容
1	机电安装阶段	（9）电气设备和线路都必须符合规格，并且应该进行定期试验和检修。修理的时候，要先切断电源；如果必须带电工作，应该有确保安全的措施。 一切机械和动力机的机座必须稳固
2	机电调试阶段	（1）调试前应熟悉和掌握产品技术特性，明确试验标准及方法，否则不允许开展调试工作。 （2）调试所用的仪器、设备应完好。有检定合格标志.仪表精度应符合量值传递要求。 （3）试验接线应一人接线，另一人核对检查，防止误接，损坏仪器设备及损伤人员。 （4）试验操作人员应严格执行检测实施细则和相应的操作规程。 （5）试验时不允许带电接线。 （6）用万用表检查时，应先打好挡位，方可进行。 （7）进入调试现场应戴好安全帽，穿好工作服。 （8）所有调试人员应持证上岗，严禁无证操作。 （9）送电的设备应挂送电标记牌，防止危害人身安全和设备安全
3	手持电动工具	（1）启动后，先空载运转，检查工具联动是否灵活。 （2）手持电动工具应有防护罩，操作时加力要平稳，不得用力过猛。 （3）严禁超负荷使用，随时注意声响、温升，发现异常应立即停机检查，作业时间过长时，应经常停机冷却。 （4）作业中，不得用手触摸刀具，模具等，如发现破损应立即停机修理或更换后再行作业。 （5）机具运转时不得撒手
4	移动式脚手架	（1）门式脚手架立杆离墙面净距不宜大于 150mm，上、下榀门架的组装必须设置连接棒及锁鼻，内外两侧均应设置交叉支撑并与门架立杆上的锁销锁牢。 （2）门式脚手架的安装应自一端向另一端延伸，并逐层改变搭设方向，不得相对进行。交叉支撑、水平架或脚手板应紧随门架的安装及时设置；连接门架与配件的锁臂、搭钩必须处于锁止状态。 （3）在门式脚手架的顶层门架上部、连墙件设置层、防护棚设置处必须设置水平架。当门架搭设高度小于 45m 时，沿脚手架高度，水平架应至少两步一设；当门架搭设高度大于 45m 时，水平架应每一步一设；无论脚手架多高，均应在脚手架转角处、端部及间断处的一个跨距范围内每步一设。 （4）水平架可由挂扣式脚手板或门架两侧设置的水平加固杆代替，在其设置层内应连续设置；当因施工需要，临时局部拆除脚手架内侧交叉时，应在其上方及下方设置水平架

第五节　装饰装修工程安全技术

考点1　高处坠落和物体打击事故预防安全技术

一、高处坠落防护

（1）高处作业施工前，应对安全防护设施进行检查、验收，验收合格后方可进行作

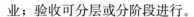

業；验收可分层或分阶段进行。

（2）高处作业人员应按规定正确佩戴和使用高处作业安全防护用品、用具，并应经专人检查。

（3）在雨、霜、雾、雪等天气进行高处作业时，应采取防滑、防冻措施，并应及时清除作业面上的水、冰、雪、霜。当遇有6级以上强风、浓雾、沙尘暴等恶劣气候，不得进行露天攀登与悬空高处作业。暴风雪及台风暴雨后，应对高处作业安全设施进行检查，当发现有松动、变形、损坏或脱落等现象时，应立即修理完善，维修合格后再使用。

（4）需要临时拆除或变动安全防护设施时，应采取能代替原防护设施的可靠措施，作业后应立即恢复。

（5）各类安全防护设施，应建立定期不定期的检查和维修保养制度，发现隐患应及时采取整改措施。

（6）在坠落高度基准面2m及以上进行临边作业时，应在临空一侧设置防护栏杆，并应采用密目式安全立网或工具式栏板封闭。

（7）在洞口作业时，应采取封堵、盖板覆盖、栏杆隔离等防坠落措施，并使其处于良好的防护状态。

二、登高作业防护

序号	项目	内容
1	基本规定	（1）施工组织设计或施工技术方案中应明确施工中使用的登高和攀登设施，人员登高应借助建筑结构或脚手架的上下通道、梯子及其他攀登设施和用具。 （2）不得两人同时在梯子上作业。在通道处使用梯子作业时，应有专人监护或设置围栏。脚手架操作层上不得使用梯子进行作业。 （3）单梯不得垫高使用，使用时应与水平面成75°夹角，踏步不得缺失，其间距宜为300mm。当梯子需接长使用时，应有可靠的连接措施，接头不得超过1处。连接后梯梁的强度，不应低于单梯梯梁的强度
2	悬空作业	（1）悬空作业应设有牢固的立足点，并应配置登高和防坠落的设施。 （2）严禁在未固定、无防护的构件及安装中的管道上作业或通行。 （3）在轻质型材等屋面上作业，应搭设临时走道板，不得在轻质型材上行走；安装压型板前，应采取在梁下支设安全平网或搭设脚手架等安全防护措施
3	移动式操作平台	（1）移动式操作平台的面积不应超过10m²，高度不应超过5m，高宽比不应大于2∶1，施工荷载不应超过1.5kN/m²。 （2）移动式操作平台的轮子与平台架体连接应牢固，立柱底端离地面不得超过80mm，行走轮和导向轮应配有制动器或刹车闸等固定措施。 （3）移动式行走轮的承载力不应小于5kN，行走轮制动器的制动力矩不应小于2.5N·m，移动式操作平台架体应保持垂直，不得弯曲变形，行走轮的制动器除在移动情况外，均应保持制动状态。 （4）移动式操作平台在移动时，操作平台上不得站人

三、物体打击防护

（1）充分利用安全网、安全带、安全帽等防护用品，保证施工人员在有安全保障措施的情况下施工。

（2）"四口""五临边"应采用安全网等预防落物伤人的措施。

（3）物料严禁存放在临边、洞口等易造成物体打击部位。

（4）高处作业所用材料、工具、半成品、成品均应堆放平稳、材料严禁投掷，严禁交叉作业，如确有交叉作业需要，中间须设硬质隔离设施。

考点2　触电伤害事故预防安全技术

一、配电箱和开关箱设置

（1）配电箱内的开关电器应与配电线路一一对应，用途标示清晰。

（2）开关箱与用电设备之间应实行"一机、一闸、一漏、一箱"制。

（3）开关箱与所控制的用电设备的距离应不大于3m。

二、手持电动工具分类及防触电要求

序号	项目	内容
1	手持电动工具分类	手持电动工具可分为：Ⅰ类工具；Ⅱ类工具；Ⅲ类工具
2	手持电动工具的防触电要求	（1）空气湿度小于75%一般场所可选用Ⅰ类或Ⅱ类手持电动工具，相关开关箱中漏电保护器的额定漏电动作电流不应大于15mA，额定漏电动作时间不应大于0.1s。 （2）在潮湿场所或金属构架上操作时，必须选用Ⅱ类或由安全隔离变压器供电的Ⅲ类手持电动工具。 （3）狭窄场所必须选用由安全隔离变压器供电的Ⅲ类手持电动工具，其开关箱和安全隔离变压器均应设置在狭窄场所外面，并连接PE线。操作过程中，应有人在外面监护。 （4）手持电动工具的负荷线应采用耐气候型的橡皮护套铜芯软电缆，并不得有接头。 （5）手持电动工具的外壳、手柄、插头、开关、负荷线等必须完好无损，使用前必须做绝缘检查和空载检查，在绝缘合格、空载运转正常后方可使用。 （6）使用手持电动工具时，必须按规定穿戴绝缘防护用品

三、临时照明装置设置要求

（1）照明开关箱中的所有正常不带电的金属部分都必须做保护接零；所有灯具的金属外壳必须做保护接零。

（2）照明线路的相线必须经过开关才能进入照明器，不得直接进入照明器。

（3）灯具的安装高度既要符合施工现场实际，又要符合安装要求。室外灯具距地不得低于3m；室内灯具距地不得低于2.5m。

（4）下列特殊场所应使用安全电压照明器：

① 隧道、人防工程、高温、有导电灰尘、比较潮湿或灯具离地面高度低于2.5m等场所的照明，电源电压不应大于36V。

② 潮湿和易触及带电体场所的照明电源电压不得大于24V。

③ 特别潮湿场所、导电良好的地面、锅炉或金属容器内的照明，电源电压不得大于12V。

④ 移动式照明器的照明电源电压不得大于 36V。

考点3　机械、机具伤害事故预防安全技术

序号	项目	内容
1	木工机械的安全控制要点	（1）对产生噪声、木粉尘或挥发性有害气体的机械设备，要配置与其机械运转相连接的消声、吸尘或通风装置，以消除或减轻职业危害，维护职工的安全和健康。 （2）木工机械的刀轴与电气应有安全联控装置，在装卸或更换刀具及维修时，能切断电源并保持断开位置，以防误触电源开关或突然供电启动机械而造成人身伤害事故。 （3）针对木材加工作业中的木料反弹危险，应采用安全送料装置或设置分离刀、防反弹安全屏护装置，以保障人身安全。 （4）操作人员必须扎紧袖口、理好衣角、扣好衣扣，不得戴手套操作
2	手持电动工具安全控制要点	（1）使用刃具的机具，应保持刃磨锋利，完好无损，安装正确，牢固可靠。使用砂轮的机具，应检查砂轮、接盘间的软垫并安装稳固，凡受潮、变形、裂纹、破碎、磕边缺口或接触过油、碱类的砂轮均不得使用，并不得将受潮的砂轮片自行烘干使用。 （2）作业中应注意声响及温升，发现异常应立即停机检查。在作业时间过长，机具温升超过 60℃ 时，应停机，自然冷却后再行作业。 （3）作业中，不得用手触摸刃具、模具和砂轮，发现其有磨钝、破损情况时，应立即停机更换，然后再继续进行作业

考点4　使用有毒有害物品的安全技术

（1）油漆作业场所应有良好的通风条件，在施工条件不好的情况下必须安装通风设备方可施工。油漆存放要求专库专存，通风良好，专人管理灭火器材和设置"严禁烟火"的明显标志。

（2）对树脂类防腐蚀工程施工，应组织操作人员进行身体检查，患有气管炎、心脏病、肝炎、高血压以及对某些物质有过敏反应的，均不能安排其参加施工。

（3）采用毒性较大的材料施工时，施工操作人员穿戴好防护用品，并适当减少作业时间，施工前制定有效的安全防护措施，并严格执行安全技术交底施工作业。

（4）如果化学材料起火，要根据起火物性质选择灭火方法，同时注意救火人员的自身安全，防止中毒。

考点5　火灾事故预防安全技术

（1）现场要有明显的防火宣传标志，严禁吸烟。定期对职工进行防火教育，定期组织防火检查，建立防火工作档案。

（2）电气焊工作业，要有操作资格证和动火证。动火前要清除附近易燃物，设置看火人员和配备灭火用具。动火证当日有效，动火地点变换，要重新办理。

（3）施工材料的堆放、保管，应符合防火安全要求，库房应用非燃材料搭设。易燃、易爆物品，应专库储存，分类单独堆放，保持通风，用火符合防火规定。不准在工程内、

库房内调配油漆，稀释易燃、易爆液体。

（4）在施工程内不准作为仓库使用，不准存放易燃、可燃材料，因施工需要进入工程的可燃材料，要根据工程计划限量进入，并采取可靠的防火措施。

（5）氧气瓶、乙炔气瓶工作间距不小于5m，两瓶与明火作业距离不小于10m。

（6）进行电焊、气焊、油漆粉刷或从事防水等危险作业时，要有具体防火要求，在使用易燃油漆时，要注意通风，严禁明火，以防易燃气体燃烧爆炸。还应注意静电起火和工具碰撞打火。

（7）现场应划分用火作业区。

（8）在吊顶内安装管道时，应在吊顶易燃材料安装前完成焊接作业，禁止在吊顶内焊割作业。

第六节　有限空间作业安全技术

考点1　有限空间作业基础知识

序号	项目	内容
1	有限空间的分类	（1）密闭设备。 （2）地下有限空间。 （3）地上有限空间
2	有限空间作业危害的特点	（1）可导致死亡，属高风险作业。 （2）有限空间存在的危害，大多数情况下是完全可以预防的。 （3）发生的地点形式多样化。 （4）危害具有隐蔽性并且难以探测。 （5）可能多种危害共同存在。 （6）某些环境下具有突发性

考点2　有限空间的危险因素识别

一、缺氧窒息

序号	项目	内容
1	单纯性窒息气体	常见的单纯性窒息气体包括：二氧化碳、氮气、甲烷、氩气、水蒸气和六氟化硫等
2	引发缺氧窒息的主要原因	（1）有限空间内长期通风不良，氧含量偏低。 （2）有限空间内存在的物质发生耗氧性化学反应，如燃烧、生物的有氧呼吸等。 （3）作业过程中引入单纯性窒息气体挤占氧气空间，如使用氮气、氩气、水蒸气进行清洗。 （4）某些相连或接近的设备或管道的渗漏或扩散，如天然气泄漏。 （5）较高的氧气消耗速度，如过多人员同时在有限空间内作业

续表

序号	项目		内容
3	导致缺氧的典型物质特性	二氧化碳	(1) 二氧化碳为无色气体，高浓度时略带酸味，比空气重，溶于水、烃类等多数有机溶剂。若遇高热、容器内压增大，有开裂和爆炸的危险。 (2) 二氧化碳本身没有毒性。在有限空间吸入高浓度二氧化碳时，因人体内组织缺氧，会出现昏迷、四肢抽搐、大小便失禁，以及头痛、恶心呕吐等表现，轻者有头痛、头昏、无力等不适症状，重者可窒息死亡
		氮气	(1) 氮气为无色无臭气体，微溶于水、乙醇，不燃烧。 (2) 空气中氮气含量过高，会使吸入氧气浓度下降，引起缺氧窒息
		甲烷	(1) 甲烷为无色、无味的气体，比空气轻，溶于乙醇、乙醚、微溶于水。甲烷易燃，爆炸极限为 $5\%\sim15\%$ 与空气混合能形成爆炸性混合物，遇热源和明火有燃烧爆炸的危险，造成人员伤亡。 (2) 甲烷对人基本无毒，麻痹作用极弱。但浓度过高时会排挤空气中的氧，使空气中氧含量降低，引起单纯性窒息

二、中毒窒息

序号	项目		内容
1	有毒物质种类		常见的有毒物质包括：硫化氢、一氧化碳、苯系物、磷化氢、氯气、氮氧化物、二氧化硫、氨气、氰和腈类化合物、易挥发的有机溶剂、极高浓度刺激性气体等
2	导致中毒的典型物质特性	硫化氢	(1) 属于剧毒物，比空气重，溶于水生成氢硫酸，可溶于乙醇。硫化氢易燃，爆炸极限的浓度范围为 $4.3\%\sim45.5\%$，与空气混合能燃爆，遇明火、高热、氧化剂发生爆炸。 (2) 硫化氢主要经呼吸道进入人体，遇黏膜表面上的水分很快溶解，产生刺激作用和腐蚀作用，引起眼结膜、角膜和呼吸道黏膜的炎症、肺水肿
		一氧化碳	(1) 一氧化碳在空气中燃烧呈蓝色火焰，遇热、明火易燃烧爆炸，爆炸极限的浓度范围为 $12.5\%\sim74.2\%$。 (2) 一氧化碳对全身的组织细胞均有毒性作用，尤其对大脑皮质的影响最为严重
		苯	(1) 苯易燃，爆炸极限的浓度范围为 $1.45\%\sim8.0\%$。其蒸气与空气混合能形成爆炸性混合气体，遇明火、高热极易燃烧爆炸，与氧化剂能发生强烈反应，易产生和聚集静电。 (2) 苯是人类致癌物，慢性苯中毒会引起上呼吸道、皮肤和眼睛的强烈刺激，出现支气管炎、过敏性皮炎、喉头水肿及血小板下降等疾病；长期接触可引起各种类型的白血病

三、燃爆及其他危害因素

序号	项目		内容
1	燃爆	易燃、易爆物质种类	(1) 有限空间内可能存在大量易燃、易爆气体。有限空间内存在的炭粒、粮食粉末、纤维、塑料屑以及研磨得很细的可燃性粉尘也可能引起燃烧和爆炸。 (2) 能够引发易燃、易爆气体或可燃性粉尘爆炸的条件是：明火，化学反应放热，物质分解自燃，热辐射，高温表面，撞击或摩擦发生火花，绝热压缩形成高温点，电气火花，静电放电火花，雷电作用以及直接日光照射或聚焦的日光照射
		对人体的危害	燃烧产生的高温引起皮肤和呼吸道烧伤；燃烧产生的有毒物质可致中毒，引起脏器或生理系统的损伤；爆炸产生的冲击波引起冲击伤，产生的物体破片或砂石可能导致破片伤和砂石伤等

序号	项目	内容
2	其他危害因素	除以上因素外，有限空间作业还可能存在淹溺、高处坠落、触电、机械伤害等危险

考点3 有限空间作业安全管理

序号	项目	内容
1	有限空间作业的安全管理要求	（1）建立、健全有限空间作业安全生产责任制，明确有限空间作业负责人、作业人员、监护人员职责。 （2）组织制定专项作业方案、安全作业操作规程、事故应急救援预案、安全技术措施等有限空间作业管理制度。 （3）保证有限空间作业的安全投入，提供符合要求的通风、检测、防护、照明等安全防护设施和个人防护用品。 （4）督促、检查本单位有限空间作业的安全生产工作，落实有限空间作业的各项安全要求。 （5）提供应急救援保障，做好应急救援工作。 （6）及时、如实报告生产安全事故
2	气体检测与通风	（1）有限空间作业必须"先通风，再检测，后作业"。 （2）无论气体检测合格与否，对有限空间作业都必须进行通风换气。 （3）使用风机强制通风时，若检测结果显示处于易燃易爆环境中，必须使用防爆型风机
3	有限空间作业要求	（1）凡进入有限空间进行施工、检修、清理作业的，施工单位应实施作业审批。未经作业负责人审批，任何人不得进入有限空间作业。 （2）有限空间出入口附近应设置醒目的警示标识，并告知作业者存在的危险有害因素和防控措施，防止未经许可人员进入作业现场。 （3）有限空间作业现场应明确作业负责人、监护人员和作业人员，不得在没有监护人的情况下作业。相关人员应明确自身职责，掌握相应技能。 （4）生产经营单位委托承包单位进行有限空间作业时，应严格承包管理，规范承包行为，不得将工程发包给不具备安全生产条件的单位和个人。生产经营单位将有限空间作业发包时，应当与承包单位签订专门的安全生产管理协议，或者在承包合同中约定各自的安全生产管理职责。存在多个承包单位时，生产经营单位应对承包单位的安全生产工作进行统一协调、管理。承包单位应严格遵守安全协议，遵守各项操作规程，严禁违章指挥、违章作业。 （5）生产经营单位应对有限空间作业分管负责人、安全管理人员、作业现场负责人、监护人员、作业人员和应急救援人员进行专项安全培训。 （6）生产经营单位应制定有限空间作业应急救援预案，明确救援人员及职责，落实救援设备器材，掌握事故处置程序，提高对突发事件的应急处置能力。预案每年至少进行一次演练，并不断进行修改完善

第九章　建筑施工应急管理

扫码免费观看
基础直播课程

第一节　应急救援体系概述

考点1　应急救援体系结构

序号	项目	内容
1	组织机制	（1）管理机构。 （2）功能部门。 （3）指挥中心。 （4）救援队伍
2	运作机制	（1）应急救援活动一般分为应急准备、初级反应、扩大应急和应急恢复四个阶段。 （2）应急运作机制主要由统一指挥、分级响应、属地为主和公众动员这四个基本机制组成
3	法律基础	法制建设是应急体系的基础和保障，也是开展各项应急活动的依据，与应急有关的法规可分为法律、行政法规、部门规章与地方行政法规、标准规范4个层次
4	保障系统	（1）信息与通信系统（列于应急保障系统的第一位）。 （2）物资与装备。 （3）人力资源保障。 （4）应急财务保障

考点2　应急预案管理

一、应急预案编制的程序

序号	项目	内容
1	成立应急预案编制工作组	建筑施工企业应结合本单位部门职能和分工，成立以单位主要负责人（或分管负责人）为组长，单位相关部门人员参加的应急预案编制工作组，明确工作职责和任务分工，制订工作计划，组织开展应急预案编制工作
2	资料收集	应急预案编制工作组应收集与预案编制工作相关的法律法规、技术标准、应急预案、国内外同行业企业事故资料，同时收集本单位安全生产相关技术资料、周边环境影响、应急资源等有关资料

续表

序号	项目	内容
3	风险评估	主要内容包括： （1）针对不同事故种类及特点，识别存在的危险危害因素，确定事故危险源。 （2）分析可能发生的事故类型及后果，并指出可能产生的次生、衍生事故。 （3）评估事故的危害程度和影响范围，提出防范和控制事故措施
4	应急能力评估	在全面调查和客观分析建筑施工企业应急队伍、装备、物资等应急资源状况基础上开展应急能力评估，并依据评估结果，完善应急保障措施
5	编制应急预案	依据建筑施工企业风险评估及应急能力评估结果，组织编制应急预案
6	应急预案评审	应急预案编制完成后，建筑施工企业应组织评审。评审分为内部评审和外部评审。应急预案评审合格后，由企业主要负责人（或分管负责人）签发实施，向从业人员进行公布，并发放至本单位有关部门、岗位和相关应急救援队伍

二、应急预案体系的基本构成

序号	项目	内容
1	综合应急预案	综合应急预案规定应急组织机构及职责、应急预案体系、事故风险描述、预警及信息报告、应急响应、保障措施、应急预案管理等内容
2	专项应急预案	专项应急预案主要包括事故风险分析、应急指挥机构及职责、处置程序和措施等内容
3	现场处置方案	现场处置方案主要包括事故风险分析、应急工作职责、应急处置和注意事项等内容

第二节　综合应急预案

📝 考点　综合应急预案

一、综合应急预案总则

综合应急预案总则中主要包括：编制目的、编制依据、适用范围、应急预案体系、应急工作原则。

二、预警及信息报告

序号	项目	内容
1	预警	根据企业监测监控系统数据变化状况、事故险情紧急程度和发展态势或有关部门提供的预警信息进行预警，明确预警的条件、方式、方法和信息发布的程序

续表

序号	项目		内容
2	信息报告程序	信息接收与通报	明确24h应急值守电话、事故信息接收、通报程序和责任人
		信息上报	明确事故发生后向上级主管部门、上级单位报告事故信息的流程、内容、时限和责任人
		信息传递	明确事故发生后向本单位以外的有关部门或单位通报事故信息的方法、程序和责任人

三、应急响应

序号	项目	内容
1	响应分级	针对事故危害程度、影响范围和企业控制事态的能力，对事故应急响应进行分级，明确分级响应的基本原则
2	响应程序	根据事故级别和发展态势，描述应急指挥机构启动、应急资源调配、应急救援、扩大应急等响应程序
3	处置程序	针对可能发生的事故风险、事故危害程度和影响范围，制定相应的应急处置措施，明确处置原则和具体要求
4	应急结束	明确现场应急响应结束的基本条件和要求

四、保障措施

序号	项目	内容
1	通信与信息保障	明确可为企业提供应急保障的相关单位及人员通信联系方式和方法，并提供备用方案。同时，建立信息通信系统及维护方案，确保应急期间信息畅通
2	应急队伍保障	明确应急响应的人力资源，包括应急专家、专业应急队伍、兼职应急队伍等
3	物资装备保障	明确企业的应急物资和装备的类型、数量、性能、存放位置、运输及使用条件、管理责任人及其联系方式等内容
4	其他保障	根据应急工作需求而确定的其他相关保障措施（如经费保障、交通运输保障、治安保障、医疗保障、后勤保障等）

五、应急预案管理

序号	项目	内容
1	应急预案培训	明确对企业人员开展的应急预案培训计划、方式和要求，使有关人员了解相关应急预案内容，熟悉应急职责、应急程序和现场处置方案。如果应急预案涉及社区和居民，要做好宣传教育和告知等工作
2	应急预案演练	明确企业不同类型应急预案演练的形式、范围、频次、内容以及演练评估、总结等要求

序号	项目	内容
3	应急预案修订	明确应急预案修订的基本要求,并定期进行评审,实现可持续改进
4	应急预案备案	明确应急预案的报备部门,并进行备案
5	应急预案实施	明确应急预案实施的具体时间、负责制定与解释的部门

第三节　专项应急预案

考点　专项应急预案主要内容

序号	项目	内容
1	事故风险分析	针对可能发生的事故风险,分析事故发生的可能性以及严重程度、影响范围等
2	应急指挥机构及职责	(1) 根据事故类型,明确应急指挥机构总指挥、副总指挥以及各成员单位或人员的具体职责。 (2) 应急指挥机构可以设置相应的应急救援工作小组,明确各小组的工作任务及主要负责人职责
3	处置程序	(1) 明确事故及事故险情信息报告程序和内容、报告方式和责任人等内容。 (2) 根据事故响应级别,具体描述事故接警报告和记录、应急指挥机构启动、应急指挥、资源调配、应急救援、扩大应急等应急响应程序
4	处置措施	针对可能发生的事故风险、事故危害程度和影响范围,制定相应的应急处置措施,明确处置原则和具体要求

第四节　现场处置方案

考点　现场处置方案

序号	项目	内容
1	事故风险分析	事故风险分析主要包括: (1) 事故类型。 (2) 事故发生的区域、地点或装置的名称。 (3) 事故发生的可能时间、事故的危害严重程度及其影响范围。 (4) 事故前可能出现的征兆。 (5) 事故可能引发的次生、衍生事故

续表

序号	项目	内容
2	应急处置主要内容	（1）事故应急处置程序。根据可能发生的事故及现场情况，明确事故报警、各项应急措施启动、应急救护人员的引导、事故扩大及同企业应急预案的衔接的程序。 （2）现场应急处置措施。针对可能发生的火灾、爆炸、危险化学品泄漏、坍塌、起重伤害、机械伤害、高处坠落、中毒窒息、物体打击等，从人员救护、工艺操作、事故控制、消防、现场恢复等方面制定明确的应急处置措施。 （3）明确报警负责人、报警电话及上级管理部门、相关应急救援单位联络方式和联系人员，事故报告基本要求和内容

第五节　应急演练

 考点1　应急演练类型与演练内容

序号	项目	内容
1	应急演练类型	（1）按照演练内容分为综合演练和单项演练。 （2）按照演练形式分为现场演练和桌面演练
2	应急演练内容	应急演练内容包括：①预警与报告；②指挥与协调；③应急通信；④事故监测；⑤警戒与管制；⑥疏散与安置；⑦医疗卫生；⑧现场处置；⑨社会沟通；⑩后期处置；⑪其他

考点2　综合演练组织与实施

序号	项目		内容
1	演练计划		包括演练目的、类型（形式）、时间、地点，演练主要内容、参加单位和经费预算等
2	演练准备	成立演练组织机构	综合演练通常成立演练领导小组，下设策划组、执行组、保障组、评估组等专业工作组
		编制演练文件	（1）演练工作方案。 （2）演练脚本。 （3）演练评估方案。 （4）演练保障方案。 （5）演练观摩手册
3	应急演练的实施		（1）熟悉演练任务和角色。 （2）组织预演。 （3）安全检查。 （4）应急演练。 （5）演练记录。 （6）评估准备。 （7）演练结束

考点3 应急演练评估与总结

序号	项目	内容
1	应急演练评估	（1）现场点评。 （2）书面评估
2	应急演练总结	（1）演练结束后，由演练组织单位根据演练记录、演练评估报告、应急预案、现场总结等材料，对演练进行全面总结，并形成演练书面总结报告。报告可对应急演练准备、策划等工作进行简要总结分析。参与单位也可对本单位的演练情况进行总结。 （2）演练总结报告的内容主要包括：演练基本概要、演练发现的问题，取得的经验和教训、应急管理工作建议
3	演练资料归档与备案	（1）应急演练活动结束后，将应急演练工作方案以及应急演练评估、总结报告等文字资料，以及记录演练实施过程的相关图片、视频、音频等资料归档保存。 （2）对主管部门要求备案的应急演练资料，演练组织部门（单位）应将相关资料报主管部门备案

第十章 建筑施工安全案例

第一节 建筑施工安全案例知识点

考点1 建筑施工安全生产法律、法规、规章、标准和政策

一、《建筑法》对建筑安全生产管理规定

序号	项目	内容
1	编制施工组织设计	建筑施工企业在编制施工组织设计时，应当根据建筑工程的特点制定相应的安全技术措施；对专业性较强的工程项目，应当编制专项安全施工组织设计，并采取安全技术措施
2	实行封闭管理	建筑施工企业应当在施工现场采取维护安全、防范危险、预防火灾等措施；有条件的，应当对施工现场实行封闭管理
3	采取安全防护措施	施工现场对毗邻的建筑物、构筑物和特殊作业环境可能造成损害的，建筑施工企业应当采取安全防护措施
4	申请批准手续	有下列情形之一的，建设单位应当按照国家有关规定办理申请批准手续： （1）需要临时占用规划批准范围以外场地的。 （2）可能损坏道路、管线、电力、邮电通讯等公共设施的。 （3）需要临时停水、停电、中断道路交通的。 （4）需要进行爆破作业的。 （5）法律、法规规定需要办理报批手续的其他情形
5	安全生产负责人	建筑施工企业的法定代表人对本企业的安全生产负责
6	施工现场安全	施工现场安全由建筑施工企业负责。实行施工总承包的，由总承包单位负责。分包单位向总承包单位负责，服从总承包单位对施工现场的安全生产管理
7	安全生产教育培训制度	建筑施工企业应当建立健全劳动安全生产教育培训制度，加强对职工安全生产的教育培训；未经安全生产教育培训的人员，不得上岗作业
8	工伤保险	建筑施工企业应当依法为职工参加工伤保险缴纳工伤保险费。鼓励企业为从事危险作业的职工办理意外伤害保险，支付保险费
9	设计变更	涉及建筑主体和承重结构变动的装修工程，建设单位应当在施工前委托原设计单位或者具有相应资质条件的设计单位提出设计方案；没有设计方案的，不得施工
10	房屋拆除	房屋拆除应当由具备保证安全条件的建筑施工单位承担，由建筑施工单位负责人对安全负责

二、《安全生产法》关于生产经营单位的安全生产保障的规定

序号	项目	内容
1	安全生产条件	生产经营单位应当具备《安全生产法》和有关法律、行政法规和国家标准或者行业标准规定的安全生产条件;不具备安全生产条件的,不得从事生产经营活动
2	主要负责人职责	(1) 建立健全并落实本单位全员安全生产责任制,加强安全生产标准化建设。 (2) 组织制定并实施本单位安全生产规章制度和操作规程。 (3) 组织制定并实施本单位安全生产教育和培训计划。 (4) 保证本单位安全生产投入的有效实施。 (5) 组织建立并落实安全风险分级管控和隐患排查治理双重预防工作机制,督促、检查本单位的安全生产工作,及时消除生产安全事故隐患。 (6) 组织制定并实施本单位的生产安全事故应急救援预案。 (7) 及时、如实报告生产安全事故
3	全员安全生产责任制	生产经营单位的全员安全生产责任制应当明确各岗位的责任人员、责任范围和考核标准等内容。生产经营单位应当建立相应的机制,加强对全员安全生产责任制落实情况的监督考核,保证全员安全生产责任制的落实
4	保证安全生产资金投入	生产经营单位应当具备的安全生产条件所必需的资金投入,由生产经营单位的决策机构、主要负责人或者个人经营的投资人予以保证,并对由于安全生产所必需的资金投入不足导致的后果承担责任。 有关生产经营单位应当按照规定提取和使用安全生产费用,专门用于改善安全生产条件。安全生产费用在成本中据实列支
5	安全生产管理机构及人员	矿山、金属冶炼、建筑施工、运输单位和危险物品的生产、经营、储存、装卸单位,应当设置安全生产管理机构或者配备专职安全生产管理人员
6	安全生产管理机构及人员职责	(1) 组织或者参与拟订本单位安全生产规章制度、操作规程和生产安全事故应急救援预案。 (2) 组织或者参与本单位安全生产教育和培训,如实记录安全生产教育和培训情况。 (3) 组织开展危险源辨识和评估,督促落实本单位重大危险源的安全管理措施。 (4) 组织或者参与本单位应急救援演练。 (5) 检查本单位的安全生产状况,及时排查生产安全事故隐患,提出改进安全生产管理的建议。 (6) 制止和纠正违章指挥、强令冒险作业、违反操作规程的行为。 (7) 督促落实本单位安全生产整改措施
7	安全生产教育和培训	生产经营单位应当对从业人员进行安全生产教育和培训,保证从业人员具备必要的安全生产知识,熟悉有关的安全生产规章制度和安全操作规程,掌握本岗位的安全操作技能,了解事故应急处理措施,知悉自身在安全生产方面的权利和义务。未经安全生产教育和培训合格的从业人员,不得上岗作业
8	技术更新的教育培训	生产经营单位采用新工艺、新技术、新材料或者使用新设备,必须了解、掌握其安全技术特性,采取有效的安全防护措施,并对从业人员进行专门的安全生产教育和培训
9	特种作业人员从业资格	生产经营单位的特种作业人员必须按照国家有关规定经专门的安全作业培训,取得相应资格,方可上岗作业
10	建设项目安全设施"三同时"	生产经营单位新建、改建、扩建工程项目的安全设施,必须与主体工程同时设计、同时施工、同时投入生产和使用。安全设施投资应当纳入建设项目概算

续表

序号	项目	内容
11	安全警示标志	生产经营单位应当在有较大危险因素的生产经营场所和有关设施、设备上，设置明显的安全警示标志
12	安全风险分级管控和事故隐患排查治理制度	生产经营单位应当建立安全风险分级管控制度，按照安全风险分级采取相应的管控措施。 生产经营单位应当建立健全并落实生产安全事故隐患排查治理制度，采取技术、管理措施，及时发现并消除事故隐患。事故隐患排查治理情况应当如实记录，并通过职工大会或者职工代表大会、信息公示栏等方式向从业人员通报。其中，重大事故隐患排查治理情况应当及时向负有安全生产监督管理职责的部门和职工大会或者职工代表大会报告
13	场所要求	生产、经营、储存、使用危险物品的车间、商店、仓库不得与员工宿舍在同一座建筑物内，并应当与员工宿舍保持安全距离。 生产经营场所和员工宿舍应当设有符合紧急疏散要求、标志明显、保持畅通的出口、疏散通道。禁止占用、锁闭、封堵生产经营场所或者员工宿舍的出口、疏散通道
14	从业人员安全管理	生产经营单位应当教育和督促从业人员严格执行本单位的安全生产规章制度和安全操作规程；并向从业人员如实告知作业场所和工作岗位存在的危险因素、防范措施以及事故应急措施。 生产经营单位应当关注从业人员的身体、心理状况和行为习惯，加强对从业人员的心理疏导、精神慰藉，严格落实岗位安全生产责任，防范从业人员行为异常导致事故发生
15	提供劳动防护用品	生产经营单位必须为从业人员提供符合国家标准或者行业标准的劳动防护用品，并监督、教育从业人员按照使用规则佩戴、使用
16	安全检查及报告义务	生产经营单位的安全生产管理人员应当根据本单位的生产经营特点，对安全生产状况进行经常性检查；对检查中发现的安全问题，应当立即处理；不能处理的，应当及时报告本单位有关负责人，有关负责人应当及时处理。检查及处理情况应当如实记录在案。 生产经营单位的安全生产管理人员在检查中发现重大事故隐患，依照前款规定向本单位有关负责人报告，有关负责人不及时处理的，安全生产管理人员可以向主管的负有安全生产监督管理职责的部门报告，接到报告的部门应当依法及时处理
17	同一作业区域的安全管理	两个以上生产经营单位在同一作业区域内进行生产经营活动，可能危及对方生产安全的，应当签订安全生产管理协议，明确各自的安全生产管理职责和应当采取的安全措施，并指定专职安全生产管理人员进行安全检查与协调
18	发包、出租安全管理	生产经营单位不得将生产经营项目、场所、设备发包或者出租给不具备安全生产条件或者相应资质的单位或者个人。 生产经营项目、场所发包或者出租给其他单位的，生产经营单位应当与承包单位、承租单位签订专门的安全生产管理协议，或者在承包合同、租赁合同中约定各自的安全生产管理职责；生产经营单位对承包单位、承租单位的安全生产工作统一协调、管理，定期进行安全检查，发现安全问题的，应当及时督促整改
19	工伤保险	产经营单位必须依法参加工伤保险，为从业人员缴纳保险费。 国家鼓励生产经营单位投保安全生产责任保险；属于国家规定的高危行业、领域的生产经营单位，应当投保安全生产责任保险

三、《安全生产法》关于从业人员的安全生产权利义务的规定

序号	项目	内容
1	劳动合同	生产经营单位与从业人员订立的劳动合同,应当载明有关保障从业人员劳动安全、防止职业危害的事项,以及依法为从业人员办理工伤保险的事项。 生产经营单位不得以任何形式与从业人员订立协议,免除或者减轻其对从业人员因生产安全事故伤亡依法应承担的责任
2	知情权和建议权	生产经营单位的从业人员有权了解其作业场所和工作岗位存在的危险因素、防范措施及事故应急措施,有权对本单位的安全生产工作提出建议
3	批评、检举、控告、拒绝权	从业人员有权对本单位安全生产工作中存在的问题提出批评、检举、控告;有权拒绝违章指挥和强令冒险作业。 生产经营单位不得因从业人员对本单位安全生产工作提出批评、检举、控告或者拒绝违章指挥、强令冒险作业而降低其工资、福利等待遇或者解除与其订立的劳动合同
4	紧急撤离权	从业人员发现直接危及人身安全的紧急情况时,有权停止作业或者在采取可能的应急措施后撤离作业场所。 生产经营单位不得因从业人员在前款紧急情况下停止作业或者采取紧急撤离措施而降低其工资、福利等待遇或者解除与其订立的劳动合同
5	人员救治	生产经营单位发生生产安全事故后,应当及时采取措施救治有关人员。 因生产安全事故受到损害的从业人员,除依法享有工伤保险外,依照有关民事法律尚有获得赔偿的权利的,有权提出赔偿要求
6	安全生产义务	从业人员在作业过程中,应当严格落实岗位安全责任,遵守本单位的安全生产规章制度和操作规程,服从管理,正确佩戴和使用劳动防护用品
7	接受安全生产教育和培训	从业人员应当接受安全生产教育和培训,掌握本职工作所需的安全生产知识,提高安全生产技能,增强事故预防和应急处理能力
8	报告义务	从业人员发现事故隐患或者其他不安全因素,应当立即向现场安全生产管理人员或者本单位负责人报告;接到报告的人员应当及时予以处理

四、《安全生产法》关于生产安全事故的应急救援与调查处理的规定

序号	项目	内容
1	应急救援预案	生产经营单位应当制定本单位生产安全事故应急救援预案,与所在地县级以上地方人民政府组织制定的生产安全事故应急救援预案相衔接,并定期组织演练
2	应急救援组织	危险物品的生产、经营、储存单位以及矿山、金属冶炼、城市轨道交通运营、建筑施工单位应当建立应急救援组织;生产经营规模较小的,可以不建立应急救援组织,但应当指定兼职的应急救援人员
3	应急救援器材、设备和物资	危险物品的生产、经营、储存、运输单位以及矿山、金属冶炼、城市轨道交通运营、建筑施工单位应当配备必要的应急救援器材、设备和物资,并进行经常性维护、保养,保证正常运转

续表

序号	项目	内容
4	报告、抢救义务	生产经营单位发生生产安全事故后,事故现场有关人员应当立即报告本单位负责人。 单位负责人接到事故报告后,应当迅速采取有效措施,组织抢救,防止事故扩大,减少人员伤亡和财产损失,并按照国家有关规定立即如实报告当地负有安全生产监督管理职责的部门,不得隐瞒不报、谎报或者迟报,不得故意破坏事故现场、毁灭有关证据。 负有安全生产监督管理职责的部门接到事故报告后,应当立即按照国家有关规定上报事故情况。负有安全生产监督管理职责的部门和有关地方人民政府对事故情况不得隐瞒不报、谎报或者迟报。 有关地方人民政府和负有安全生产监督管理职责的部门的负责人接到生产安全事故报告后,应当按照生产安全事故应急救援预案的要求立即赶到事故现场,组织事故抢救。 参与事故抢救的部门和单位应当服从统一指挥,加强协同联动,采取有效的应急救援措施,并根据事故救援的需要采取警戒、疏散等措施,防止事故扩大和次生灾害的发生,减少人员伤亡和财产损失。 事故抢救过程中应当采取必要措施,避免或者减少对环境造成的危害。 任何单位和个人都应当支持、配合事故抢救,并提供一切便利条件
5	事故调查处理	事故调查处理应当按照科学严谨、依法依规、实事求是、注重实效的原则,及时、准确地查清事故原因,查明事故性质和责任,评估应急处置工作,总结事故教训,提出整改措施,并对事故责任单位和人员提出处理建议。事故调查报告应当依法及时向社会公布。事故调查和处理的具体办法由国务院制定。 事故发生单位应当及时全面落实整改措施,负有安全生产监督管理职责的部门应当加强监督检查。 负责事故调查处理的国务院有关部门和地方人民政府应当在批复事故调查报告后一年内,组织有关部门对事故整改和防范措施落实情况进行评估,并及时向社会公开评估结果;对不履行职责导致事故整改和防范措施没有落实的有关单位和人员,应当按照有关规定追究责任
6	事故责任	生产经营单位发生生产安全事故,经调查确定为责任事故的,除了应当查明事故单位的责任并依法予以追究外,还应当查明对安全生产的有关事项负有审查批准和监督职责的行政部门的责任,对有失职、渎职行为的,依照规定追究法律责任

五、《建设工程安全生产管理条例》关于建设单位的安全责任的规定

序号	内容
1	建设单位应当向施工单位提供施工现场及毗邻区域内供水、排水、供电、供气、供热、通信、广播电视等地下管线资料,气象和水文观测资料,相邻建筑物和构筑物、地下工程的有关资料,并保证资料的真实、准确、完整。 建设单位因建设工程需要,向有关部门或者单位查询前款规定的资料时,有关部门或者单位应当及时提供
2	建设单位不得对勘察、设计、施工、工程监理等单位提出不符合建设工程安全生产法律、法规和强制性标准规定的要求,不得压缩合同约定的工期
3	建设单位在编制工程概算时,应当确定建设工程安全作业环境及安全施工措施所需费用
4	建设单位不得明示或者暗示施工单位购买、租赁、使用不符合安全施工要求的安全防护用具、机械设备、施工机具及配件、消防设施和器材

续表

序号	内容
5	建设单位在申请领取施工许可证时，应当提供建设工程有关安全施工措施的资料。 依法批准开工报告的建设工程，建设单位应当自开工报告批准之日起15日内，将保证安全施工的措施报送建设工程所在地的县级以上地方人民政府建设行政主管部门或者其他有关部门备案
6	建设单位应当将拆除工程发包给具有相应资质等级的施工单位。 建设单位应当在拆除工程施工15日前，将下列资料报送建设工程所在地的县级以上地方人民政府建设行政主管部门或者其他有关部门备案： （1）施工单位资质等级证明。 （2）拟拆除建筑物、构筑物及可能危及毗邻建筑的说明。 （3）拆除施工组织方案。 （4）堆放、清除废弃物的措施。 实施爆破作业的，应当遵守国家有关民用爆炸物品管理的规定

六、《建设工程安全生产管理条例》关于勘察单位的安全责任的规定

序号	内容
1	勘察单位应当按照法律、法规和工程建设强制性标准进行勘察，提供的勘察文件应当真实、准确，满足建设工程安全生产的需要
2	勘察单位在勘察作业时，应当严格执行操作规程，采取措施保证各类管线、设施和周边建筑物、构筑物的安全

七、《建设工程安全生产管理条例》关于设计单位的安全责任的规定

序号	内容
1	设计单位应当按照法律、法规和工程建设强制性标准进行设计，防止因设计不合理导致生产安全事故的发生
2	设计单位应当考虑施工安全操作和防护的需要，对涉及施工安全的重点部位和环节在设计文件中注明，并对防范生产安全事故提出指导意见
3	采用新结构、新材料、新工艺的建设工程和特殊结构的建设工程，设计单位应当在设计中提出保障施工作业人员安全和预防生产安全事故的措施建议
4	设计单位和注册建筑师等注册执业人员应当对其设计负责

八、《建设工程安全生产管理条例》关于工程监理单位的安全责任的规定

序号	内容
1	工程监理单位应当审查施工组织设计中的安全技术措施或者专项施工方案是否符合工程建设强制性标准
2	工程监理单位在实施监理过程中，发现存在安全事故隐患的，应当要求施工单位整改；情况严重的，应当要求施工单位暂时停止施工，并及时报告建设单位。施工单位拒不整改或者不停止施工的，工程监理单位应当及时向有关主管部门报告
3	工程监理单位和监理工程师应当按照法律、法规和工程建设强制性标准实施监理，并对建设工程安全生产承担监理责任

九、《建设工程安全生产管理条例》关于其他有关单位的安全责任的规定

序号	内容
1	为建设工程提供机械设备和配件的单位，应当按照安全施工的要求配备齐全有效的保险、限位等安全设施和装置
2	出租的机械设备和施工机具及配件，应当具有生产（制造）许可证、产品合格证。 出租单位应当对出租的机械设备和施工机具及配件的安全性能进行检测，在签订租赁协议时，应当出具检测合格证明。 禁止出租检测不合格的机械设备和施工机具及配件
3	在施工现场安装、拆卸施工起重机械和整体提升脚手架、模板等自升式架设设施，必须由具有相应资质的单位承担。 安装、拆卸施工起重机械和整体提升脚手架、模板等自升式架设设施，应当编制拆装方案、制定安全施工措施，并由专业技术人员现场监督。 施工起重机械和整体提升脚手架、模板等自升式架设设施安装完毕后，安装单位应当自检，出具自检合格证明，并向施工单位进行安全使用说明，办理验收手续并签字
4	施工起重机械和整体提升脚手架、模板等自升式架设设施的使用达到国家规定的检验检测期限的，必须经具有专业资质的检验检测机构检测。经检测不合格的，不得继续使用
5	检验检测机构对检测合格的施工起重机械和整体提升脚手架、模板等自升式架设设施，应当出具安全合格证明文件，并对检测结果负责

十、《建设工程安全生产管理条例》关于施工单位的安全责任的规定

序号	内容
1	施工单位从事建设工程的新建、扩建、改建和拆除等活动，应当具备国家规定的注册资本、专业技术人员、技术装备和安全生产等条件，依法取得相应等级的资质证书，并在其资质等级许可的范围内承揽工程
2	施工单位主要负责人依法对本单位的安全生产工作全面负责。施工单位应当建立健全安全生产责任制度和安全生产教育培训制度，制定安全生产规章制度和操作规程，保证本单位安全生产条件所需资金的投入，对所承担的建设工程进行定期和专项安全检查，并做好安全检查记录。 施工单位的项目负责人应当由取得相应执业资格的人员担任，对建设工程项目的安全施工负责，落实安全生产责任制度、安全生产规章制度和操作规程，确保安全生产费用的有效使用，并根据工程的特点组织制定安全施工措施，消除安全事故隐患，及时、如实报告生产安全事故
3	施工单位对列入建设工程概算的安全作业环境及安全施工措施所需费用，应当用于施工安全防护用具及设施的采购和更新、安全施工措施的落实、安全生产条件的改善，不得挪作他用
4	施工单位应当设立安全生产管理机构，配备专职安全生产管理人员。 专职安全生产管理人员负责对安全生产进行现场监督检查。发现安全事故隐患，应当及时向项目负责人和安全生产管理机构报告；对违章指挥、违章操作的，应当立即制止
5	建设工程实行施工总承包的，由总承包单位对施工现场的安全生产负总责。 总承包单位应当自行完成建设工程主体结构的施工。 总承包单位依法将建设工程分包给其他单位的，分包合同中应当明确各自的安全生产方面的权利、义务。总承包单位和分包单位对分包工程的安全生产承担连带责任。 分包单位应当服从总承包单位的安全生产管理，分包单位不服从管理导致生产安全事故的，由分包单位承担主要责任

序号	内容
6	垂直运输机械作业人员、安装拆卸工、爆破作业人员、起重信号工、登高架设作业人员等特种作业人员，必须按照国家有关规定经过专门的安全作业培训，并取得特种作业操作资格证书后，方可上岗作业
7	施工单位应当在施工组织设计中编制安全技术措施和施工现场临时用电方案，对下列达到一定规模的危险性较大的分部分项工程编制专项施工方案，并附具安全验算结果，经施工单位技术负责人、总监理工程师签字后实施，由专职安全生产管理人员进行现场监督： （1）基坑支护与降水工程。 （2）土方开挖工程。 （3）模板工程。 （4）起重吊装工程。 （5）脚手架工程。 （6）拆除、爆破工程。 （7）国务院建设行政主管部门或者其他有关部门规定的其他危险性较大的工程。 对前款所列工程中涉及深基坑、地下暗挖工程、高大模板工程的专项施工方案，施工单位还应当组织专家进行论证、审查
8	建设工程施工前，施工单位负责项目管理的技术人员应当对有关安全施工的技术要求向施工作业班组、作业人员作出详细说明，并由双方签字确认
9	施工单位应当在施工现场入口处、施工起重机械、临时用电设施、脚手架、出入通道口、楼梯口、电梯井口、孔洞口、桥梁口、隧道口、基坑边沿、爆破物及有害危险气体和液体存放处等危险部位，设置明显的安全警示标志。安全警示标志必须符合国家标准。 施工单位应当根据不同施工阶段和周围环境及季节、气候的变化，在施工现场采取相应的安全施工措施。施工现场暂时停止施工的，施工单位应当做好现场防护，所需费用由责任方承担，或者按照合同约定执行
10	施工单位应当将施工现场的办公、生活区与作业区分开设置，并保持安全距离；办公、生活区的选址应当符合安全性要求。职工的膳食、饮水、休息场所等应当符合卫生标准。施工单位不得在尚未竣工的建筑物内设置员工集体宿舍。 施工现场临时搭建的建筑物应当符合安全使用要求。施工现场使用的装配式活动房屋应当具有产品合格证
11	施工单位对因建设工程施工可能造成损害的毗邻建筑物、构筑物和地下管线等，应当采取专项防护措施。 施工单位应当遵守有关环境保护法律、法规的规定，在施工现场采取措施，防止或者减少粉尘、废气、废水、固体废物、噪声、振动和施工照明对人和环境的危害和污染。 在城市市区内的建设工程，施工单位应当对施工现场实行封闭围挡
12	施工单位应当在施工现场建立消防安全责任制度，确定消防安全责任人，制定用火、用电、使用易燃易爆材料等各项消防安全管理制度和操作规程，设置消防通道、消防水源，配备消防设施和灭火器材，并在施工现场入口处设置明显标志
13	施工单位应当向作业人员提供安全防护用具和安全防护服装，并书面告知危险岗位的操作规程和违章操作的危害。 作业人员有权对施工现场的作业条件、作业程序和作业方式中存在的安全问题提出批评、检举和控告，有权拒绝违章指挥和强令冒险作业。 在施工中发生危及人身安全的紧急情况时，作业人员有权立即停止作业或者在采取必要的应急措施后撤离危险区域
14	作业人员应当遵守安全施工的强制性标准、规章制度和操作规程，正确使用安全防护用具、机械设备等
15	施工单位采购、租赁的安全防护用具、机械设备、施工机具及配件，应当具有生产（制造）许可证、产品合格证，并在进入施工现场前进行查验。 施工现场的安全防护用具、机械设备、施工机具及配件必须由专人管理，定期进行检查、维修和保养，建立相应的资料档案，并按照国家有关规定及时报废

续表

序号	内容
16	施工单位在使用施工起重机械和整体提升脚手架、模板等自升式架设设施前，应当组织有关单位进行验收，也可以委托具有相应资质的检验检测机构进行验收；使用承租的机械设备和施工机具及配件的，由施工总承包单位、分包单位、出租单位和安装单位共同进行验收。验收合格的方可使用。 《特种设备安全监察条例》规定的施工起重机械，在验收前应当经有相应资质的检验检测机构监督检验合格。 施工单位应当自施工起重机械和整体提升脚手架、模板等自升式架设设施验收合格之日起 30 日内，向建设行政主管部门或者其他有关部门登记。登记标志应当置于或者附着于该设备的显著位置
17	施工单位的主要负责人、项目负责人、专职安全生产管理人员应当经建设行政主管部门或者其他有关部门考核合格后方可任职。 施工单位应当对管理人员和作业人员每年至少进行一次安全生产教育培训，其教育培训情况记入个人工作档案。安全生产教育培训考核不合格的人员，不得上岗
18	作业人员进入新的岗位或者新的施工现场前，应当接受安全生产教育培训。未经教育培训或者教育培训考核不合格的人员，不得上岗作业。 施工单位在采用新技术、新工艺、新设备、新材料时，应当对作业人员进行相应的安全生产教育培训
19	施工单位应当为施工现场从事危险作业的人员办理意外伤害保险。 意外伤害保险费由施工单位支付。实行施工总承包的，由总承包单位支付意外伤害保险费。意外伤害保险期限自建设工程开工之日起至竣工验收合格止

十一、《建设工程安全生产管理条例》关于生产安全事故的应急救援和调查处理的规定

序号	内容
1	施工单位应当制定本单位生产安全事故应急救援预案，建立应急救援组织或者配备应急救援人员，配备必要的应急救援器材、设备，并定期组织演练
2	施工单位应当根据建设工程施工的特点、范围，对施工现场易发生重大事故的部位、环节进行监控，制定施工现场生产安全事故应急救援预案。实行施工总承包的，由总承包单位统一组织编制建设工程生产安全事故应急救援预案，工程总承包单位和分包单位按照应急救援预案，各自建立应急救援组织或者配备应急救援人员，配备救援器材、设备，并定期组织演练
3	施工单位发生生产安全事故，应当按照国家有关伤亡事故报告和调查处理的规定，及时、如实地向负责安全生产监督管理的部门、建设行政主管部门或者其他有关部门报告；特种设备发生事故的，还应当同时向特种设备安全监督管理部门报告。接到报告的部门应当按照国家有关规定，如实上报。 实行施工总承包的建设工程，由总承包单位负责上报事故
4	发生生产安全事故后，施工单位应当采取措施防止事故扩大，保护事故现场。需要移动现场物品时，应当做出标记和书面记录，妥善保管有关证物
5	建设工程生产安全事故的调查、对事故责任单位和责任人的处罚与处理，按照有关法律、法规的规定执行

十二、《建筑起重机械安全监督管理规定》

序号	项目	内容
1	出租单位证明	出租单位出租的建筑起重机械和使用单位购置、租赁、使用的建筑起重机械应当具有特种设备制造许可证、产品合格证、制造监督检验证明

序号	项目	内容
2	出租备案	出租单位在建筑起重机械首次出租前，自购建筑起重机械的使用单位在建筑起重机械首次安装前，应当持建筑起重机械特种设备制造许可证、产品合格证和制造监督检验证明到本单位工商注册所在地县级以上地方人民政府建设主管部门办理备案
3	租赁合同	出租单位应当在签订的建筑起重机械租赁合同中，明确租赁双方的安全责任，并出具建筑起重机械特种设备制造许可证、产品合格证、制造监督检验证明、备案证明和自检合格证明，提交安装使用说明书
4	不得出租、使用的情形	（1）属国家明令淘汰或者禁止使用的。 （2）超过安全技术标准或者制造厂家规定的使用年限的。 （3）经检验达不到安全技术标准规定的。 （4）没有完整安全技术档案的。 （5）没有齐全有效的安全保护装置的
5	安全技术档案	出租单位、自购建筑起重机械的使用单位，应当建立建筑起重机械安全技术档案。 建筑起重机械安全技术档案应当包括以下资料： （1）购销合同、制造许可证、产品合格证、制造监督检验证明、安装使用说明书、备案证明等原始资料。 （2）定期检验报告、定期自行检查记录、定期维护保养记录、维修和技术改造记录、运行故障和生产安全事故记录、累计运转记录等运行资料。 （3）历次安装验收资料
6	安装单位的安全职责	（1）按照安全技术标准及建筑起重机械性能要求，编制建筑起重机械安装、拆卸工程专项施工方案，并由本单位技术负责人签字。 （2）按照安全技术标准及安装使用说明书等检查建筑起重机械及现场施工条件。 （3）组织安全施工技术交底并签字确认。 （4）制定建筑起重机械安装、拆卸工程生产安全事故应急救援预案。 （5）将建筑起重机械安装、拆卸工程专项施工方案，安装、拆卸人员名单，安装、拆卸时间等材料报施工总承包单位和监理单位审核后，告知工程所在地县级以上地方人民政府建设主管部门
7	自检、调试和试运转	建筑起重机械安装完毕后，安装单位应当按照安全技术标准及安装使用说明书的有关要求对建筑起重机械进行自检、调试和试运转。自检合格的，应当出具自检合格证明，并向使用单位进行安全使用说明
8	安装、拆卸工程档案	安装单位应当建立建筑起重机械安装、拆卸工程档案。建筑起重机械安装、拆卸工程档案应当包括以下资料： （1）安装、拆卸合同及安全协议书。 （2）安装、拆卸工程专项施工方案。 （3）安全施工技术交底的有关资料。 （4）安装工程验收资料。 （5）安装、拆卸工程生产安全事故应急救援预案
9	验收	建筑起重机械安装完毕后，使用单位应当组织出租、安装、监理等有关单位进行验收，或者委托具有相应资质的检验检测机构进行验收。建筑起重机械经验收合格后方可投入使用，未经验收或者验收不合格的不得使用。 实行施工总承包的，由施工总承包单位组织验收。 建筑起重机械在验收前应当经有相应资质的检验检测机构监督检验合格。 检验检测机构和检验检测人员对检验检测结果、鉴定结论依法承担法律责任

建筑施工安全生产专业实务

续表

序号	项目	内容
10	使用登记	使用单位应当自建筑起重机械安装验收合格之日起 30 日内，将建筑起重机械安装验收资料、建筑起重机械安全管理制度、特种作业人员名单等，向工程所在地县级以上地方人民政府建设主管部门办理建筑起重机械使用登记。登记标志置于或者附着于该设备的显著位置
11	使用单位的安全职责	（1）根据不同施工阶段、周围环境以及季节、气候的变化，对建筑起重机械采取相应的安全防护措施。 （2）制定建筑起重机械生产安全事故应急救援预案。 （3）在建筑起重机械活动范围内设置明显的安全警示标志，对集中作业区做好安全防护。 （4）设置相应的设备管理机构或者配备专职的设备管理人员。 （5）指定专职设备管理人员、专职安全生产管理人员进行现场监督检查。 （6）建筑起重机械出现故障或者发生异常情况的，立即停止使用，消除故障和事故隐患后，方可重新投入使用
12	检查、维护、保养	使用单位应当对在用的建筑起重机械及其安全保护装置、吊具、索具等进行经常性和定期的检查、维护和保养，并做好记录。 使用单位在建筑起重机械租期结束后，应当将定期检查、维护和保养记录移交出租单位。 建筑起重机械租赁合同对建筑起重机械的检查、维护、保养另有约定的，从其约定
13	附着	建筑起重机械在使用过程中需要附着的，使用单位应当委托原安装单位或者具有相应资质的安装单位按照专项施工方案实施，并按照规定组织验收。验收合格后方可投入使用。 建筑起重机械在使用过程中需要顶升的，使用单位委托原安装单位或者具有相应资质的安装单位按照专项施工方案实施后，即可投入使用。 禁止擅自在建筑起重机械上安装非原制造厂制造的标准节和附着装置
14	施工总承包单位的安全职责	（1）向安装单位提供拟安装设备位置的基础施工资料，确保建筑起重机械进场安装、拆卸所需的施工条件。 （2）审核建筑起重机械的特种设备制造许可证、产品合格证、制造监督检验证明、备案证明等文件。 （3）审核安装单位、使用单位的资质证书、安全生产许可证和特种作业人员的特种作业操作资格证书。 （4）审核安装单位制定的建筑起重机械安装、拆卸工程专项施工方案和生产安全事故应急救援预案。 （5）审核使用单位制定的建筑起重机械生产安全事故应急救援预案。 （6）指定专职安全生产管理人员监督检查建筑起重机械安装、拆卸、使用情况。 （7）施工现场有多台塔式起重机作业时，应当组织制定并实施防止塔式起重机相互碰撞的安全措施
15	监理单位的安全职责	（1）审核建筑起重机械特种设备制造许可证、产品合格证、制造监督检验证明、备案证明等文件。 （2）审核建筑起重机械安装单位、使用单位的资质证书、安全生产许可证和特种作业人员的特种作业操作资格证书。 （3）审核建筑起重机械安装、拆卸工程专项施工方案。 （4）监督安装单位执行建筑起重机械安装、拆卸工程专项施工方案情况。 （5）监督检查建筑起重机械的使用情况。 （6）发现存在生产安全事故隐患的，应当要求安装单位、使用单位限期整改，对安装单位、使用单位拒不整改的，及时向建设单位报告

序号	项目	内容
16	多台塔式起重机作业	依法发包给两个及两个以上施工单位的工程，不同施工单位在同一施工现场使用多台塔式起重机作业时，建设单位应当协调组织制定防止塔式起重机相互碰撞的安全措施
17	停工整改	安装单位、使用单位拒不整改生产安全事故隐患的，建设单位接到监理单位报告后，应当责令安装单位、使用单位立即停工整改
18	紧急撤离权	建筑起重机械特种作业人员应当遵守建筑起重机械安全操作规程和安全管理制度，在作业中有权拒绝违章指挥和强令冒险作业，有权在发生危及人身安全的紧急情况时立即停止作业或者采取必要的应急措施后撤离危险区域
19	持证上岗	建筑起重机械安装拆卸工、起重信号工、起重司机、司索工等特种作业人员应当经建设主管部门考核合格，并取得特种作业操作资格证书后，方可上岗作业

考点2　安全生产规章制度

一、生产经营单位的安全生产责任主体的内容

$$
\text{生产产营单位的安全生}\atop\text{主体责体责任内容}
\begin{cases}
\text{物保障责保任} \\
\text{资金投入责任} \\
\text{机构设置和人员配备责任} \\
\text{安全生产规章制度制定责任} \\
\text{安全教育培训责任} \\
\text{安全生产管理责任} \\
\text{事故报告和应急救援责任} \\
\text{法律法规、规章规定的其他安全生产责任}
\end{cases}
$$

二、安全生产规章制度建设的原则

序号	原则	内容
1	"安全第一、预防为主、综合治理"的原则	安全第一，就是要求必须把安全生产放在各项工作的首位，正确处理好安全生产与工程进度、经济效益的关系。 预防为主，就是要求生产经营单位的安全生产管理工作，要以危险、有害因素的辨识、评价和控制为基础，建立安全生产规章制度；通过制度的实施达到规范人员行为，消除物的不安全状态，实现安全生产的目标。 综合治理，就是要求在管理上综合采取组织措施、技术措施，落实生产经营单位的各级主要负责人、专业技术人员、管理人员、从业人员等各级人员，以及党政工团有关管理部门的责任，各负其责，齐抓共管
2	主要负责人负责的原则	我国安全生产法律法规对生产经营单位安全生产规章制度建设有明确的规定。 建立、健全本单位安全生产责任制，加强安全生产标准化建设，组织制定本单位安全生产规章制度和操作规程，是生产经营单位的主要负责人的职责

续表

序号	原则	内容
3	系统性原则	生产经营单位安全生产规章制度的建设,应按照安全系统工程的原理,涵盖生产经营的全过程、全员、全方位。主要包括规划设计、建设安装、生产调试、生产运行、技术改造的全过程,生产经营活动的每个环节、每个岗位、每个人,事故预防、应急处置、调查处理全过程
4	规范化和标准化原则	生产经营单位安全生产规章制度的建设应实现规范化和标准化管理,以确保安全生产规章制度建设的严密、完整、有序。即按照系统性原则的要求,建立完整的安全生产规章制度体系;建立安全生产规章制度起草、审核、发布、教育培训、执行、反馈、持续改进的组织管理程序;每一个安全生产规章制度编制,都要做到目的明确,流程清晰,标准准确,具有可操作性

三、综合安全管理制度

序号	项目	内容
1	安全生产管理目标、指标和总体原则	应明确:生产经营单位安全生产的具体目标、指标,明确安全生产的管理原则、责任,明确安全生产管理的体制、机制、组织机构、安全生产风险防范和控制的主要措施,日常安全生产监督管理的重点工作等内容
2	安全生产责任制	应明确:生产经营单位各级领导、各职能部门、管理人员及各生产岗位的安全生产责任、权利和义务等内容。 安全生产责任制属于安全生产规章制度范畴
3	安全管理定期例行工作制度	应包括:生产经营单位定期安全分析会议,定期安全学习制度,定期安全活动,定期安全检查等内容
4	承包与发包工程安全管理制度	应明确:生产经营单位承包与发包工程的条件、相关资质审查、各方的安全责任、安全生产管理协议、施工安全的组织措施和技术措施、现场的安全检查与协调等内容
5	安全设施和费用管理制度	应明确:生产经营单位安全设施的日常维护、管理;安全生产费用保障;根据国家、行业新的安全生产管理要求或季节特点,以及生产、经营情况等发生变化后,生产经营单位临时采取的安全措施及费用来源等
6	重大危险源管理制度	应明确:重大危险源登记建档,定期检测、评估、监控,相应的应急预案管理;上报有关地方人民政府负责安全生产监督管理的部门和有关部门备案内容及管理
7	危险物品使用管理制度	应明确:生产经营单位存在的危险物品名称、种类、危险性;使用和管理的程序、手续;安全操作注意事项;存放的条件及日常监督检查;针对各类危险物品的性质,在相应的区域设置人员紧急救护、处置的设施等
8	消防安全管理制度	应明确:生产经营单位消防安全管理的原则、组织机构、日常管理、现场应急处置原则和程序;消防设施、器材的配置、维护保养、定期试验;定期防火检查、防火演练等
9	安全风险管控和隐患排查和治理制度	应明确:各级管理人员、各级组织应管控的安全风险。 应明确:应排查的设备、设施、场所的名称,排查周期、排查人员、排查标准;发现问题的处置程序、跟踪管理等
10	交通安全管理制度	应明确:车辆调度、检查维护保养、检验标准,驾驶员学习、培训、考核的相关内容

续表

序号	项目	内容
11	防灾减灾管理制度	应明确：生产经营单位根据地区的地理环境、气候特点以及生产经营性质，针对在防范台风、洪水、泥石流、地质滑坡、地震等自然灾害相关工作的组织管理、技术措施、日常工作等内容和标准
12	事故调查报告处理制度	应明确：生产经营单位内部事故标准、报告程序、现场应急处置、现场保护、资料收集、相关当事人调查、技术分析、调查报告编制等。还应明确向上级主管部门报告事故的流程、内容等
13	应急管理制度	应明确：生产经营单位的应急管理部门，预案的制定、发布、演练、修订和培训等；总体预案、专项预案、现场处置方案等
14	安全奖惩制度综合	应明确：生产经营单位安全奖惩的原则；奖励或处分的种类、额度等

四、人员安全管理制度

序号	项目	内容
1	安全教育培训制度	应明确：生产经营单位各级管理人员安全管理知识培训、新员工三级教育培训、转岗培训；新材料、新工艺、新设备的使用培训；特种作业人员培训；岗位安全操作规程培训；应急培训等。还应明确各项培训的对象、内容、时间及考核标准等
2	劳动防护用品发放使用和管理制度	应明确：生产经营单位劳动防护用品的种类、适用范围、领取程序、使用前检查标准和用品寿命周期等内容
3	安全工器具的使用管理制度	应明确：生产经营单位安全工器具的种类、使用前检查标准、定期检验和器具寿命周期等内容
4	特种作业及特殊危险作业管理制度	应明确：生产经营单位特种作业的岗位、人员，作业的一般安全措施要求等。特殊危险作业是指危险性较大的作业，应明确作业的组织程序，保障安全的组织措施、技术措施的制定及执行等内容
5	岗位安全规范	应明确：生产经营单位除特种作业岗位外，其他作业岗位保障人身安全、健康，预防火灾、爆炸等事故的一般安全要求
6	职业健康检查制度	应明确：生产经营单位职业禁忌的岗位名称、职业禁忌证、定期健康检查的内容和标准、女工保护，以及按照《职业病防治法》要求的相关内容等
7	现场作业安全管理制度	应明确：现场作业的组织管理制度，如工作联系单、工作票、操作票制度，以及作业现场的风险分析与控制制度、反违章管理制度等内容

五、设备设施安全管理制度

序号	项目	内容
1	"三同时"制度	应明确：生产经营单位新建、改建、扩建工程"三同时"的组织审查、验收、上报、备案的执行程序等
2	定期巡视检查制度	应明确：生产经营单位日常检查的责任人员，检查的周期、标准、线路，发现问题的处置等内容
3	定期维护检修制度	应明确：生产经营单位所有设备、设施的维护周期、维护范围、维护标准等内容

续表

序号	项目	内容
4	定期检测、检验制度	应明确：生产经营单位须进行定期检测的设备种类、名称、数量；有权进行检测的部门或人员；检测的标准及检测结果管理；安全使用证、检验合格证或者安全标志的管理等
5	安全操作规程	应明确：为保证国家、企业、员工的生命财产安全，根据物料性质、工艺流程、设备使用要求而制定的符合安全生产法律法规的操作程序。对涉及人身安全健康、生产工艺流程及周围环境有较大影响的设备、装置，如电气、起重设备、锅炉压力容器、内部机动车辆、建筑施工维护、机加工等，生产经营单位应制定安全操作规程

六、环境安全管理制度

序号	项目	内容
1	安全标志管理制度	应明确：生产经营单位现场安全标志的种类、名称、数量、地点和位置；安全标志的定期检查、维护等
2	作业环境管理制度	应明确：生产经营单位生产经营场所的通道、照明、通风等管理标准；人员紧急疏散方向、标志的管理等
3	职业卫生管理制度	应明确：生产经营单位尘、毒、噪声、高低温、辐射等涉及职业健康有害因素的种类、场所；定期检查、检测及控制等管理内容

七、安全生产规章制度的管理

序号	项目	内容
1	起草	根据生产经营单位安全生产责任制，由负责安全生产管理部门或相关职能部门负责起草
2	会签或公开征求意见	起草的规章制度，应通过正式渠道征得相关职能部门或员工的意见和建议，以利于规章制度颁布后的贯彻落实。当意见不能取得一致时，应由分管领导组织讨论，统一认识，达成一致
3	审核	制度签发前，应进行审核。分三类： 一是由生产经营单位负责法律事务的部门进行合规性审查； 二是专业技术性较强的规章制度应邀请相关专家进行审核； 三是安全奖惩等涉及全员性的制度，应经过职工代表大会或职工代表进行审核
4	签发	技术规程、安全操作规程等技术性较强的安全生产规章制度，一般由生产经营单位主管生产的领导或总工程师签发，涉及全局性的综合管理制度应由生产经营单位的主要负责人签发
5	发布	生产经营单位的规章制度，应采用固定的方式进行发布，如红头文件形式、内部办公网络等。发布的范围应涵盖应执行的部门、人员。有些特殊的制度还应正式送达相关人员，并由接收人员签字
6	培训	新颁布的安全生产规章制度、修订的安全生产规章制度，应组织进行培训，安全操作规程类规章制度还应组织相关人员进行考试

序号	项目	内容
7	反馈	应定期检查安全生产规章制度执行中存在的问题，或建立信息反馈渠道，及时掌握安全生产规章制度的执行效果
8	持续改进	生产经营单位应每年制定规章制度制定、修订计划，并应公布现行有效的安全生产规章制度清单。对安全操作规程类规章制度，除每年进行审查和修订外，每3～5年应进行一次全面修订，并重新发布，确保规章制度的建设和管理有序进行

八、安全生产规章制度的合规性管理

序号	项目	内容
1	明确职责	生产经营单位要明确具体部门负责国家相关法律法规和其他要求的识别、获取、更新和保管，收集合规性证据；生产经营单位主要负责人负责组织对安全生产规章制度合规性进行评价和修订；各职能部门负责传达给员工并遵照执行
2	法律法规和其他要求的获取	生产经营单位定期从国家执法部门和相关网站咨询或认证机构获取相关法律法规、标准和其他要求的最新版本，及时跟踪法律法规和其他要求的最新变化
3	法律法规和其他要求的选择确认	生产经营单位选择、确认所获取的各类法律法规、标准和其他要求的适用性，经过生产经营单位主要负责人审批后，及时发布
4	安全生产规章制度的修订	根据获取的各类法律法规、标准和其他要求，生产经营单位主要负责人要组织及时修订安全生产规章制度，确保与法律法规和其他要求相符合
5	安全生产规章制度的培训	生产经营单位要及时组织员工对新获取的法律法规和其他要求以及根据新获取的法律法规和其他要求而修订的安全生产规章制度的培训，使员工落实在日常的生产经营活动中
6	合规性的评价	生产经营单位定期组织对适用的法律法规和其他要求遵循的情况进行合规性评价，包括生产经营单位遵循法律法规和其他要求的情况，生产经营单位制定的安全生产规章制度合规性情况，员工执行法律法规、其他要求的情况和安全生产规章制度情况，过程控制和目标、指标完成情况以及违规事件、事故的处置情况

考点3　安全生产责任制

一、生产经营单位主要负责人、安全生产管理机构以及安全生产管理人员的职责

序号	项目	内容
1	主要负责人	(1) 建立健全并落实本单位全员安全生产责任制，加强安全生产标准化建设。 (2) 组织制定并实施本单位安全生产规章制度和操作规程。 (3) 组织制定并实施本单位安全生产教育和培训计划。 (4) 保证本单位安全生产投入的有效实施。 (5) 组织建立并落实安全风险分级管控和隐患排查治理双重预防工作机制，督促、检查本单位的安全生产工作，及时消除生产安全事故隐患。 (6) 组织制定并实施本单位的生产安全事故应急救援预案。 (7) 及时、如实报告生产安全事故

序号	项目	内容
2	安全生产管理机构以及安全生产管理人员	（1）组织或者参与拟订本单位安全生产规章制度、操作规程和生产安全事故应急救援预案。 （2）组织或者参与本单位安全生产教育和培训，如实记录安全生产教育和培训情况。 （3）组织开展危险源辨识和评估，督促落实本单位重大危险源的安全管理措施。 （4）组织或者参与本单位应急救援演练。 （5）检查本单位的安全生产状况，及时排查生产安全事故隐患，提出改进安全生产管理的建议。 （6）制止和纠正违章指挥、强令冒险作业、违反操作规程的行为。 （7）督促落实本单位安全生产整改措施。 　　生产经营单位可以设置专职安全生产分管负责人，协助本单位主要负责人履行安全生产管理职责

二、其他负责人及工作人员的职责

序号	项目	职责
1	生产经营单位各职能部门负责人及其工作人员	各职能部门负责人的职责是按照本部门的安全生产职责，组织有关人员做好本部门安全生产责任制的落实，并对本部门职责范围内的安全生产工作负责；各职能部门的工作人员则是在本人职责范围内做好有关安全生产工作，并对自己职责范围内的安全生产工作负责
2	班组长	班组是做好生产经营单位安全生产工作的关键，班组长全面负责本班组的安全生产工作，是安全生产法律法规和规章制度的直接执行者。班组长的主要职责是贯彻执行本单位对安全生产的规定和要求，督促本班组遵守有关安全生产规章制度和安全操作规程，切实做到不违章指挥，不违章作业，遵守劳动纪律
3	岗位工人	岗位工人对本岗位的安全生产负直接责任。岗位工人的主要职责是接受安全生产教育和培训，遵守有关安全生产规章和安全操作规程，遵守劳动纪律，不违章作业

三、生产经营单位的安全生产主体责任

序号	项目	内容
1	含义	生产经营单位的安全生产主体责任是指国家有关安全生产的法律法规要求生产经营单位在安全生产保障方面应当执行的有关规定，应当履行的工作职责，应当具备的安全生产条件，应当执行的行业标准，应当承担的法律责任
2	主要内容	（1）设备设施（或物质）保障责任。包括具备安全生产条件；依法履行建设项目安全设施"三同时"的规定；依法为从业人员提供劳动防护用品，并监督、教育其正确佩戴和使用。 （2）资金投入责任。包括按规定提取和使用安全生产费用，确保资金投入满足安全生产条件需要；按规定建立健全安全生产责任保险制度，依法为从业人员缴纳工伤保险费；保证安全生产教育培训的资金。 （3）机构设置和人员配备责任。包括依法设置安全生产管理机构，配备安全生产管理人员；按规定委托和聘用注册安全工程师或者注册安全助理工程师为其提供安全管理服务。

序号	项目	内容
2	主要内容	（4）规章制度制定责任。包括建立、健全安全生产责任制和各项规章制度、操作规程、应急救援预案并督促落实。 （5）安全教育培训责任。包括开展安全生产宣传教育；依法组织从业人员参加安全生产教育培训，取得相关上岗资格证书。 （6）安全生产管理责任。包括主动获取国家有关安全生产法律法规并贯彻落实；依法取得安全生产许可；定期组织开展安全检查；依法对安全生产设施、设备或项目进行安全评价；依法对重大危险源实施监控，确保其处于可控状态；及时消除事故隐患；统一协调管理承包、承租单位的安全生产工作。 （7）事故报告和应急救援责任。包括按规定报告生产安全事故，及时开展事故抢险救援，妥善处理事故善后工作。 （8）法律法规、规章规定的其他安全生产责任

📝 考点4　安全生产检查

一、安全生产检查的类型

序号	类型	内容
1	定期安全生产检查	定期安全生产检查一般是通过有计划、有组织、有目的的形式来实现，一般由生产经营单位统一组织实施，如月度检查、季度检查、年度检查等。 特点：组织规模大、检查范围广、有深度、能及时发现并解决问题
2	经常性安全生产检查	经常性安全生产检查是由生产经营单位的安全生产管理部门、车间、班组或岗位组织进行的日常检查。 形式：交接班检查、班中检查、特殊检查等几种形式
3	季节性及节假日前后安全生产检查	季节性安全生产检查由生产经营单位统一组织，检查内容和范围则根据季节变化，按事故发生的规律对易发的潜在危险，突出重点进行检查，如冬季防冻保温、防火、防煤气中毒、夏季防暑降温、防汛、防雷电等检查
4	专业（项）安全生产检查	专业（项）安全生产检查是对某个专业（项）问题或在施工（生产）中存在的普遍性安全问题进行的单项定性或定量检查。 用于检查难度较大的项目
5	综合性安全生产检查	综合性安全生产检查一般是由上级主管部门组织对生产单位进行的安全检查。 特点：检查内容全面、检查范围广，可以对被检查单位的安全状况进行全面了解
6	职工代表不定期对安全生产的巡查	重点检查国家安全生产方针、法规的贯彻执行情况，各级人员安全生产责任制和规章制度的落实情况，从业人员安全生产权利的保障情况，生产现场的安全状况等

二、安全生产检查的内容

序号	项目	内容
1	软件系统	主要是查思想、查意识、查制度、查管理、查事故处理、查隐患、查整改
2	硬件系统	查生产设备、查辅助设施、查安全设施、查作业环境

三、安全生产检查的方法

序号	项目	内容
1	常规检查	常规检查是常见的一种检查方法，通常是由安全管理人员作为检查工作的主体，到作业场所现场，通过感观或辅助一定的简单工具、仪表等，对作业人员的行为、作业场所的环境条件、生产设备设施等进行的定性检查。 常规检查主要依靠安全检查人员的经验和能力，检查的结果直接受到检查人员个人素质的影响
2	安全检查表法	为使安全检查工作更加规范，将个人的行为对检查结果的影响减少到最小，常采用安全检查表法。 安全检查表一般包括检查项目、检查内容、检查标准、检查结果及评价、检查发现问题等内容
3	仪器检查及数据分析法	对没有在线数据检测系统的机器、设备、系统，只能通过仪器检查法来进行定量化的检验与测量

四、安全生产检查的工作程序

序号	工作程序	内容
1	安全检查准备	（1）确定检查对象、目的、任务。 （2）查阅、掌握有关法规、标准、规程的要求。 （3）了解检查对象的工艺流程、生产情况、可能出现危险和危害的情况。 （4）制订检查计划，安排检查内容、方法、步骤。 （5）编写安全检查表或检查提纲。 （6）准备必要的检测工具、仪器、书写表格或记录本。 （7）挑选和训练检查人员并进行必要的分工等
2	实施安全检查	实施安全检查就是通过访谈、查阅文件和记录、现场观察、仪器测量的方式获取信息
3	综合分析	生产经营单位自行组织的各类安全检查，应有安全管理部门会同有关部门对检查结果进行综合分析；上级主管部门或地方政府负有安全生产监督管理职责的部门组织的安全检查，由检查组统一研究得出检查意见或结论
4	结果反馈	现场检查和综合分析完成后，应将检查的结论和意见反馈至被检查对象。结果反馈形式可以是现场反馈，也可以是书面反馈
5	提出整改要求	检查结束后，针对检查发现的问题，应根据问题性质的不同，提出相应的整改措施和要求
6	整改落实	对安全检查发现的问题和隐患，生产经营单位应制定整改计划，建立安全生产问题隐患台账，定期跟踪隐患的整改落实情况，确保隐患按要求整改完成，形成隐患整改的闭环管理。安全生产问题隐患台账应包括隐患分类、隐患描述、问题依据、整改要求、整改责任单位、整改期限等内容
7	信息反馈及持续改进	生产经营单位自行组织的安全检查，在整改措施计划完成后，安全管理部门应组织有关人员进行验收。对于上级主管部门或地方政府负有安全生产监督管理职责的部门组织的安全检查，在整改措施完成后，应及时上报整改完成情况，申请复查或验收。 对安全检查中经常发现的问题或反复发现的问题，生产经营单位应从规章制度的健全和完善、从业人员的安全教育培训、设备系统的更新改造、加强现场检查和监督等环节入手，做到持续改进，不断提高安全生产管理水平，防范生产安全事故的发生

五、《建筑施工安全检查标准》规定的安全管理检查评定项目

序号	项目	内容
1	安全生产责任制	(1) 工程项目部应建立以项目经理为第一责任人的各级管理人员安全生产责任制。 (2) 安全生产责任制应经责任人签字确认。 (3) 工程项目部应有各工种安全技术操作规程。 (4) 工程项目部应按规定配备专职安全员。 (5) 对实行经济承包的工程项目，承包合同中应有安全生产考核指标。 (6) 工程项目部应制定安全生产资金保障制度。 (7) 按安全生产资金保障制度，应编制安全资金使用计划，并应按计划实施。 (8) 工程项目部应制定以伤亡事故控制、现场安全达标、文明施工为主要内容的安全生产管理目标。 (9) 按安全生产管理目标和项目管理人员的安全生产责任制，应进行安全生产责任目标分解。 (10) 应建立对安全生产责任制和责任目标的考核制度。 (11) 按考核制度，应对项目管理人员定期进行考核
2	施工组织设计及专项施工方案	(1) 工程项目部在施工前应编制施工组织设计，施工组织设计应针对工程特点、施工工艺制定安全技术措施。 (2) 危险性较大的分部分项工程应按规定编制安全专项施工方案，专项施工方案应有针对性，并按有关规定进行设计计算。 (3) 超过一定规模危险性较大的分部分项工程，施工单位应组织专家对专项施工方案进行论证。 (4) 施工组织设计、专项施工方案，应由有关部门审核，施工单位技术负责人、监理单位项目总监批准。 (5) 工程项目部应按施工组织设计、专项施工方案组织实施
3	安全技术交底	(1) 施工负责人在分派生产任务时，应对相关管理人员、施工作业人员进行书面安全技术交底。 (2) 安全技术交底应按施工工序、施工部位、施工栋号分部分项进行。 (3) 安全技术交底应结合施工作业场所状况、特点、工序，对危险因素、施工方案、规范标准、操作规程和应急措施进行交底。 (4) 安全技术交底应由交底人、被交底人、专职安全员进行签字确认
4	安全检查	(1) 工程项目部应建立安全检查制度。 (2) 安全检查应由项目负责人组织，专职安全员及相关专业人员参加，定期进行并填写检查记录。 (3) 对检查中发现的事故隐患应下达隐患整改通知单，定人、定时间、定措施进行整改。重大事故隐患整改后，应由相关部门组织复查
5	安全教育	(1) 工程项目部应建立安全教育培训制度。 (2) 当施工人员入场时，工程项目部应组织进行以国家安全法律法规、企业安全制度、施工现场安全管理规定及各工种安全技术操作规程为主要内容的三级安全教育培训和考核。 (3) 当施工人员变换工种或采用新技术、新工艺、新设备、新材料施工时，应进行安全教育培训。 (4) 施工管理人员、专职安全员每年度应进行安全教育培训和考核
6	应急救援	(1) 工程项目部应针对工程特点，进行重大危险源的辨识；应制定防触电、防坍塌、防高处坠落、防起重及机械伤害、防火灾、防物体打击等主要内容的专项应急救援预案，并对施工现场易发生重大安全事故的部位、环节进行监控。 (2) 施工现场应建立应急救援组织，培训、配备应急救援人员，定期组织员工进行应急救援演练。 (3) 按应急救援预案要求，应配备应急救援器材和设备

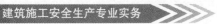
续表

序号	项目	内容
7	分包单位安全管理	（1）总包单位应对承揽分包工程的分包单位进行资质、安全生产许可证和相关人员安全生产资格的审查。 （2）当总包单位与分包单位签订分包合同时，应签订安全生产协议书，明确双方的安全责任。 （3）分包单位应按规定建立安全机构，配备专职安全员
8	持证上岗	（1）从事建筑施工的项目经理、专职安全员和特种作业人员，必须经行业主管部门培训考核合格，取得相应资格证书，方可上岗作业。 （2）项目经理、专职安全员和特种作业人员应持证上岗
9	生产安全事故处理	（1）当施工现场发生生产安全事故时，施工单位应按规定及时报告。 （2）施工单位应按规定对生产安全事故进行调查分析，制定防范措施。 （3）应依法为施工作业人员办理保险
10	安全标志	（1）施工现场入口处及主要施工区域、危险部位应设置相应的安全警示标志牌。 （2）施工现场应绘制安全标志布置图。 （3）应根据工程部位和现场设施的变化，调整安全标志牌设置。 （4）施工现场应设置重大危险源公示牌

六、《建筑施工安全检查标准》规定的检查评分方法

序号	项目	内容
1	检查评分表	应分为安全管理、文明施工、脚手架、基坑工程、模板支架、高处作业、施工用电、物料提升机与施工升降机、塔式起重机与起重吊装、施工机具分项检查评分表和检查评分汇总表
2	各评分表的评分规定	（1）分项检查评分表和检查评分汇总表的满分分值均应为100分，评分表的实得分值应为各检查项目所得分值之和。 （2）评分应采用扣减分值的方法，扣减分值总和不得超过该检查项目的应得分值。 （3）当按分项检查评分表评分时，保证项目中有一项未得分或保证项目小计得分不足40分，此分项检查评分表不应得分。 （4）检查评分汇总表中各分项项目实得分值应按下式计算： $$A_1 = \frac{B \times C}{100}$$ 式中　A_1——汇总表各分项项目实得分值； 　　　B——汇总表中该项应得满分值； 　　　C——该项检查评分表实得分值。 （5）当评分遇有缺项时，分项检查评分表或检查评分汇总表的总得分值应按下式计算： $$A_2 = \frac{D}{E} \times 100$$ 式中　A_2——遇有缺项时总得分值； 　　　D——实查项目在该表的实得分值之和； 　　　E——实查项目在该表的应得满分值之和。 （6）脚手架、物料提升机与施工升降机、塔式起重机与起重吊装项目的实得分值，应为所对应专业的分项检查评分表实得分值的算术平均值

七、《建筑施工安全检查标准》规定的检查评定等级

序号	等级划分	内容
1	优良	分项检查评分表无零分，汇总表得分值应在 80 分及以上
2	合格	分项检查评分表无零分，汇总表得分值应在 80 分以下，70 分及以上
3	不合格	（1）当汇总表得分值不足 70 分时。 （2）当有一分项检查评分表为零时

📝 考点5 安全生产事故隐患排查

一、房屋市政工程生产安全重大事故隐患判定标准

序号	项目	有下列情形之一的，应判定为重大事故隐患
1	施工安全管理	（1）建筑施工企业未取得安全生产许可证擅自从事建筑施工活动。 （2）施工单位的主要负责人、项目负责人、专职安全生产管理人员未取得安全生产考核合格证书从事相关工作。 （3）建筑施工特种作业人员未取得特种作业人员操作资格证书上岗作业。 （4）危险性较大的分部分项工程未编制、未审核专项施工方案，或未按规定组织专家对"超过一定规模的危险性较大的分部分项工程范围"的专项施工方案进行论证
2	基坑工程	（1）对因基坑工程施工可能造成损害的毗邻重要建筑物、构筑物和地下管线等，未采取专项防护措施。 （2）基坑土方超挖且未采取有效措施。 （3）深基坑施工未进行第三方监测。 （4）有下列基坑坍塌风险预兆之一，且未及时处理： 1）支护结构或周边建筑物变形值超过设计变形控制值。 2）基坑侧壁出现大量漏水、流土。 3）基坑底部出现管涌。 4）桩间土流失孔洞深度超过桩径
3	模板工程	（1）模板工程的地基基础承载力和变形不满足设计要求。 （2）模板支架承受的施工荷载超过设计值。 （3）模板支架拆除及滑模、爬模爬升时，混凝土强度未达到设计或规范要求
4	脚手架工程	（1）脚手架工程的地基基础承载力和变形不满足设计要求。 （2）未设置连墙件或连墙件整层缺失。 （3）附着式升降脚手架未经验收合格即投入使用。 （4）附着式升降脚手架的防倾覆、防坠落或同步升降控制装置不符合设计要求、失效、被人为拆除破坏。 （5）附着式升降脚手架使用过程中架体悬臂高度大于架体高度的 2/5 或大于 6m
5	起重机械及吊装工程	（1）塔式起重机、施工升降机、物料提升机等起重机械设备未经验收合格即投入使用，或未按规定办理使用登记。 （2）塔式起重机独立起升高度、附着间距和最高附着以上的最大悬高及垂直度不符合规范要求。 （3）施工升降机附着间距和最高附着以上的最大悬高及垂直度不符合规范要求。

续表

序号	项目	有下列情形之一的,应判定为重大事故隐患
5	起重机械及吊装工程	(4)起重机械安装、拆卸、顶升加节以及附着前未对结构件、顶升机构和附着装置以及高强度螺栓、销轴、定位板等连接件及安全装置进行检查。 (5)建筑起重机械的安全装置不齐全、失效或者被违规拆除、破坏。 (6)施工升降机防坠安全器超过定期检验有效期,标准节连接螺栓缺失或失效。 (7)建筑起重机械的地基基础承载力和变形不满足设计要求
6	高处作业	(1)钢结构、网架安装用支撑结构地基基础承载力和变形不满足设计要求,钢结构、网架安装用支撑结构未按设计要求设置防倾覆装置。 (2)单榀钢桁架(屋架)安装时未采取防失稳措施。 (3)悬挑式操作平台的搁置点、拉结点、支撑点未设置在稳定的主体结构上,且未做可靠连接
7	施工临时用电	特殊作业环境(隧道、人防工程,高温、有导电灰尘、比较潮湿等作业环境)照明未按规定使用安全电压的
8	有限空间作业	(1)有限空间作业未履行"作业审批制度",未对施工人员进行专项安全教育培训,未执行"先通风、再检测、后作业"原则。 (2)有限空间作业时现场未有专人负责监护工作
9	拆除工程	拆除施工作业顺序不符合规范和施工方案要求的
10	暗挖工程	(1)作业面带水施工未采取相关措施,或地下水控制措施失效且继续施工。 (2)施工时出现涌水、涌沙、局部坍塌,支护结构扭曲变形或出现裂缝,且有不断增大趋势,未及时采取措施
11	使用危害程度较大、可能导致群死群伤或造成重大经济损失的施工工艺、设备和材料	
12	其他严重违反房屋市政工程安全生产法律法规、部门规章及强制性标准,且存在危害程度较大、可能导致群死群伤或造成重大经济损失的现实危险	

二、水利工程建设项目生产安全重大事故隐患直接判定清单(指南)

类别	管理环节	隐患编号	隐患内容
基础管理	现场管理	SJ-J001	施工企业无安全生产许可证或安全生产许可证未按规定延期承揽工程
		SJ-J002	未按规定设置安全生产管理机构、配备专职安全生产管理人员
		SJ-J003	未按规定编制或未按程序审批达到一定规模的危险性较大的单项工程或新工艺、新工法的专项施工方案
		SJ-J004	未按专项施工方案施工
临时工程	营地及施工设施建设	SJ-L001	施工驻地设置在滑坡、泥石流、潮水、洪水、雪崩等危险区域
		SJ-L002	易燃易爆物品仓库或其他危险品仓库的布置以及与相邻建筑物的距离不符合规定,或消防设施配置不满足规定
		SJ-L003	办公区、生活区和生产作业区未分开设置或安全距离不足
	围堰工程	SJ-L004	没有专门设计,或没有按照设计或方案施工,或未验收合格投入运行
		SJ-L005	土石围堰堰顶及护坡无排水和防汛措施或钢围堰无防撞措施;未按规定驻泊施工船舶;堰内抽排水速度超过方案规定
		SJ-L006	未开展监测监控,工况发生变化时未及时采取措施

类别	管理环节	隐患编号	隐患内容
专项工程	施工用电	SJ-Z001	没有专项方案，或施工用电系统未经验收合格投入使用
		SJ-Z002	未按规定实行三相五线制或三级配电或两级保护
		SJ-Z003	电气设施、线路和外电未按规范要求采取防护措施
		SJ-Z004	地下暗挖工程、有限作业空间、潮湿等场所作业未使用安全电压
		SJ-Z005	高瓦斯或瓦斯突出的隧洞工程场所作业未使用防爆电器
		SJ-Z006	未按规定设置接地系统或避雷系统
	深基坑（槽）	SJ-Z007	深基坑未按要求（规定）监测
		SJ-Z008	边坡开挖或支护不符合设计及规范要求
		SJ-Z009	开挖未遵循"分层、分段、对称、平衡、限时、随挖随支"原则
		SJ-Z010	作业范围内地下管线未探明、无保护等开挖作业
		SJ-Z011	建筑物结构强度未达到设计及规范要求时回填土方或不对称回填土方施工
	降水	SJ-Z012	降水期间对影响范围建筑物未进行安全监测
		SJ-Z013	降水井（管）未设反滤层或反滤层损坏
	高边坡	SJ-Z014	未按规定进行边坡稳定检测
		SJ-Z015	坡顶坡面未进行清理，或无截排水设施，或无防护措施
		SJ-Z016	交叉作业无防护措施
	起重吊装与运输	SJ-Z017	起重机械上安装非原制造厂制造的标准节和附着装置且无方案及检测
		SJ-Z018	未按规范或方案安装拆除起重设备
		SJ-Z019	使用未经检验或检验不合格的起重设备
		SJ-Z020	同一作业区多台起重设备运行无防碰撞方案或未按方案实施
		SJ-Z021	起重机械安全、保险装置缺失
		SJ-Z022	吊笼钢结构井架强度、刚度和稳定性不满足安全要求
		SJ-Z023	起重臂、钢丝绳、重物等与架空输电线路间允许最小距离不满足规范规定
		SJ-Z024	使用达到报废标准的钢丝绳或钢丝绳的安全系数不符合规范规定
		SJ-Z025	船舶运输时非法携带雷管、炸药、汽油、香蕉水等易燃易爆危险品；装运易燃易爆危险品的专用船上，吸烟和使用明火
	脚手架	SJ-Z026	脚手架未进行专门设计，无专项方案
		SJ-Z027	脚手架未经验收或验收不合格投入使用
		SJ-Z028	吊篮未经检测、验收或无独立安全绳
		SJ-Z029	施工方法不符合设计或方案要求
		SJ-Z030	未按要求进行超前地质预报、监控量测
	地下工程	SJ-Z031	未按规定对作业面进行有毒有害气体监测
		SJ-Z032	瓦斯浓度达到限值
		SJ-Z033	未按规定设置通风设施

续表

类别	管理环节	隐患编号	隐患内容
专项工程	地下工程	SJ-Z034	开挖前未对掌子面及其临近的拱顶、拱腰围岩进行排险处理，或相向开挖的两端在相距30m以内时装炮作业前，未通知另一端停止工作并退到安全地点，或相向开挖作业两端相距15m时，一端未停止掘进，单向贯通的，或斜（竖）井相向开挖距贯通尚有 5m 长地段，未采取自上端向下打通
		SJ-Z035	未按要求支护或支护体材质（拱架、各类锚杆、钢筋混凝土）等不符合要求
		SJ-Z036	隧洞内存放、加工、销毁民用爆炸物品
		SJ-Z037	隧洞进出口及交叉洞未按规定进行加固
		SJ-Z038	隧洞进出口无防护棚
	爆破作业	SJ-Z039	无爆破设计，或未按爆破设计作业
		SJ-Z040	地下井开挖，洞内空气含沼气或二氧化碳浓度超过 1% 时未停止爆破作业的
		SJ-Z041	未设置警戒区，或未按规定进行警戒
		SJ-Z042	无统一的爆破信号和爆破指挥
		SJ-Z043	装药、起爆作业无专人监督
		SJ-Z044	起爆前未进行全面清场确认
		SJ-Z045	爆破后未进行检查确认，或未排险立即施工
		SJ-Z046	爆破器材库房未进行专门设计，或未按专门设计建设，或未验收投入使用
		SJ-Z047	使用非专用车辆运输民用爆炸物品或人药混装运输
		SJ-Z048	爆破器材库区照明未采用防爆型电器
	模板工程	SJ-Z049	支架基础承载力不符合方案设计要求
		SJ-Z050	未按规范或方案要求安装或拆除沉箱、胸墙、闸墙等处的模板（包括翻模、爬（滑）模、移动模架等）
		SJ-Z051	支架立杆采用搭接、水平杆不连续、未按规定设置剪刀撑、扣件紧固力不符合要求
		SJ-Z052	采用挂篮法施工未平衡浇筑；挂篮拼装后未预压、锚固不规范；混凝土强度未达到要求或恶劣天气移动挂篮
		SJ-Z053	各类模板未经验收或验收不合格即转序施工
		SJ-Z054	无专项拆除设计施工方案，或未对施工作业人员进行安全技术交底
		SJ-Z055	拆除施工前，未切断或迁移水电、气、热等管线
	拆除工程	SJ-Z056	未根据现场情况进行安全隔离，设置安全警示标志，并设专人监护
		SJ-Z057	围堰拆除未进行专门设计论证，编制专项方案，或无应急预案
		SJ-Z058	爆破拆除未进行专门设计，编制专项施工方案，或未按专项方案作业，或未对保留的结构部分采取可靠的保护措施

类别	管理环节	隐患编号	隐患内容
专项工程	危险物品	SJ-Z059	易燃、可燃液体的贮罐区、堆场与建筑物的防火间距小于规范的规定
		SJ-Z060	油库、爆破器材库等易燃易爆危险品库房未专门设计，或未经验收或验收不合格投入使用
		SJ-Z061	有毒有害物品贮存仓库与车间、办公室、居民住房等安全防护距离少于100m
	危险物品	SJ-Z062	未根据化学危险物品的种类、性能，设置相应的通风、防火、防爆、防毒、监测、报警、降温、防潮、避雷、防静电、隔离操作等安全设施
		SJ-Z063	油库（储量：汽油20t或柴油50t及以上）、炸药库（储量：炸药1t及以上）未按规定管理
	消防安全	SJ-Z064	施工生产作业区与建筑物之间的防火安全距离，不满足规范规定，金属夹芯板材燃烧性能等级未达到A级
		SJ-Z065	施工现场动火作业未按规定办理动火审批手续，且周围有易燃易爆物品，未采取安全防护和隔离措施
		SJ-Z066	加工区、生活区、办公区等防火或临时用电未按规范实施
		SJ-Z067	未独立设置易燃易爆危险品仓库
		SJ-Z068	重点消防部位未规定设置消防设施和配备消防器材的
	特种设备	SJ-Z069	使用的特种设备达到设计使用年限，未按照安全技术规范的要求通过检验或者安全评估
		SJ-Z070	特种设备安装拆除无专项方案，或未按规范或方案安装拆除
		SJ-Z071	特种设备未经检测或检测不合格使用的
		SJ-Z072	特种设备未按规定验收
		SJ-Z073	特种设备安全、保险装置缺少或失灵、失效
		SJ-Z074	起重钢丝绳的规格、型号不符合说明书要求，无钢丝绳防脱槽装置，使用达到报废标准的钢丝绳或钢丝绳的安全系数不符合规范规定
其他	水上（下）作业	SJ-Q001	通航水域施工未办理施工许可证
		SJ-Q002	无专项施工方案，或无应急预案，或救生设施配备不足
		SJ-Q003	运输船舶无配载图，超航区运输
		SJ-Q004	工程船舶改造、船舶与陆用设备组合作业未按规定验算船舶稳定性和结构强度等
		SJ-Q005	水下爆破未经批准作业
		SJ-Q006	潜水作业未制定专人负责通讯和配气或未明确线绳员
	有限空间作业	SJ-Q007	未做到"先通风、后检测、再作业"或通风不足、检测不合格作业
		SJ-Q008	在贮存易燃易爆的液体、气体、车辆容器等的库区内从事焊接作业
		SJ-Q009	人工挖孔桩衬砌砼搭接高度、厚度和强度不符合设计要求
	安全防护	SJ-Q010	建筑（构）物洞口、临边、交叉作业无防护或防护体刚度、强度不符合要求
		SJ-Q011	垂直运输接料平台未设置安全门或无防护栏杆；进料口无防护棚

续表

类别	管理环节	隐患编号	隐患内容
其他	液氨制冷	SJ-Q012	制冷车间无通（排）风措施或排风量不符合要求或排（吸）管处未设止逆阀；安全出口的布置不符合要求
		SJ-Q013	无应急预案
		SJ-Q014	制冷车间无泄漏报警装置
		SJ-Q015	制冷系统未经验收或验收不合格投入运行
		SJ-Q016	压力容器本体及附件未按规定检测或制冷系统的贮液器氨贮存量不符合规定

三、事故隐患的分类

序号	项目	内容
1	一般事故隐患	是指危害和整改难度较小，发现后能够立即整改排除的隐患
2	重大事故隐患	是指危害和整改难度较大，应当全部或者局部停产停业，并经过一定时间整改治理方能排除的隐患，或者因外部因素影响致使生产经营单位自身难以排除的隐患

四、生产经营单位的职责

序号	项目	内容
1	守法	生产经营单位应当依照法律、法规、规章、标准和规程的要求从事生产经营活动。严禁非法从事生产经营活动
2	责任	生产经营单位是事故隐患排查、治理和防控的责任主体。 生产经营单位应当建立健全事故隐患排查治理和建档监控等制度，逐级建立并落实从主要负责人到每个从业人员的隐患排查治理和监控责任制
3	资金	生产经营单位应当保证事故隐患排查治理所需的资金，建立资金使用专项制度
4	定期排查事故隐患	生产经营单位应当定期组织安全生产管理人员、工程技术人员和其他相关人员排查本单位的事故隐患。对排查出的事故隐患，应当按照事故隐患的等级进行登记，建立事故隐患信息档案，并按照职责分工实施监控治理
5	管理协议	生产经营单位将生产经营项目、场所、设备发包、出租的，应当与承包、承租单位签订安全生产管理协议，并在协议中明确各方对事故隐患排查、治理和防控的管理职责。生产经营单位对承包、承租单位的事故隐患排查治理负有统一协调和监督管理的职责
6	配合检查	安全监管监察部门和有关部门的监督检查人员依法履行事故隐患监督检查职责时，生产经营单位应当积极配合，不得拒绝和阻挠
7	统计分析	生产经营单位应当每季、每年对本单位事故隐患排查治理情况进行统计分析，并分别于下一季度 15 日前和下一年 1 月 31 日前向安全监管监察部门和有关部门报送书面统计分析表。统计分析表应当由生产经营单位主要负责人签字
8	重大事故隐患报告	对于重大事故隐患，生产经营单位除依照前款规定报送外，应当及时向安全监管监察部门和有关部门报告。重大事故隐患报告内容应当包括： （1）隐患的现状及其产生原因。 （2）隐患的危害程度和整改难易程度分析。 （3）隐患的治理方案

序号	项目	内容
9	重大事故隐患治理方案	对于重大事故隐患,由生产经营单位主要负责人组织制定并实施事故隐患治理方案。重大事故隐患治理方案应当包括以下内容: (1) 治理的目标和任务。 (2) 采取的方法和措施。 (3) 经费和物资的落实。 (4) 负责治理的机构和人员。 (5) 治理的时限和要求。 (6) 安全措施和应急预案
10	安全防范措施	生产经营单位在事故隐患治理过程中,应当采取相应的安全防范措施,防止事故发生。事故隐患排除前或者排除过程中无法保证安全的,应当从危险区域内撤出作业人员,并疏散可能危及的其他人员,设置警戒标志,暂时停产停业或者停止使用;对暂时难以停产或者停止使用的相关生产储存装置、设施、设备,应当加强维护和保养,防止事故发生
11	自然灾害的预防	生产经营单位应当加强对自然灾害的预防。对于因自然灾害可能导致事故灾难的隐患,应当按照有关法律、法规、标准和《安全生产事故隐患排查治理暂行规定》的要求排查治理,采取可靠的预防措施,制定应急预案。在接到有关自然灾害预报时,应当及时向下属单位发出预警通知;发生自然灾害可能危及生产经营单位和人员安全的情况时,应当采取撤离人员、停止作业、加强监测等安全措施,并及时向当地人民政府及其有关部门报告
12	重大事故隐患的治理情况评估	地方人民政府或者安全监管监察部门及有关部门挂牌督办并责令全部或者局部停产停业治理的重大事故隐患,治理工作结束后,有条件的生产经营单位应当组织本单位的技术人员和专家对重大事故隐患的治理情况进行评估;其他生产经营单位应当委托具备相应资质的安全评价机构对重大事故隐患的治理情况进行评估。 经治理后符合安全生产条件的,生产经营单位应当向安全监管监察部门和有关部门提出恢复生产的书面申请,经安全监管监察部门和有关部门审查同意后,方可恢复生产经营。申请报告应当包括治理方案的内容、项目和安全评价机构出具的评价报告等

考点6 安全评价

一、安全评价的分类

序号	项目		内容
1	安全预评价	概念	安全预评价是在建设项目可行性研究阶段、工业园区规划阶段或生产经营活动组织实施之前,根据相关的基础资料,辨识与分析建设项目、工业园区、生产经营活动潜在的危险、有害因素,确定其与安全生产法律法规、标准、行政规章、规范的符合性,预测发生事故的可能性及其严重程度,提出科学、合理、可行的安全对策措施建议,作出安全评价结论的活动
		内容	主要包括危险及有害因素识别、危险度评价和安全对策措施及建议。它是以拟建建设项目为研究对象,根据建设项目可行性研究报告提供的生产工艺过程、使用和产出的物质、主要设备和操作条件等,研究系统固有的危险及有害因素,应用系统安全工程的方法,对系统的危险性和危害性进行定性、定量分析,确定系统的危险、有害因素及其危险、危害程度;针对主要危险、有害因素及其可能产生的危险、危害后果提出消除、预防和降低的对策措施;评价采取措施后的系统是否能满足规定的安全要求,从而得出建设项目应如何设计、管理才能达到安全要求的结论

序号	项目		内容
2	安全验收评价	概念	安全验收评价是在建设项目竣工后正式生产运行前或工业园区建设完成后，通过检查建设项目安全设施与主体工程同时设计、同时施工、同时投入生产和使用的情况或工业园区内的安全设施、设备、装置投入生产和使用的情况，检查安全生产管理措施到位情况，检查安全生产规章制度健全情况，检查事故应急救援预案建立情况，审查确定建设项目、工业园区建设满足安全生产法律法规、标准规范要求的符合性，从整体上确定建设项目、工业园区的运行状况和安全管理情况，作出安全验收评价结论的活动
		内容	(1) 前期准备。 (2) 危险、有害因素辨识。 (3) 划分评价单元。 (4) 选择评价方法，定性、定量评价。 (5) 提出安全管理对策措施及建议。 (6) 作出安全验收评价结论。 (7) 编制安全验收评价报告等
3	安全现状评价	概念	安全现状评价是针对生产经营活动、工业园区的事故风险、安全管理等情况，辨识与分析其存在的危险、有害因素，审查确定其与安全生产法律法规、规章、标准规范要求的符合性，预测发生事故或造成职业危害的可能性及其严重程度，提出科学、合理、可行的安全对策措施建议，作出安全现状评价结论的活动
		适用范围	价既适用于对一个生产经营单位或一个工业园区的评价，也适用于某一特定的生产方式、生产工艺、生产装置或作业场所的评价

二、安全评价的依据

序号	依据	内容
1	法律法规	安全评价法律法规包括宪法、法律、行政法规、部门规章、地方性法规和地方规章、国际法律文件等
2	标准	(1) 按标准的来源可分为四类：①国家标准；②行业标准；③地方标准；④国际标准和国外标准。 (2) 按标准的法律效力可分为两类：①强制性标准；②推荐性标准。 (3) 按标准的对象特征可分为两类：①管理标准；②技术标准。其中技术标准又可分为基础标准、产品标准和方法标准三类
3	风险判别指标	常用的风险判别指标有安全系数、可接受指标、安全指标（包括事故频率、财产损失率和死亡概率等）或失效概率等。 可接受风险是指在规定的性能、时间和成本范围内达到的最佳可接受风险程度。显然，可接受风险指标不是一成不变的，它将随着人们对危险根源的深入了解，随着技术的进步和经济综合实力的提高而变化。另外需要指出，风险可接受并非说就放弃对这类风险的管理，因为低风险随时间和环境条件的变化有可能升级为重大风险，所以应不断进行控制，使风险始终处于可接受范围内

三、安全评价的程序

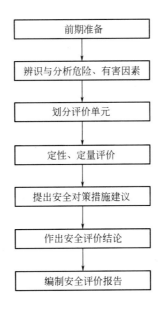

前期准备

↓

辨识与分析危险、有害因素

↓

划分评价单元

↓

定性、定量评价

↓

提出安全对策措施建议

↓

作出安全评价结论

↓

编制安全评价报告

四、安全预评价的内容

序号	项目	内容
1	前期准备工作	应包括明确评价对象和评价范围，组建评价组，收集国内外相关法律法规、标准、行政规章、规范，收集并分析评价对象的基础资料、相关事故案例，对类比工程进行实地调查等
2	辨识和分析危险、有害因素	辨识和分析评价对象可能存在的各种危险、有害因素，分析危险、有害因素发生作用的途径及其变化规律
3	划分评价单元	应考虑安全预评价的特点，以自然条件、基本工艺条件、危险和有害因素分布及状况、便于实施评价为原则进行。
4	定性、定量评价	根据评价的目的、要求和评价对象的特点、工艺、功能或活动分布，选择科学、合理、适用的定性、定量评价方法对危险、有害因素导致事故发生的可能性及其严重程度进行评价。对于不同的评价单元，可根据评价的需要和单元特征选择不同的评价方法
5	提出安全对策措施建议	为保障评价对象建成或实施后能安全运行，应从评价对象的总图布置、功能分布、工艺流程、设施、设备、装置等方面提出安全技术对策措施；从评价对象的组织机构设置、人员管理、物料管理、应急救援管理等方面提出安全管理对策措施；提出其他安全对策措施
6	作出安全评价结论	概括评价结果，给出评价对象在评价时的条件下与国家有关法律法规、标准、行政规章、规范的符合性结论，给出危险、有害因素引发各类事故的可能性及其严重程度的预测性结论，明确评价对象建成或实施后能否安全运行的结论

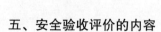

五、安全验收评价的内容

序号	项目	内容
1	前期准备工作	明确评价对象及其评价范围；组建评价组；收集国内外相关法律法规、标准、行政规章、规范；安全预评价报告、初步设计文件、施工图、工程监理报告、工业园区规划设计文件，各项安全设施、设备、装置检测报告和交工报告，现场勘察记录、检测记录，查验特种设备使用、特种作业和从业等许可证件，典型事故案例、事故应急预案及演练报告、安全管理制度台账、各级各类从业人员安全培训落实情况等实地调查收集到的基础资料
2	辨识和分析危险、有害因素	参考安全预评价报告，根据周边环境、平立面布局、生产工艺流程、辅助生产设施、公用工程、作业环境、场所特点或功能分布，分析并列出危险、有害因素及其存在部位和重大危险源的分布、监控情况
3	划分评价单元	划分评价单元应符合科学、合理的原则。 评价单元可按以下内容划分：法律法规等方面的符合性，设施、设备、装置及工艺方面的安全性，物料、产品安全性能，公用工程、辅助设施配套性，周边环境适应性和应急救援有效性，人员管理和安全培训方面充分性等。评价单元的划分应能够保证安全验收评价的顺利实施
4	选择适用的评价方法	根据建设项目或工业园区建设的实际情况选择适用的评价方法。 要进行符合性评价以及事故发生的可能性及其严重程度的预测。进行符合性评价；检查各类安全生产相关证照是否齐全，审查、确认主体工程建设、工业园区建设是否满足安全生产法律法规、标准、行政规章、规范的要求，检查安全设施、设备、装置是否已与主体工程同时设计、同时施工、同时投入生产和使用，检查安全生产管理措施是否到位，安全生产规章制度是否健全，是否建立了事故应急救援预案。 进行事故发生的可能性及其严重程度的预测；采用科学、合理、适用的评价方法对建设项目、工业园区实际存在的危险、有害因素引发事故的可能性及其严重程度进行预测性评价
5	提出安全对策措施建议	根据评价结果，依照国家有关安全生产的法律法规、标准、行政规章、规范的要求，提出安全对策措施建议。安全对策措施建议应具有针对性、可操作性和经济合理性
6	安全验收评价结论	安全验收评价结论应包括：符合性评价的综合结果；评价对象运行后存在的危险、有害因素及其危险危害程度；明确给出评价对象是否具备安全验收的条件，对达不到安全验收要求的评价对象明确提出整改措施建议

六、安全现状评价的内容

序号	项目	内容
1	辨识和分析危险、有害因素	全面收集评价所需的信息资料，采用合适的安全评价方法进行危险、有害因素识别与分析，给出安全评价所需的数据资料
2	定性、定量评价	对于可能造成重大事故后果的危险、有害因素，特别是事故隐患，采用合适的安全评价方法，进行定性、定量安全评价，确定危险、有害因素导致事故可能性及其严重程度

续表

序号	项目	内容
3	确定风险，确定事故隐患整改顺序	对辨识出的危险源，按照危险性进行排序，按照可接受风险标准，确定可接受风险和不可接受风险；对于辨识出的事故隐患，根据其事故的危险性，确定整改的优先顺序
4	提出安全对策措施建议	对于不可接受风险和事故隐患，提出整改措施。为了安全生产，提出安全管理对策措施

七、安全评价方法之———安全检查表方法（SCA）

序号	项目	内容
1	概述	为了查找工程、系统中各种设备设施、物料、工件、操作、管理和组织措施中的危险、有害因素，事先把检查对象加以分解，将大系统分割成若干小的子系统，以提问或打分的形式，将检查项目列表逐项检查，避免遗漏，这种表称为安全检查表，用安全检查表进行安全检查的方法称为安全检查表方法。安全检查表是系统安全工程的一种最基础、最简便、广泛应用的系统危险性评价方法
2	安全检查表的编制步骤	（1）熟悉系统，包括系统的结构、功能、工艺流程、主要设备、操作条件、布置和已有的安全设备设施。 （2）搜集资料，搜集有关的安全法规、标准、制度及本系统过去发生过事故的资料，作为编制安全检查表的重要依据。 （3）划分单元，按功能或结构将系统划分成若干个子系统或单元，逐个分析潜在的危险因素。 （4）编制检查表，针对危险因素，依据有关法规、标准规定，参考过去事故的教训和本单位的经验确定检查要点、内容，然后针对检查所处的设计、施工、验收、使用等不同阶段，按照一定的要求编制检查表
3	安全检查表的优点	（1）检查项目系统、完整，可以做到不遗漏任何能导致危险的关键因素，避免传统的安全检查中的易发生的疏忽、遗漏等弊端，因而能保证安全检查的质量。 （2）可以根据已有的规章制度、标准、规程等，检查执行情况，得出准确的评价。 （3）安全检查表可采用提问的方式，有问有答，给人的印象深刻，能使人知道如何做才是正确的，因而可起到安全教育的作用。 （4）编制安全检查表的过程本身就是一个系统安全分析的过程，可使检查人员对系统的认识更深刻，更便于发现危险因素。 （5）对不同的检查对象、检查目的有不同的检查表，应用范围广
4	安全检查表的缺点	针对不同的需要，须事先编制大量的检查表，工作量大且安全检查表的质量受编制人员的知识水平和经验影响

八、安全评价方法之———事件树分析方法（ETA）

序号	项目	内容
1	概述	事件树分析方法的理论基础是决策论，它是一种从原因到结果的自上而下的分析方法。从一个初始事件开始，交替考虑成功与失败的两种可能性，然后再以这两种可能性作为新的初始事件，如此继续分析下去，直到找到最后的结果。因此事件树分析是一种归纳逻辑树图，能够看到事故发生的动态发展过程，提供事故后果

序号	项目		内容
2	分析步骤	确定初始事件	初始事件一般指系统故障、设备失效、工艺异常、人的失误等，它们都是由事先设想或估计的。确定初始事件一般依靠分析人员的经验和有关运行、故障、事故统计资料来确定；对于新开发系统或复杂系统，往往先用其他分析。评价方法从分析的因素中选定，再用事件树分析方法做进一步的重点分析
		判定安全功能	在所研究的系统中包含许多能消除、预防、减弱初始事件影响的安全功能。常见的安全功能有自动控制装置、报警系统、安全装置、屏蔽装置和操作人员采取措施等
		发展事件树和简化事件树	从初始事件开始，自左向右发展事件树，首先把初始事件一旦发生时起作用的安全功能状态画在上面的分支，不能发挥安全功能的状态画在下面的分支。然后依次考虑每种安全功能分支的两种状态，层层分解直至系统发生事故或故障为止
		分析事件树	（1）找出事故连锁和最小割集。事件树每个分支代表初始事件一旦发生后其可能的发展途径，其中导致系统事故的途径即为事故连锁，一般导致系统事故的途径有很多，即有很多事故连锁。 （2）找出预防事故的途径。事件树中最终达到安全的途径指导人们如何采取措施预防事故发生。在达到安全的途径中，安全功能发挥作用的事件构成事件树的最小径集。一般事件树中包含多个最小径集，即可以通过若干途径防止事故发生
		事件树定量分析	由各事件发生的概率计算系统事故或故障发生的概率
3	优点		概率可以按照路径为基础分到节点；整个结果的范围可以在整个树中得到改善；事件树从原因到结果，概念上比较容易明白
4	缺点		事件树成长非常快，为了保持合理的大小，往往使分析必须非常粗
5	作用		可以看作故障树分析方法的补充，可以将严重事故的动态发展过程全部揭示出来

九、安全评价方法之一——专家评议法

序号	项目		内容
1	类型	专家评议法	根据一定的规则，组织相关专家进行积极的创造性思维，对具体问题共同探讨、集思广益的一种专家评价方法
		专家质疑法	该法需要进行两次会议，第一次会议是专家对具体的问题进行直接谈论，第二次会议是专家对第一次会议提出的设想进行质疑。主要做以下工作： （1）研究讨论有碍设想实现的问题。 （2）论证已提出设想的实现可能性。 （3）讨论设想的限制因素及提出排除限制因素的建议。 （4）在质疑过程中，对出现的新的建设性的设想进行讨论
2	步骤		（1）明确具体分析、预测的问题。 （2）组成专家评议分析、预测小组，小组应由预测专家、专业领域的专家、推断思维能力强的演绎专家等组成。 （3）举行专家会议，对提出的问题进行分析、讨论和预测。 （4）分析、归纳专家会议的结果
3	优点		（1）简单易行，比较客观。 （2）所形成的结论性意见更科学、合理

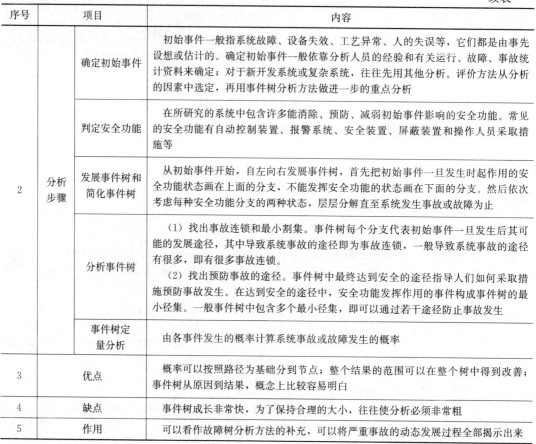

序号	项目	内容
4	缺点	由于要求参加评价的专家有较高的水平，并不是所有的工程项目都适用本方法
5	适用范围	适用于类比工程项目、系统和装置的安全评价，它可以充分发挥专家丰富的实践经验和理论知识

十、安全预评价报告的内容及编写要求

序号	项目		内容
1	要求		应全面、概括地反映安全预评价过程的全部工作，文字应简洁、准确，提出的资料清楚可靠，论点明确，利于阅读和审查
2	内容	目的	结合评价对象的特点阐述编制安全预评价报告的目的
		评价依据	列出有关的法律法规、标准、行政规章、规范、评价对象被批准设立的相关文件及其他有关参考资料
		概况	列出评价对象的选址、总图及平面布置、水文情况、地质条件、工业园区规划、生产规模、工艺流程、功能分布、主要设施设备、主要装置、主要原材料、中间体、产品、经济技术指标、公用工程及辅助设施、人流、物流等
		危险、有害因素的辨识与分析	列出辨识与分析危险、有害因素的依据，阐述辨识与分析危险、有害因素的过程评价单元的划分阐述划分评价单元的原则、分析过程等
		评价单元的划分	阐述划分评价单元的原则、分析过程等
		评价方法	简介选定的安全预评价方法；阐述选此方法的原因；详细列出定性、定量评价过程；对重大危险源的分布、监控情况以及预防事故扩大的应急预案的内容，应明确给出相关的评价结果；对得出的评价结果进行分析
		安全对策措施建议	列出安全对策措施建议的依据、原则、内容
		安全预评价结论	简要列出主要危险、有害因素评价结果，指出评价对象应重点防范的重大危险、有害因素，明确应重视的安全对策措施建议，明确评价对象潜在的危险、有害因素，在采取安全对策措施后，能否得到控制以及受控的程度如何给出评价对象从安全生产角度是否符合国家有关法律法规、标准、行政规章、规范要求的客观评价

十一、安全验收评价报告的内容及编写要求

序号	项目		内容
1	要求		应全面、概括地反映验收评价的全部工作，文字简洁、精确，可同时采用图表和照片，以使评价过程和结论清楚、明确，利于阅读和审查。 符合性评价的数据、资料和可预测性计算过程等可编入附录
2	内容	目的	结合评价对象的特点阐述编制安全验收评价报告的目的
		评价依据	列出有关的法律法规、标准、行政规章、规范，评价对象初步设计、变更设计或工业园区规划设计文件，相关的批复文件等评价依据

续表

序号	项目		内容
2	内容	概况	介绍评价对象的选址、总图及平面布置、生产规模、工艺流程、功能分布、主要设施、主要设备、主要装置、主要原材料、主要产品（中间产品）、经济技术指标、公用工程及辅助设施、人流、物流、工业园区规划等概况
		危险、有害因素的辨识与分析	列出辨识与分析危险、有害因素的依据，阐述辨识与分析危险、有害因素的过程。明确在安全运行中实际存在和潜在的危险、有害因素
		评价单元的划分	阐述划分评价单元的原则、分析过程等
		评价方法的选择	选择适当的评价方法，并作简单介绍；描述符合性评价过程，对事故发生可能性及其严重程度进行分析计算；对得出的评价结果进行分析
		安全对策措施建议	列出安全对策措施建议的依据、原则、内容
		评价结论	列出评价对象存在的危险、有害因素种类及其危险危害程度；说明评价对象是否具备安全验收的条件；对达不到安全验收要求的评价对象明确提出整改措施建议，明确评价结论

十二、安全现状评价报告的内容及编写要求

序号	项目		内容
1	要求		要求比安全预评价报告更详尽、更具体，特别是对危险分析要全面、具体，因此整个评价报告的编制，要由懂工艺和操作的专家参与完成
2	内容	目的	包括项目单位简介、评价项目的委托方及评价要求和评价目的
		评价依据	列出法规、标准、规范及项目的有关文件
		概况	应包括地理位置及自然条件、工艺过程、生产运行现状、项目委托约定的评价范围
		危险、有害因素的辨识与分析	应包括工艺流程、工艺参数、控制方式、操作条件、物料种类与理化特性、工艺布置、总图位置、公用工程的内容，根据危险、有害因素分析的结果和确定的评价单元、评价要素，参照有关资料和数据，并运用选定的分析方法，对存在的危险、有害因素逐一分析
		评价单元的划分	阐述划分评价单元的原则、分析过程等
		评价方法的选择	说明针对主要危险、有害因素和生产特点选用的评价方法，对事故发生可能性及其严重程度进行分析计算；对得出的评价结果进行分析。结合现场调查结果以及同行或同类生产的事故案例分析，统计其发生的原因和概率。必要时，应运用相应的数学模型进行重大事故模拟
		安全对策措施建议	综合评价结果，提出相应的对策措施与建议，并按照风险程度的高低进行解决方案的排序
		评价结论	明确指出项目安全状态水平，并简要说明

考点7 安全技术措施

一、防止事故发生的安全技术措施

序号	措施	内容
1	消除危险源	消除系统中的危险源,可以从根本上防止事故的发生。但是,按照现代安全工程的观点,彻底消除所有危险源是不可能的。因此,可以通过选择合适的工艺技术、设备设施,合理的结构形式,选择无害、无毒或不能致人伤害的物料来彻底消除某种危险源
2	限制能量或危险物质	限制能量或危险物质可以防止事故的发生,如减少能量或危险物质的量,防止能量蓄积,安全地释放能量等
3	隔离	隔离是一种常用的控制能量或危险物质的安全技术措施。采取隔离技术,既可以防止事故的发生,也可以防止事故的扩大,减少事故的损失
4	故障-安全设计	在系统、设备设施的一部分发生故障或破坏的情况下,在一定时间内也能保证安全的技术措施称为故障-安全设计。通过设计,使得系统、设备设施发生故障或事故时处于低能状态,防止能量的意外释放
5	减少故障和失误	通过增加安全系数、增加可靠性或设置安全监控系统等减轻物的不安全状态,减少物的故障或事故的发生

二、减少事故损失的安全技术措施

序号	项目	内容
1	隔离	隔离是把被保护对象与意外释放的能量或危险物质等隔开。隔离措施按照被保护对象与可能致害对象的关系可分为隔开、封闭和缓冲等
2	设置薄弱环节	设置薄弱环节是利用事先设计好的薄弱环节,使事故能量按照人们的意图释放,防止能量作用于被保护的人或物,如锅炉上的易熔塞、电路中的熔断器等
3	个体防护	个体防护是把人体与意外释放能量或危险物质隔离开,是一种不得已的隔离措施,却是保护人身安全的最后一道防线
4	避难与救援	设置避难场所,当事故发生时,人员暂时躲避,免遭伤害或赢得救援的时间。事先选择撤退路线,当事故发生时,人员按照撤退路线迅速撤离。事故发生后,组织有效的应急救援力量,实施迅速地救护,是减少事故人员伤亡和财产损失的有效措施

三、安全技术措施计划的编制原则

四条原则
- 必要性和可行性原则
- 自力更生与勤俭节约的原则
- 轻重缓急与统筹安排的原则
- 领导和群众相结合的原则

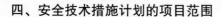

四、安全技术措施计划的项目范围

序号	项目	内容
1	安全技术措施	以防止工伤事故和减少事故损失为目的的一切技术措施,如安全防护装置、保险装置、信号装置、防火防爆装置等
2	卫生技术措施	改善对职工身体健康有害的生产环境条件、防止职业中毒与职业病的技术措施,如防尘、防毒、防噪声与振动、通风、降温、防寒、防辐射等装置或设施
3	辅助措施	保证工业卫生方面所必需的房屋及一切卫生性保障措施,如尘毒作业人员的淋浴室、更衣室或存衣箱、消毒室、妇女卫生室、急救室等
4	安全宣传教育措施	提高作业人员安全素质的有关宣传教育设备、仪器、教材和场所等,如安全教育室,安全卫生教材、挂图、宣传画、培训室、安全卫生展览等

五、安全技术措施计划的编制内容

序号	项目	内容
1	至少应包括的内容	(1) 措施应用的单位或工作场所。 (2) 措施名称。 (3) 措施目的和内容。 (4) 经费预算及来源。 (5) 实施部门和负责人。 (6) 开工日期和竣工日期。 (7) 措施预期效果及检查验收
2	可行性论证	对有些单项投入费用较大的安全技术措施,还应进行可行性论证,从技术的先进性、可靠性,以及经济性方面进行比较,编制单独的《可行性研究报告》,报上级主管或邀请专家进行评审

六、安全技术措施计划的编制方法

序号	项目	内容
1	确定编制时间	年度安全技术措施计划一般应与同年度的生产、技术、财务、物资采购等计划同时编制
2	布置	企业领导应根据本单位具体情况向下属单位或职能部门提出编制安全技术措施计划的具体要求,并就有关工作进行布置
3	确定项目和内容	下属单位在认真调查和分析本单位存在的问题,并征求群众意见的基础上,确定本单位的安全技术措施计划项目和主体内容,报上级安全生产管理部门。安全生产管理部门对上报的安全技术措施计划进行审查、平衡、汇总后,确定安全技术措施计划项目,并报有关领导审批
4	编制	安全技术措施计划项目经审批后,由安全生产管理部门和下属单位组织相关人员,编制具体的安全技术措施计划和方案,经讨论后,送上级安全生产管理部门和有关部门审查
5	审批	上级安全、技术、计划管理部门对上报的安全技术措施计划进行联合会审后,报单位有关领导审批。安全技术措施计划一般由生产经营单位主管生产的领导或总工程师审批

续表

序号	项目	内容
6	下达	单位主要负责人根据审批意见，召集有关部门和下属单位负责人审查、核定安全技术措施计划。审查、核定安全技术通过后，与生产计划同时下达到有关部门贯彻执行
7	实施	安全技术措施计划落实到各执行部门后，各执行部门应按要求实施计划
8	监督检查	安全技术措施计划落实到各有关部门和下属单位后，上级安全生产管理部门应定期进行检查。企业领导在检查生产计划的同时，应同时检查安全技术措施计划的完成情况。安全管理与安全技术部门应经常了解安全技术措施计划项目的实施情况，协助解决实施中的问题，及时汇报并督促有关单位按期完成

考点8 安全生产许可

一、《安全生产许可证条例》的相关规定

序号	项目	内容
1	取得安全生产许可证应当具备的条件	（1）建立、健全安全生产责任制，制定完备的安全生产规章制度和操作规程。 （2）安全投入符合安全生产要求。 （3）设置安全生产管理机构，配备专职安全生产管理人员。 （4）主要负责人和安全生产管理人员经考核合格。 （5）特种作业人员经有关业务主管部门考核合格，取得特种作业操作资格证书。 （6）从业人员经安全生产教育和培训合格。 （7）依法参加工伤保险，为从业人员缴纳保险费。 （8）厂房、作业场所和安全设施、设备、工艺符合有关安全生产法律、法规、标准和规程的要求。 （9）有职业危害防治措施，并为从业人员配备符合国家标准或者行业标准的劳动防护用品。 （10）依法进行安全评价。 （11）有重大危险源检测、评估、监控措施和应急预案。 （12）有生产安全事故应急救援预案、应急救援组织或者应急救援人员，配备必要的应急救援器材、设备。 （13）法律、法规规定的其他条件
2	申请领取安全生产许可证	企业进行生产前，应当依照规定向安全生产许可证颁发管理机关申请领取安全生产许可证，并提供规定的相关文件、资料。安全生产许可证颁发管理机关应当自收到申请之日起45日内审查完毕，经审查符合《安全生产许可证条例》规定的安全生产条件的，颁发安全生产许可证；不符合《安全生产许可证条例》规定的安全生产条件的，不予颁发安全生产许可证，书面通知企业并说明理由
3	有效期	安全生产许可证的有效期为3年。安全生产许可证有效期满需要延期的，企业应当于期满前3个月向原安全生产许可证颁发管理机关办理延期手续。 企业在安全生产许可证有效期内，严格遵守有关安全生产的法律法规，未发生死亡事故的，安全生产许可证有效期届满时，经原安全生产许可证颁发管理机关同意，不再审查，安全生产许可证有效期延期3年
4	禁止行为	企业不得转让、冒用安全生产许可证或者使用伪造的安全生产许可证。 企业取得安全生产许可证后，不得降低安全生产条件，并应当加强日常安全生产管理，接受安全生产许可证颁发管理机关的监督检查。 安全生产许可证颁发管理机关工作人员在安全生产许可证颁发、管理和监督检查工作中，不得索取或者接受企业的财物，不得谋取其他利益

二、《建筑施工企业安全生产许可证管理规定》的相关规定

序号	项目	内容
1	安全生产条件	建筑施工企业取得安全生产许可证，应当具备下列安全生产条件： （1）建立、健全安全生产责任制，制定完备的安全生产规章制度和操作规程。 （2）保证本单位安全生产条件所需资金的投入。 （3）设置安全生产管理机构，按照国家有关规定配备专职安全生产管理人员。 （4）主要负责人、项目负责人、专职安全生产管理人员经建设主管部门或者其他有关部门考核合格。 （5）特种作业人员经有关业务主管部门考核合格，取得特种作业操作资格证书。 （6）管理人员和作业人员每年至少进行一次安全生产教育培训并考核合格。 （7）依法参加工伤保险，依法为施工现场从事危险作业的人员办理意外伤害保险，为从业人员交纳保险费。 （8）施工现场的办公、生活区及作业场所和安全防护用具、机械设备、施工机具及配件符合有关安全生产法律、法规、标准和规程的要求。 （9）有职业危害防治措施，并为作业人员配备符合国家标准或者行业标准的安全防护用具和安全防护服装。 （10）有对危险性较大的分部分项工程及施工现场易发生重大事故的部位、环节的预防、监控措施和应急预案。 （11）有生产安全事故应急救援预案、应急救援组织或者应急救援人员，配备必要的应急救援器材、设备。 （12）法律、法规规定的其他条件
2	申请	建筑施工企业从事建筑施工活动前，应当依照规定向省级以上建设主管部门申请领取安全生产许可证。 中央管理的建筑施工企业（集团公司、总公司）应当向国务院建设主管部门申请领取安全生产许可证。 前款规定以外的其他建筑施工企业，包括中央管理的建筑施工企业（集团公司、总公司）下属的建筑施工企业，应当向企业注册所在地省、自治区、直辖市人民政府建设主管部门申请领取安全生产许可证。 建筑施工企业申请安全生产许可证时，应当向建设主管部门提供下列材料： （1）建筑施工企业安全生产许可证申请表。 （2）企业法人营业执照。 （3）规定的相关文件、材料。 建筑施工企业申请安全生产许可证，应当对申请材料实质内容的真实性负责，不得隐瞒有关情况或者提供虚假材料
3	颁发	建设主管部门应当自受理建筑施工企业的申请之日起 45 日内审查完毕；经审查符合安全生产条件的，颁发安全生产许可证；不符合安全生产条件的，不予颁发安全生产许可证，书面通知企业并说明理由。企业自接到通知之日起应当进行整改，整改合格后方可再次提出申请。 建设主管部门审查建筑施工企业安全生产许可证申请，涉及铁路、交通、水利等有关专业工程时，可以征求铁路、交通、水利等有关部门的意见
4	有效期	安全生产许可证的有效期为 3 年。安全生产许可证有效期满需要延期的，企业应当于期满前 3 个月向原安全生产许可证颁发管理机关申请办理延期手续。 企业在安全生产许可证有效期内，严格遵守有关安全生产的法律法规，未发生死亡事故的，安全生产许可证有效期届满时，经原安全生产许可证颁发管理机关同意，不再审查，安全生产许可证有效期延期 3 年
5	变更	建筑施工企业变更名称、地址、法定代表人等，应当在变更后 10 日内，到原安全生产许可证颁发管理机关办理安全生产许可证变更手续

序号	项目	内容
6	注销	建筑施工企业破产、倒闭、撤销的，应当将安全生产许可证交回原安全生产许可证颁发管理机关予以注销
7	补办	建筑施工企业遗失安全生产许可证，应当立即向原安全生产许可证颁发管理机关报告，并在公众媒体上声明作废后，方可申请补办
8	撤销安全生产许可证的情形	（1）安全生产许可证颁发管理机关工作人员滥用职权、玩忽职守颁发安全生产许可证的。 （2）超越法定职权颁发安全生产许可证的。 （3）违反法定程序颁发安全生产许可证的。 （4）对不具备安全生产条件的建筑施工企业颁发安全生产许可证的。 （5）依法可以撤销已经颁发的安全生产许可证的其他情形

考点9　建设项目安全设施

一、预防事故设施

序号	项目	内容
1	检测、报警设施	包括压力、温度、液位、流量、组分等报警设施，可燃气体、有毒有害气体、氧气等检测和报警设施，用于安全检查和安全数据分析等检验检测设备、仪器
2	设备安全防护设施	包括防护罩、防护屏、负荷限制器、行程限制器，制动、限速、防雷、防潮、防晒、防冻、防腐、防渗漏等设施，传动设备安全锁闭设施，电器过载保护设施，静电接地设施
3	防爆设施	包括各种电器、仪表的防爆设施，抑制助燃物品混入（如氮封）、易燃易爆气体和粉尘形成等设施，阻隔防爆器材，防爆工器具
4	作业场所防护设施	包括作业场所的防辐射、防静电、防噪声、通风（除尘、排毒）、防护栏（网）、防滑、防灼烫等设施
5	安全警示标志	包括各种指示、警示作业安全等警示标志

二、控制事故设施

序号	项目	内容
1	泄压和止逆设施	包括用于泄压的阀门、爆破片、放空管等设施，用于止逆的阀门等设施，真空系统的密封设施
2	紧急处理设施	包括紧急备用电源，紧急切断、分流、排放（火炬）、吸收、中和、冷却等设施，通入或者加入惰性气体、反应抑制剂等设施，紧急停车、仪表连锁等设施

三、减少与消除事故影响设施

序号	项目	内容
1	防止火灾蔓延设施	包括阻火器、安全水封、回火防止器、防油（火）堤，防爆墙、防爆门等隔爆设施，防火墙、防火门、蒸汽幕、水幕等设施，防火材料涂层

续表

序号	项目	内容
2	灭火设施	包括水喷淋、惰性气体、蒸汽、泡沫释放等灭火设施，消火栓、高压水枪（炮）、消防车、消防水管网、消防站等
3	紧急个体处置设施	包括洗眼器、喷淋器、逃生器、逃生索、应急照明等设施
4	应急救援设施	包括堵漏、工程抢险装备和现场受伤人员医疗抢救装备
5	逃生避难设施	包括逃生和避难的安全通道（梯）、安全避难所（带空气呼吸系统）、避难信号等
6	劳动防护用品和装备	包括头部，面部，视觉、呼吸、听觉器官，四肢，躯干防火、防毒、防灼烫、防腐蚀、防噪声、防光射、防高处坠落、防砸击、防刺伤等免受作业场所物理、化学因素伤害的劳动防护用品和装备

四、建设项目安全条件论证与安全预评价

序号	项目	内容
1	需要论证与预评价的项目	下列建设项目在进行可行性研究时，生产经营单位应当分别对其安全生产条件进行论证和安全预评价： （1）非煤矿矿山建设项目。 （2）生产、储存危险化学品（包括使用长输管道输送危险化学品，下同）的建设项目。 （3）生产、储存烟花爆竹的建设项目。 （4）化工、冶金、有色、建材、机械、轻工、纺织、烟草、商贸、军工、公路、水运、轨道交通、电力等行业的国家和省级重点建设项目。 （5）法律、行政法规和国务院规定的其他建设项目
2	编制安全条件论证报告	生产经营单位对以上规定的建设项目进行安全条件论证时，应当编制安全条件论证报告。安全条件论证报告应当包括下列内容： （1）建设项目内在的危险和有害因素及对安全生产的影响。 （2）建设项目与周边设施（单位）生产、经营活动和居民生活在安全方面的相互影响。 （3）当地自然条件对建设项目安全生产的影响。 （4）其他需要论证的内容
3	委托安全评价机构	生产经营单位应当委托具有相应资质的安全评价机构，对其建设项目进行安全预评价，并编制安全预评价报告

五、建设项目安全设施设计审查

序号	项目	内容
1	编制安全专篇	生产经营单位在建设项目初步设计时，应当委托有相应资质的设计单位对建设项目安全设施进行设计，编制安全专篇。 安全设施设计必须符合有关法律、法规、规章和国家标准或者行业标准、技术规范的规定，并尽可能采用先进适用的工艺、技术和可靠的设备、设施。《建设项目安全设施"三同时"监督管理暂行办法》办法第七条规定的建设项目安全设施设计还应当充分考虑建设项目安全预评价报告提出的安全对策措施。 安全设施设计单位、设计人应当对其编制的设计文件负责

序号	项目	内容
2	安全专篇包括的内容	（1）设计依据。 （2）建设项目概述。 （3）建设项目涉及的危险、有害因素和危险、有害程度及周边环境安全分析。 （4）建筑及场地布置。 （5）重大危险源分析及检测监控。 （6）安全设施设计采取的防范措施。 （7）安全生产管理机构设置或者安全生产管理人员配备情况。 （8）从业人员教育培训情况。 （9）工艺、技术和设备、设施的先进性和可靠性分析。 （10）安全设施专项投资概算。 （11）安全预评价报告中的安全对策及建议采纳情况。 （12）预期效果以及存在的问题与建议。 （13）可能出现的事故预防及应急救援措施。 （14）法律、法规、规章、标准规定需要说明的其他事项
3	提出审查申请	非煤矿矿山建设项目、生产（储存）危险化学品（包括使用长输管道输送危险化学品）的建设项目和生产、储存烟花爆竹的建设项目安全设施设计完成后，生产经营单位应当按照规定向安全生产监督管理部门提出审查申请，并提交下列文件资料： （1）建设项目审批、核准或者备案的文件。 （2）建设项目安全设施设计审查申请。 （3）设计单位的设计资质证明文件。 （4）建设项目初步设计报告及安全专篇。 （5）建设项目安全预评价报告及相关文件资料。 （6）法律、行政法规、规章规定的其他文件资料。 化工、冶金、有色、建材、机械、轻工、纺织、烟草、商贸、军工、公路、水运、轨道交通、电力等行业的国家和省级重点建设项目安全设施设计完成后，生产经营单位应当按照规定向安全生产监督管理部门备案，并提交下列文件资料： （1）建设项目审批、核准或者备案的文件。 （2）建设项目初步设计报告及安全专篇。 （3）建设项目安全预评价报告及相关文件资料
4	受理	全生产监督管理部门收到申请后，对属于本部门职责范围内的，应当及时进行审查，并在收到申请后5个工作日内作出受理或者不予受理的决定，书面告知申请人；对不属于本部门职责范围内的，应当将有关文件资料转送有审查权的安全生产监督管理部门，并书面告知申请人。 对已经受理的建设项目安全设施设计审查申请，安全生产监督管理部门应当自受理之日起20个工作日内作出是否批准的决定，并书面告知申请人。20个工作日内不能作出决定的，经本部门负责人批准，可以延长10个工作日，并应当将延长期限的理由书面告知申请人
5	不予批准情形	（1）无建设项目审批、核准或者备案文件的。 （2）未委托具有相应资质的设计单位进行设计的。 （3）安全预评价报告由未取得相应资质的安全评价机构编制的。 （4）未按照有关安全生产的法律、法规、规章和国家标准或者行业标准、技术规范的规定进行设计的。 （5）未采纳安全预评价报告中的安全对策和建议，且未做充分论证说明的。 （6）不符合法律、行政法规规定的其他条件的

续表

序号	项目	内容
6	重新审查	已经批准的建设项目及其安全设施设计有下列情形之一的，生产经营单位应当报原批准部门审查同意；未经审查同意的，不得开工建设： (1) 建设项目的规模、生产工艺、原料、设备发生重大变更的。 (2) 改变安全设施设计且可能降低安全性能的。 (3) 在施工期间重新设计的

六、建设项目安全设施施工和竣工验收

序号	项目	内容
1	施工	建设项目安全设施的施工应当由取得相应资质的施工单位进行，并与建设项目主体工程同时施工。 施工单位应当在施工组织设计中编制安全技术措施和施工现场临时用电方案，同时对危险性较大的分部分项工程依法编制专项施工方案，并附具安全验算结果，经施工单位技术负责人、总监理工程师签字后实施。 施工单位应当严格按照安全设施设计和相关施工技术标准、规范施工，并对安全设施的工程质量负责
2	申请安全设施竣工验收	非煤矿矿山建设项目、生产（储存）危险化学品（包括使用长输管道输送危险化学品）的建设项目和生产、储存烟花爆竹的建设项目竣工投入生产或者使用前，生产经营单位应当按照《建设项目安全设施"三同时"监督管理暂行办法》的规定向安全生产监督管理部门申请安全设施竣工验收，并提交下列文件资料： (1) 安全设施竣工验收申请。 (2) 安全设施设计审查意见书（复印件）。 (3) 施工单位的资质证明文件（复印件）。 (4) 建设项目安全验收评价报告及其存在问题的整改确认材料。 (5) 安全生产管理机构设置或者安全生产管理人员配备情况。 (6) 从业人员安全培训教育及资格情况。 (7) 法律、行政法规、规章规定的其他文件资料。 化工、冶金、有色、建材、机械、轻工、纺织、烟草、商贸、军工、公路、水运、轨道交通、电力等行业的国家和省级重点建设项目竣工投入生产或者使用前，生产经营单位应当按照《建设项目安全设施"三同时"监督管理暂行办法》的规定向安全生产监督管理部门备案，并提交下列文件资料： (1) 安全设施设计备案意见书（复印件）。 (2) 施工单位的施工资质证明文件（复印件）。 (3) 建设项目安全验收评价报告及其存在问题的整改确认材料。 (4) 安全生产管理机构设置或者安全生产管理人员配备情况。 (5) 从业人员安全教育培训及资格情况
3	受理	安全生产监督管理部门收到申请后，对属于本部门职责范围内的，应当及时审查，并在收到申请后5个工作日内作出受理或者不予受理的决定，并书面告知申请人；对不属于本部门职责范围内的，应当将有关文件资料转送有审查权的安全生产监督管理部门，并书面告知申请人。 对已经受理的建设项目安全设施竣工验收申请，安全生产监督管理部门应当自受理之日起20个工作日内作出是否合格的决定，并书面告知申请人。20个工作日内不能作出决定的，经本部门负责人批准，可以延长10个工作日，并应当将延长期限的理由书面告知申请人

156

序号	项目	内容
4	竣工验收不合格的情形	（1）未选择具有相应资质的施工单位施工的。 （2）未按照建设项目安全设施设计文件施工或者施工质量未达到建设项目安全设施设计文件要求的。 （3）建设项目安全设施的施工不符合国家有关施工技术标准的。 （4）未选择具有相应资质的安全评价机构进行安全验收评价或者安全验收评价不合格的。 （5）安全设施和安全生产条件不符合有关安全生产法律、法规、规章和国家标准或者行业标准、技术规范规定的。 （6）发现建设项目试运行期间存在事故隐患未整改的。 （7）未依法设置安全生产管理机构或者配备安全生产管理人员的。 （8）从业人员未经过安全教育培训或者不具备相应资格的。 （9）不符合法律、行政法规规定的其他条件的

考点 10　安全生产教育培训

一、生产经营单位安全培训规定

序号	项目	内容
1	主要负责人的安全培训	（1）国家安全生产方针、政策和有关安全生产的法律、法规、规章及标准。 （2）安全生产管理基本知识、安全生产技术、安全生产专业知识。 （3）重大危险源管理、重大事故防范、应急管理和救援组织以及事故调查处理的有关规定。 （4）职业危害及其预防措施。 （5）国内外先进的安全生产管理经验。 （6）典型事故和应急救援案例分析。 （7）其他需要培训的内容
2	安全生产管理人员的安全培训	（1）国家安全生产方针、政策和有关安全生产的法律、法规、规章及标准。 （2）安全生产管理、安全生产技术、职业卫生等知识。 （3）伤亡事故统计、报告及职业危害的调查处理方法。 （4）应急管理、应急预案编制以及应急处置的内容和要求。 （5）国内外先进的安全生产管理经验。 （6）典型事故和应急救援案例分析。 （7）其他需要培训的内容
3	培训时间	生产经营单位主要负责人和安全生产管理人员初次安全培训时间不得少于32学时。每年再培训时间不得少于12学时。 煤矿、非煤矿山、危险化学品、烟花爆竹等生产经营单位主要负责人和安全生产管理人员安全资格培训时间不得少于48学时；每年再培训时间不得少于16学时。 生产经营单位新上岗的从业人员，岗前培训时间不得少于24学时。煤矿、非煤矿山、危险化学品、烟花爆竹等生产经营单位新上岗的从业人员安全培训时间不得少于72学时，每年接受再培训的时间不得少于20学时
4	厂（矿）级岗前安全培训	（1）本单位安全生产情况及安全生产基本知识。 （2）本单位安全生产规章制度和劳动纪律。 （3）从业人员安全生产权利和义务。 （4）有关事故案例等

续表

序号	项目	内容
5	车间（工段、区、队）级岗前安全培训	（1）工作环境及危险因素。 （2）所从事工种可能遭受的职业伤害和伤亡事故。 （3）所从事工种的安全职责、操作技能及强制性标准。 （4）自救互救、急救方法、疏散和现场紧急情况的处理。 （5）安全设备设施、个人防护用品的使用和维护。 （6）本车间（工段、区、队）安全生产状况及规章制度。 （7）预防事故和职业危害的措施及应注意的安全事项。 （8）有关事故案例。 （9）其他需要培训的内容
6	班组级岗前安全培训	（1）岗位安全操作规程。 （2）岗位之间工作衔接配合的安全与职业卫生事项。 （3）有关事故案例。 （4）其他需要培训的内容

二、特种作业人员安全技术培训考核管理办法

序号	项目	内容
1	特种作业人员必须具备的基本条件	（1）年龄满 18 周岁。 （2）身体健康，无妨碍从事相应工种作业的疾病和生理缺陷。 （3）初中以上文化程度，具备相应工种的安全技术知识，参加国家规定的安全技术理论和实际操作考核并成绩合格。 （4）符合相应工种作业特点需要的其他条件
2	培训	特种作业人员在独立上岗作业前，必须进行与本工种相适应的、专门的安全技术理论学习和实际操作训练
3	考核	特种作业人员安全技术考核分为安全技术理论考核和实际操作考核
4	发证	参加特种作业安全操作资格考核的人员，应当填写考核申请表，由申请人或申请人的用人单位向当地负责特种作业人员考核的单位提出申请。考核单位收到考核申请后，应在 60 日内组织考核。经考核合格的，发给相应的特种作业操作证；经考核不合格的，允许补考 1 次

三、安全生产培训管理办法

序号	项目	内容
1	原则	安全培训工作实行统一规划、归口管理、分级实施、分类指导、教考分离的原则
2	安全培训	安全监管监察人员，危险物品的生产、经营、储存单位与非煤矿山企业的主要负责人、安全生产管理人员和特种作业人员及从事安全生产工作的相关人员的安全培训大纲，由国家安全监管总局组织制定。 危险化学品登记机构的登记人员和承担安全评价、咨询、检测、检验的人员及注册安全工程师、安全生产应急救援人员的安全培训按照有关法律、法规、规章的规定进行

续表

序号	项目	内容
3	安全培训的考核	安全监管监察人员，危险物品的生产、经营、储存单位及非煤矿山企业主要负责人、安全生产管理人员和特种作业人员，以及从事安全生产工作的相关人员的考核标准，由国家安全监管总局统一制定
4	安全培训的发证	危险物品的生产、经营、储存单位和矿山企业主要负责人、安全生产管理人员经考核合格后，颁发安全资格证

考点11 企业安全文化建设

一、企业安全文化建设的操作步骤

序号	项目	内容
1	建立机构	领导机构可以定为安全文化建设委员会，必须由生产经营单位主要负责人亲自担任委员会主任，同时要确定一名生产经营单位高层领导人担任委员会的常务副主任。 其他高层领导可以任副主任，有关管理部门负责人任委员。其下还必须建立一个安全文化办公室，办公室可以由生产（经营）、宣传、党群、团委、安全管理等部门的人员组成，负责日常工作
2	制定规划	（1）对本单位的安全生产观念、状态进行初始评估。 （2）对本单位的安全文化理念进行定格设计。 （3）制定出科学的时间表及推进计划
3	培训骨干	培养骨干是推动企业安全文化建设不断更新、发展，非做不可的事情。训练内容可包括理论、事例、经验和本企业应该如何实施的方法等
4	宣传教育	宣传、教育、激励、感化是传播安全文化，促进精神文明的重要手段
5	努力实践	安全文化建设是安全管理中高层次的工作，是实现零事故目标的必由之路，是超越传统安全管理来解决安全生产问题的根本途径。 在安全文化建设过程中，紧紧围绕"安全—健康—文明—环保"的理念，通过采取管理控制、精神激励、环境感召、心理调适、习惯培养等一系列方法，既推进安全文化建设的深入发展，又丰富安全文化的内涵

二、企业安全文化建设评价指标

序号	项目	内容
1	基础特征	企业状态特征、企业文化特征、企业形象特征、企业员工特征、企业技术特征、监管环境、经营环境、文化环境
2	安全承诺	安全承诺内容、安全承诺表述、安全承诺传播、安全承诺认同
3	安全管理	安全权责、管理机构、制度执行、管理效果
4	安全环境	安全指引、安全防护、环境感受
5	安全培训与学习	重要性体现、充分性体现、有效性体现

续表

序号	项目	内容
6	安全信息传播	信息资源、信息系统、效能体现
7	安全行为激励	激励机制、激励方式、激励效果
8	安全事务参与	安全会议与活动、安全报告、安全建议、沟通交流
9	决策层行为	公开承诺、责任履行、自我完善
10	管理层行为	责任履行、指导下属、自我完善
11	员工层行为	安全态度、知识技能、行为习惯、团队合作

三、企业安全文化建设减分指标

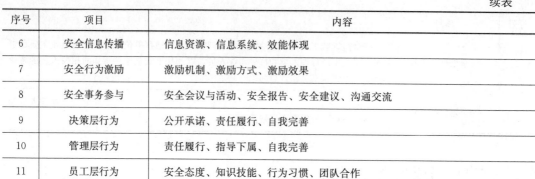

$$减分指标\begin{cases}死亡事故\\重伤事故\\违章记录\end{cases}$$

四、企业安全文化建设评价程序

（1）建立评价组织机构与评价实施机构。

（2）制定评价工作实施方案。

（3）下达评价通知书。

（4）调研、收集与核实基础资料。

（5）数据统计分析。

（6）撰写评价报告。

（7）反馈企业征求意见。

（8）提交评价报告。

（9）进行评价工作报告。

考点 12　安全生产标准化定级管理

一、企业安全生产标准化定级程序

序号	项目	内容
1	自评	企业应自主开展安全生产标准化建设工作，成立由主要负责人任组长的自评工作组，对照相应定级标准开展自评，每年一次，形成自评报告在企业内部进行公示，及时整改发现的问题，持续改进安全绩效
2	申请	申请定级的企业，依拟申请的等级向相应组织单位提交自评报告。组织单位收到企业自评报告后，对自评报告内容存在问题的，告知企业需要补正的全部内容。符合申请条件的，将审核意见和企业自评报告报送定级部门，并书面告知企业；对不符合的，书面告知企业并说明理由。审核、报送和告知工作应在 10 个工作日内完成

序号	项目	内容
3	评审	定级部门对组织单位报送的审核意见和企业自评报告进行确认后，由组织单位通知负责现场评审的单位成立现场评审组在 20 个工作日内完成现场评审，形成现场评审报告，初步确定企业是否达到拟申请的等级，书面告知企业。 　　企业收到现场评审报告后，应当在 20 个工作日内完成不符合项整改工作，并将整改情况报告现场评审组。现场评审组应指导企业做好整改工作，并在收到企业整改情况报告后 10 个工作日内采取书面检查或者现场复核的方式，确认好确认整改是否合格，书面告知企业和组织单位。企业未在规定期限内完成整改的，视为整改不合格
4	公示	组织单位将确认整改合格、符合相应定级标准的企业名单定期报送相应定级部门；定级部门确认后，在本级政府或者本部门网站向社会公示，接受社会监督，公示时间不少于 7 个工作日。公示期间，收到企业存在不符合定级标准以及其他相关要求问题反映的，由定级部门组织核实
5	公告	对公示无异议或者经核实不存在所反映问题的定级企业，由定级部门确认定级等级，予以公告，并抄送同级工业和信息化、人力资源社会保障、国有资产监督管理、市场监督管理等部门和工会组织，以及相应银行保险和证券监督管理机构。对未予公告的企业，由定级部门书面告知其未通过定级，并说明理由

二、企业安全生产标准化定级条件及等级撤销

序号	项目	内容
1	定级条件	申请定级的企业应当在自评报告中，由其主要负责人承诺符合以下条件： 　　(1) 依法应当具备的证照齐全有效。 　　(2) 依法设置安全生产管理机构或者配备安全生产管理人员。 　　(3) 主要负责人、安全生产管理人员、特种作业人员依法持证上岗。 　　(4) 申请定级之日前 1 年内，未发生死亡、总计 3 人及以上重伤或者直接经济损失总计 100 万元及以上的生产安全事故。 　　(5) 未发生造成重大社会不良影响的事件。 　　(6) 未被列入安全生产失信惩戒名单。 　　(7) 前次申请定级被告知未通过之日起满 1 年。 　　(8) 被撤销安全生产标准化等级之日起满 1 年。 　　(9) 全面开展隐患排查治理，发现的重大隐患已完成整改。 　　申请一级定级的企业，还应当承诺符合以下条件： 　　(1) 从未发生过特别重大生产安全事故，且申请定级之日前 5 年内未发生过重大生产安全事故、前 2 年内未发生过生产安全死亡事故。 　　(2) 按照《企业职工伤亡事故分类》GB 6441、《事故伤害损失工作日标准》GB/T 15499，统计分析年度事故起数、伤亡人数、损失工作日、千人死亡率、千人重伤率、伤害频率、伤害严重率等，并自前次取得安全生产标准化等级以来逐年下降或者持平。 　　(3) 曾被定级为一级，或者被定级为二级、三级并有效运行 3 年以上。 　　发现企业存在承诺不实的，定级相关工作即行终止，3 年内不再受理该企业安全生产标准化定级申请
2	等级撤销	取得安全生产标准化定级的企业，在证书有效期内发生下列行为之一的，由原定级部门撤销其等级并予以公告，同时抄送同级工业和信息化、人力资源社会保障、国有资产监督管理、市场监督管理等部门和工会组织，以及相应银行保险和证券监督管理机构。

续表

序号	项目	内容
2	等级撤销	(1) 发生生产安全死亡事故的。 (2) 连续12个月内发生总计重伤3人及以上或者直接经济损失总计100万元及以上的生产安全事故的。 (3) 发生造成重大社会不良影响事件的。 (4) 瞒报、谎报、迟报、漏报生产安全事故的。 (5) 被列入安全生产失信惩戒名单的。 (6) 提供虚假材料，或者以其他不正当手段取得安全生产标准化等级的。 (7) 行政许可证照注销、吊销、撤销的，或者不再从事相关行业生产经营活动的。 (8) 存在重大生产安全事故隐患，未在规定期限内完成整改的。 (9) 未按照安全生产标准化管理体系持续、有效运行，情节严重的

考点13　企业双重预防机制建设

一、安全风险分级管控

序号	项目	内容
1	职责	企业应遵循"分类、分级、分专业"的方法，明确安全风险分级管控原则和责任主体，制定针对性的安全风险管理措施，并落实领导层、管理层、员工层的安全风险管控职责
2	目的	消除或尽量降低风险，以保护员工远离不利的安全和健康影响
3	条件	(1) 必须充分控制安全风险，尽可能消除对员工的不利影响。 (2) 必须保护可能暴露在风险中的员工。 (3) 不得在工作场所中形成新的风险。 (4) 必须和员工商议，让员工参与。 (5) 确保风险管控措施可以执行

二、事故隐患排查治理

序号	项目	内容
1	建立健全制度	建立健全事故隐患排查治理制度，完善事故隐患自查、自改、自报的管理机制，对事故隐患的排查、记录、治理、通报各环节和资金保障等事项作出具体规定，规范隐患排查治理闭环运行
2	隐患排查准备	结合所属行业领域的相关法律、法规、标准要求，以及本单位制定的安全风险管控措施，编制符合本单位实际的事故隐患排查清单，明确排查内容、排查周期、责任部门及人员，作为企业各层级、各岗位事故隐患排查依据
3	组织隐患排查	按照事故隐患排查清单，组织开展事故隐患排查，并对排查发现的事故隐患进行登记
4	事故隐患治理	及时开展事故隐患治理工作，对一般事故隐患立即或短时间内采取措施予以整改，对重大事故隐患应按照相关要求开展治理，做到整改措施、责任、资金、时限和预案"五到位"。事故隐患治理过程中，应加强监测监控，无法保证安全的，应当从危险区域内撤出作业人员，暂时停产停业或者停止使用相关设施、设备，防止事故发生

续表

序号	项目	内容
5	建立台账	建立事故隐患排查治理台账，如实记录事故隐患排查治理情况。事故隐患排查治理台账包括排查时间、事故隐患内容、整个措施及整改结果等信息
6	情况通报	事故隐患排查治理情况通过职工大会或者职工代表大会、信息公示栏等方式向从业人员通报。其中，重大事故隐患排查治理情况应当及时向负有安全生产监督管理职责的部门和职工大会或者职工代表大会报告

考点 14　劳动防护用品的选用配置

一、劳动防护用品管理、选用、采购、发放、培训及使用要求

序号	项目	内容
1	管理要求	（1）用人单位应当健全管理制度，加强劳动防护用品配备、发放、使用等管理工作。 （2）生产经营单位应当安排专项经费用于配备劳动防护用品，不得以货币或者其他物品替代。该项经费计入生产成本，据实收支。 （3）用人单位应当为劳动者提供符合国家标准或者行业标准的劳动防护用品。使用进口的劳动防护用品，其防护性能不得低于我国相关标准。 （4）劳动者在作业过程中，应当按照规章制度和劳动防护用品使用规则，正确佩戴和使用劳动防护用品。 （5）用人单位使用的劳务派遣工、接纳的实习学生应当纳入本单位人员统一管理，并配备相应的劳动防护用品。对处于作业地点的其他外来人员，必须按照与进行作业的劳动者相同的标准，正确佩戴和使用劳动防护用品
2	选用要求	（1）用人单位应按照识别、评价、选择的程序，结合劳动者作业方式和工作条件，并考虑其个人特点及劳动强度，选择防护功能和效果适用的劳动防护用品。 （2）同一工作地点存在不同种类的危险、有害因素的，应当为劳动者同时提供防御各类危害的劳动防护用品。需要同时配备的劳动防护用品，还应考虑其可兼容性。劳动者在不同地点工作，并接触不同的危险、有害因素，或接触不同的危害程度的有害因素的，为其选配的劳动防护用品应满足不同工作地点的防护需求。 （3）劳动防护用品的选择还应当考虑其佩戴的合适性和基本舒适性，根据个人特点和需求选择适合号型、式样。 （4）用人单位应当在可能发生急性职业损伤的有毒有害工作场所配备应急劳动防护用品，放置于现场临近位置并有醒目标识。用人单位应当为巡检等流动性作业的劳动者配备随身携带的个人应急防护用品
3	采购、发放、培训及使用要求	（1）用人单位应当根据劳动者工作场所中存在的危险、有害因素种类及危害程度、劳动环境条件、劳动防护用品有效使用时间制定适合本单位的劳动防护用品配备标准。 （2）用人单位应当根据劳动防护用品配备标准制定采购计划，购买符合标准的合格产品。 （3）用人单位应当查验并保存劳动防护用品检验报告等质量证明文件的原件或复印件。 （4）用人单位应当按照本单位制定的配备标准发放劳动防护用品，并做好登记。 （5）用人单位应当对劳动者进行劳动防护用品的使用、维护等专业知识的培训。 （6）用人单位应当督促劳动者在使用劳动防护用品前，对劳动防护用品进行检查，确保外观良好、部件齐全、功能正常。 （7）用人单位应当定期对劳动防护用品的使用情况进行检查，确保劳动者正确使用

163

二、劳动防护用品的维护、更换与报废

序号	项目	内容
1	维护	（1）劳动防护用品应当按照要求妥善保存，及时更换，保证其在有效期内。公用的劳动防护用品应当由车间或班组统一保管，定期维护。 （2）用人单位应当对应急劳动防护用品进行经常性的维护、检修，定期检测劳动防护用品的性能和效果，保证其完好有效
2	更换	用人单位应当按照劳动防护用品发放周期定期发放，对工作过程中损坏的，用人单位应及时更换
3	报废	安全帽、呼吸器、绝缘手套等安全性能要求高、易损耗的劳动防护用品，应当按照有效防护功能最低指标和有效使用期，到期强制报废

考点15 特种设备安全管理

一、特种设备安全法

序号	项目	内容
1	生产	国家按照分类监督管理的原则对特种设备生产实行许可制度。特种设备生产单位应当具备下列条件，并经负责特种设备安全监督管理的部门许可，方可从事生产活动： （1）有与生产相适应的专业技术人员。 （2）有与生产相适应的设备、设施和工作场所。 （3）有健全的质量保证、安全管理和岗位责任等制度。 特种设备生产单位应当保证特种设备生产符合安全技术规范及相关标准的要求，对其生产的特种设备的安全性能负责。不得生产不符合安全性能要求和能效指标以及国家明令淘汰的特种设备。 锅炉、气瓶、氧舱、客运索道、大型游乐设施的设计文件，应当经负责特种设备安全监督管理的部门核准的检验机构鉴定，方可用于制造。 特种设备产品、部件或者试制的特种设备新产品、新部件以及特种设备采用的新材料，按照安全技术规范的要求需要通过型式试验进行安全性验证的，应当经负责特种设备安全监督管理的部门核准的检验机构进行型式试验。 锅炉、压力容器、压力管道元件等特种设备的制造过程和锅炉、压力容器、压力管道、电梯、起重机械、客运索道、大型游乐设施的安装、改造、重大修理过程，应当经特种设备检验机构按照安全技术规范的要求进行监督检验；未经监督检验或者监督检验不合格的，不得出厂或者交付使用
2	经营	特种设备销售单位应当建立特种设备检查验收和销售记录制度。 禁止销售未取得许可生产的特种设备，未经检验和检验不合格的特种设备，或者国家明令淘汰和已经报废的特种设备。 特种设备出租单位不得出租未取得许可生产的特种设备或者国家明令淘汰和已经报废的特种设备，以及未按照安全技术规范的要求进行维护保养和未经检验或者检验不合格的特种设备。 进口的特种设备应当符合我国安全技术规范的要求，并经检验合格；需要取得我国特种设备生产许可的，应当取得许可。 进口特种设备，应当向进口地负责特种设备安全监督管理的部门履行提前告知义务

续表

序号	项目	内容
3	使用	特种设备使用单位应当使用取得许可生产并经检验合格的特种设备。 禁止使用国家明令淘汰和已经报废的特种设备。 特种设备使用单位应当在特种设备投入使用前或者投入使用后三十日内，向负责特种设备安全监督管理的部门办理使用登记，取得使用登记证书。登记标志应当置于该特种设备的显著位置。 特种设备使用单位应当建立岗位责任、隐患治理、应急救援等安全管理制度，制定操作规程，保证特种设备安全运行。 特种设备使用单位应当建立特种设备安全技术档案。安全技术档案应当包括以下内容： （1）特种设备的设计文件、产品质量合格证明、安装及使用维护保养说明、监督检验证明等相关技术资料和文件。 （2）特种设备的定期检验和定期自行检查记录。 （3）特种设备的日常使用状况记录。 （4）特种设备及其附属仪器仪表的维护保养记录。 （5）特种设备的运行故障和事故记录。 移动式压力容器、气瓶充装单位，应当具备下列条件，并经负责特种设备安全监督管理的部门许可，方可从事充装活动： （1）有与充装和管理相适应的管理人员和技术人员。 （2）有与充装和管理相适应的充装设备、检测手段、场地厂房、器具、安全设施。 （3）有健全的充装管理制度、责任制度、处理措施。 充装单位应当建立充装前后的检查、记录制度，禁止对不符合安全技术规范要求的移动式压力容器和气瓶进行充装。 气瓶充装单位应当向气体使用者提供符合安全技术规范要求的气瓶，对气体使用者进行气瓶安全使用指导，并按照安全技术规范的要求办理气瓶使用登记，及时申报定期检验
4	检验、检测	特种设备生产、经营、使用单位应当按照安全技术规范的要求向特种设备检验、检测机构及其检验、检测人员提供特种设备相关资料和必要的检验、检测条件，并对资料的真实性负责。 特种设备检验、检测机构及其检验、检测人员对检验、检测过程中知悉的商业秘密，负有保密义务。 特种设备检验、检测机构及其检验、检测人员不得从事有关特种设备的生产、经营活动，不得推荐或者监制、监销特种设备。 特种设备检验机构及其检验人员利用检验工作故意刁难特种设备生产、经营、使用单位的，特种设备生产、经营、使用单位有权向负责特种设备安全监督管理的部门投诉，接到投诉的部门应当及时进行调查处理

考点16 特殊作业安全管理

一、动火作业安全管理

序号	项目	内容
1	许可证管理	动火作业许可证或动火安全作业票（简称动火证）实行一个动火点、一张动火证的动火作业管理。 特级动火作业的动火证由主管领导审批。一级动火作业的动火证由安全管理部门审批。二级动火作业的动火证由动火点所在车间审批。 特级动火作业和一级动火作业的动火证的有效期不超过 8h；二级动火作业的动火证有效期不超过 72h，每日动火前应进行动火分析。 动火作业超过有效期限，应重新办理动火证

续表

序号	项目	内容
2	安全措施	（1）动火作业应有专人监护，动火作业前应清除动火现场及周围的易燃物品，或采取其他有效的安全防火措施，并配备消防器材，满足作业现场应急需求。 （2）凡在盛有或盛装过助燃或易燃易爆危险化学品的设备、管道等生产、储存设施及《危险化学品企业特殊作业安全规范》GB 30871—2022规定的火灾爆炸危险场所中生产设备上的动火作业，应将上述设备设施与生产系统彻底断开或隔离，不应以水封或仅关闭阀门代替盲板作为隔断措施。 （3）动火期间距动火点30m内不应排放可燃气体；距动火点15m内不应排放可燃液体；在动火点10m范围内及动火点下方不应同时进行可燃溶剂清洗或喷漆等作业；在动火点10m范围内不应进行可燃性粉尘清扫作业。 （4）作业完毕应清理现场，确认无残留火种后方可离开

二、受限空间作业安全管理

序号	项目	要求或措施
1	作业前的安全隔绝	（1）与受限空间连通的可能危及安全作业的管道应采取插入盲板或拆除一段管线进行隔绝。 （2）与受限空间连通的可能危及安全作业的孔、洞应进行严密封堵。 （3）受限空间内的用电设备应停止运行并有效切断电源，在电源开关处上锁并加挂警示牌
2	作业前对受限空间进行清洗或置换	（1）氧含量为19.5%～21%（体积分数），在富氧环境下不应大于23.5%（体积分数）。 （2）有毒气体（物质）浓度应符合规定。 （3）可燃气体、蒸汽浓度要求符合有关规定
3	保持受限空间空气流通良好	（1）打开人孔、手孔、料孔、风门、烟门等与大气相通的设施进行自然通风。 （2）必要时，应采用风机强制通风或管道送风，管道送风前应对管道内介质和风源进行分析确认
4	对气体浓度进行监测	（1）作业前30min内，应对受限空间进行气体分析，分析合格后方可入内。 （2）监测点应有代表性，容积较大的受限空间，应对上、中、下（左、中、右）各部位进行监测分析。 （3）分析仪器应在校验有效期内，使用前应保证其处于正常工作状态。 （4）监测人员深入或探入受限空间监测时应采取符合规定的个人防护措施。 （5）作业中应定时监测，至少每2h监测二次，如监测分析结果有明显变化，应立即停止作业，撤离人员，对现场进行处理，分析合格后方可恢复作业。 （6）作业时，作业现场应配置移动式气体检测报警仪，连续检测受限空间内可燃气体、有毒气体及氧气浓度，并2h记录1次；气体浓度超限报警时，应立即停止作业，撤离人员，对现场进行处理，分析合格后方可恢复作业。 （7）涂刷具有挥发性溶剂的涂料时，应进行连续分析，并采取强制通风措施。 （8）作业中断时间超过60min时，应重新进行分析
5	进入受限空间的防护	（1）缺氧或有毒的受限空间经清洗或置换仍达不到安全要求的，应佩戴隔绝式呼吸器，必要时应拴带救生绳。 （2）易燃易爆的受限空间经清洗或置换仍达不到安全要求的，应穿防静电工作服及防静电工作鞋，使用防爆型低压灯具及防爆工具。 （3）酸碱等腐蚀性介质的受限空间，应穿戴防酸碱防护服、防护鞋、防护手套等防腐蚀护品。

序号	项目	要求或措施
5	进入受限空间的防护	（4）有噪声产生的受限空间，应佩戴耳塞或耳罩等防噪声护具。 （5）有粉尘产生的受限空间，应佩戴防尘口罩、眼罩等防尘护具。 （6）高温的受限空间，进入时应穿戴高温防护用品，必要时采取通风、隔热、佩戴通信设备等防护措施。 （7）低温的受限空间，进入时应穿戴低温防护用品，必要时采取供暖、佩戴通信设备等措施
6	照明及用电安全	（1）受限空间照明电压应小于或等于36V，在潮湿容器、狭小容器内作业电压应小于或等于12V。 （2）在潮湿容器中，作业人员应站在绝缘板上，同时保证金属容器接地可靠
7	作业监护	（1）在受限空间外应设有专人监护，作业期间监护人员不应离开。 （2）在风险较大的受限空间作业时，应增设监护人员，并随时与受限空间作业人员保持联络。 （3）受限空间外应设置安全警示标志，保持出入口的畅通

三、高处作业安全管理

序号	项目	内容
1	作业证管理	作业负责人应根据高处作业的分级和类别向审批单位提出申请，办理高处安全作业证
2	作业安全要求与防护	《危险化学品企业特殊作业安全规范》（GB 30871—2022）对高处作业安全防护的规定如下： （1）作业人员应佩戴符合要求的安全带。带电高处作业应使用绝缘工具或穿均压服。 （2）高处作业应设专人监护，作业人员不应在作业处休息。 （3）在彩钢板屋顶、石棉瓦、瓦棱板等轻型材料上作业，应铺设牢固的脚手板并加以固定，脚手板上要有防滑措施。 （4）在临近排放有毒、有害气体、粉尘的放空管线或烟囱等场所进行作业时，应预先与作业所在地有关人员取得联系，并采取有效的安全防护措施，作业人员应配备必要的且符合相关国家标准的防护器材（如空气呼吸器、过滤式防毒面具或口罩等）。 （5）雨天和雪天作业时，应采取可靠的防滑、防寒措施；遇有五级以上强风、浓雾等恶劣气候，不应进行露天高处作业、露天攀登与悬空高处作业；暴风雪、台风、暴雨后，应对作业安全设施进行检查，发现问题立即处理。 （6）作业使用的工具、材料、零件等应装入工具袋，上下时手中不应持物，不应投掷工具、材料及其他物品。脚手架上临时放置的零星物件，必须做好防窜、防坠落、防滑的措施。 （7）在同一坠落方向上，一般不应进行上下交叉作业，如需进行交叉作业，中间应设置安全防护层，坠落高度超过24m的交叉作业，应设双层防护。 （8）因作业必需，临时拆除或变动安全防护设施时，应经作业审批人员同意，并采取相应的防护措施，作业后应立即恢复。 （9）作业人员在作业中如果发现异常情况，应及时发出信号，并迅速撤离现场。 （10）拆除脚手架、防护棚时，应设警戒区并派专人监护，不应上部和下部同时施工

四、吊装作业安全管理

序号	项目	内容
1	许可证管理	一级吊装作业许可证，由作业单位申请办理，主管厂长或总工程师审批。 二级、三级吊装作业许可证，由作业单位申请办理，设备管理部门负责审批
2	作业要求	（1）一、二级吊装作业，应编制吊装作业方案。吊装物体质量虽不足40t，但形状复杂、刚度小、长径比大、精密贵重，以及在作业条件特殊的情况下，三级吊装作业也应编制吊装作业方案；吊装作业方案应经审批。 （2）吊装现场应设置安全警戒标志，并设专人监护。 （3）不应靠近输电线路进行吊装作业。 （4）大雪、暴雨、大雾及六级以上风时，不应露天作业。 （5）作业前，作业单位应对起重机械、吊具、索具、安全装置等进行检查，确保其处于完好状态。 （6）应按规定负荷进行吊装，吊具、索具经计算选择使用，不应超负荷吊装。 （7）不应利用管道、管架、电杆、机电设备等作吊装锚点。 （8）起吊前应进行试吊，试吊中检查全部机具、地锚受力情况，发现问题应将吊物放回地面，排除故障后重新试吊，确认正常后方可正式吊装。 （9）指挥人员应佩戴明显的标志，并按规定的联络信号进行指挥

五、临时用电安全管理

序号	项目	内容
1	定义	临时用电是指正式运行的电源上所接的非永久性用电
2	管理要求	（1）在运行的生产装置、罐区和具有火灾爆炸危险场所内不应接临时电源。 （2）各类移动电源及外部自备电源，不应接入电网。 （3）动力和照明线路应分路设置。 （4）在开关上接引、拆除临时用电线路时，其上级开关应断电上锁并加挂安全警示标牌，拆、接线路作业时，应由监护人在场。 （5）临时用电应设置保护开关，使用前应检查电气装置和保护设施的可靠性。所有的临时用电均应设置接地保护。 （6）临时用电时间一般不超过15d，特殊情况不应超过一个月

六、动土作业安全管理

序号	项目	内容
1	定义	动土作业是指挖土、打桩、钻探、坑探、地锚入土深度在0.5m以上；使用推土机、压路机等施工机械进行填土或平整场地等可能对地下隐蔽设施产生影响的作业
2	作业证管理	动土证由动土所在单位办理，水、电、汽、工艺、设备、消防、安全管理等部门审核或会签，工程管理部门审批
3	作业安全管理要求	（1）作业前，应检查工具、现场支撑是否牢固、完好，发现问题应及时处理。 （2）作业现场应根据需要设置护栏、盖板或警告标志，夜间应悬挂警示灯。 （3）在破土开挖前，应先做好地面和地下排水，防止地面渗入作业层面造成塌方。 （4）动土作业应设专人监护

七、断路作业安全管理

序号	项目	内容
1	定义	断路作业是指在生产区域内交通主、支路与车间引道上进行工程施工、吊装、吊运等各种影响正常交通的作业
2	作业证管理	断路证由断路所在单位办理，消防、安全管理部门审核或会签，工程管理部门审批
3	作业安全管理要求	（1）作业前，作业申请单位应会同本单位相关主管部门制定交通组织方案。 （2）作业单位应根据需要在断路的路口和相关道路上设置交通警示标志，在作业区附近设置路栏、道路作业警示灯、导向标等交通警示设施。 （3）在夜间或雨、雪、雾天进行作业应设置道路作业警示灯

📝 考点 17　工伤保险

序号	项目	内容
1	工伤保险基金	用人单位应当按时缴纳工伤保险费。职工个人不缴纳工伤保险费。用人单位缴纳工伤保险费的数额为本单位职工工资总额乘以单位缴费费率之积
2	工伤认定的情形	（1）在工作时间和工作场所内，因工作原因受到事故伤害的。 （2）工作时间前后在工作场所内，从事与工作有关的预备性或者收尾性工作受到事故伤害的。 （3）在工作时间和工作场所内，因履行工作职责受到暴力等意外伤害的。 （4）患职业病的。 （5）因工外出期间，由于工作原因受到伤害或者发生事故下落不明的。 （6）在上下班途中，受到非本人主要责任的交通事故或者城市轨道交通、客运轮渡、火车事故伤害的。 （7）法律、行政法规规定应当认定为工伤的其他情形
3	视同工伤的情形	（1）在工作时间和工作岗位，突发疾病死亡或者在48小时之内经抢救无效死亡的。 （2）在抢险救灾等维护国家利益、公共利益活动中受到伤害的。 （3）职工原在军队服役，因战、因公负伤致残，已取得革命伤残军人证，到用人单位后旧伤复发的
4	不得认定为工伤或者视同工伤的情形	（1）故意犯罪的。 （2）醉酒或者吸毒的。 （3）自残或者自杀的
5	劳动能力鉴定	职工发生工伤，经治疗伤情相对稳定后存在残疾、影响劳动能力的，应当进行劳动能力鉴定
6	工伤保险待遇	职工因工作遭受事故伤害或者患职业病进行治疗，享受工伤医疗待遇。 职工治疗工伤应当在签订服务协议的医疗机构就医，情况紧急时可以先到就近的医疗机构急救。 治疗工伤所需费用符合工伤保险诊疗项目目录、工伤保险药品目录、工伤保险住院服务标准的，从工伤保险基金支付。工伤保险诊疗项目目录、工伤保险药品目录、工伤保险住院服务标准，由国务院社会保险行政部门会同国务院卫生行政部门、食品药品监督管理部门等部门规定。

续表

序号	项目	内容
6	工伤保险待遇	职工住院治疗工伤的伙食补助费，以及经医疗机构出具证明，报经办机构同意，工伤职工到统筹地区以外就医所需的交通、食宿费用从工伤保险基金支付，基金支付的具体标准由统筹地区人民政府规定。 工伤职工治疗非工伤引发的疾病，不享受工伤医疗待遇，按照基本医疗保险办法处理。 工伤职工到签订服务协议的医疗机构进行工伤康复的费用，符合规定的，从工伤保险基金支付

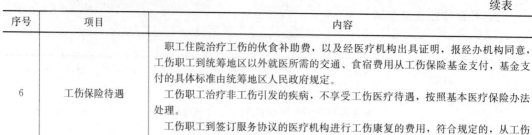

考点 18 安全生产投入

一、对安全生产投入的基本要求

序号	项目	内容
1	资金投入规定	《安全生产法》第二十三条规定，生产经营单位应当具备的安全生产条件所必需的资金投入，由生产经营单位的决策机构、主要负责人或者个人经营的投资人予以保证，并对由于安全生产所必需的资金投入不足导致的后果承担责任
2	安全生产费用提取、使用和管理的主体	生产经营单位
3	企业安全费用的提取	企业安全费用的提取，要根据地区和行业的特点，分别确定提取标准，由企业自行提取，专户储存，专项用于安全生产
4	安全费用管理原则	按照"企业提取、政府监管、确保需要、规范使用"的原则进行管理

二、建设工程施工企业安全生产费用的提取

序号	项目	内容
1	提取方式	以建筑安装工程造价为计提依据
2	提取标准	（1）矿山工程为 2.5%。 （2）房屋建筑工程、水利水电工程、电力工程、铁路工程、城市轨道交通工程为 2.0%。 （3）市政公用工程、冶炼工程、机电安装工程、化工石油工程、港口与航道工程、公路工程、通信工程为 1.5%。 建设工程施工企业提取的安全生产费用列入工程造价，在竞标时，不得删减，列入标外管理。国家对基本建设投资概算另有规定的，从其规定。总包单位应当将安全生产费用按比例直接支付分包单位并监督使用，分包单位不再重复提取
3	适用范围	（1）完善、改造和维护安全防护设施设备（不含"三同时"要求初期投入的安全设施）支出，包括施工现场临时用电系统、洞口、临边、机械设备、高处作业防护、交叉作业防护、防火、防爆、防尘、防毒、防雷、防台风、防地质灾害、地下工程有害气体监测、通风、临时安全防护等设施设备支出。 （2）配备、维护、保养应急救援器材、设备支出和应急演练支出。 （3）开展重大危险源和事故隐患评估、监控和整改支出。

序号	项目	内容
3	适用范围	（4）安全生产检查、评价（不包括新建、改建、扩建项目安全评价）、咨询和标准化建设支出。 （5）配备和更新现场作业人员安全防护用品支出。 （6）安全生产宣传、教育、培训支出。 （7）安全生产适用的新技术、新标准、新工艺、新装备的推广应用支出。 （8）安全设施及特种设备检测检验支出。 （9）其他与安全生产直接相关的支出

三、安全生产费用的管理

序号	项目	内容
1	优先适用	在规定的使用范围内，企业应当将安全生产费用优先用于满足应急管理部门、煤矿安全监察机构以及行业主管部门对企业安全生产提出的整改措施或者达到安全生产标准所需的支出
2	专户核算	企业提取的安全生产费用应当专户核算，按规定范围安排使用，不得挤占、挪用。年度结余资金结转下年度使用，当年计提安全生产费用不足的，超出部分按正常成本费用渠道列支
3	管理制度	企业应当建立、健全内部安全生产费用管理制度，明确安全生产费用提取和使用的程序、职责及权限，按规定提取和使用安全生产费用。 企业应当加强安全生产费用管理，编制年度安全生产费用提取和使用计划，纳入企业财务预算
4	备案	企业年度安全生产费用使用计划和上一年安全生产费用的提取、使用情况按照管理权限报同级财政部门、应急管理部门、煤矿安全监察机构和行业主管部门备案

考点 19　生产安全事故应急管理

一、应急准备

序号	项目	内容
1	应急救援预案的制定	生产经营单位应当针对本单位可能发生的生产安全事故的特点和危害，进行风险辨识和评估，制定相应的生产安全事故应急救援预案，并向本单位从业人员公布。 有下列情形之一的，生产安全事故应急救援预案制定单位应当及时修订相关预案： （1）制定预案所依据的法律、法规、规章、标准发生重大变化。 （2）应急指挥机构及其职责发生调整。 （3）安全生产面临的风险发生重大变化。 （4）重要应急资源发生重大变化。 （5）在预案演练或者应急救援中发现需要修订预案的重大问题。 （6）其他应当修订的情形

续表

序号	项目	内容
2	应急救援预案的备案	易燃易爆物品、危险化学品等危险物品的生产、经营、储存、运输单位，矿山、金属冶炼、城市轨道交通运营、建筑施工单位，以及宾馆、商场、娱乐场所、旅游景区等人员密集场所经营单位，应当将其制定的生产安全事故应急救援预案按照国家有关规定报送县级以上人民政府负有安全生产监督管理职责的部门备案，并依法向社会公布
3	应急救援预案演练	易燃易爆物品、危险化学品等危险物品的生产、经营、储存、运输单位，矿山、金属冶炼、城市轨道交通运营、建筑施工单位，以及宾馆、商场、娱乐场所、旅游景区等人员密集场所经营单位，应当至少每半年组织1次生产安全事故应急救援预案演练，并将演练情况报送所在地县级以上地方人民政府负有安全生产监督管理职责的部门
4	应急救援队伍	易燃易爆物品、危险化学品等危险物品的生产、经营、储存、运输单位，矿山、金属冶炼、城市轨道交通运营、建筑施工单位，以及宾馆、商场、娱乐场所、旅游景区等人员密集场所经营单位，应当建立应急救援队伍；其中，小型企业或者微型企业等规模较小的生产经营单位，可以不建立应急救援队伍，但应当指定兼职的应急救援人员，并且可以与邻近的应急救援队伍签订应急救援协议
5	配备应急救援器材、设备和物资	易燃易爆物品、危险化学品等危险物品的生产、经营、储存、运输单位，矿山、金属冶炼、城市轨道交通运营、建筑施工单位，以及宾馆、商场、娱乐场所、旅游景区等人员密集场所经营单位，应当根据本单位可能发生的生产安全事故的特点和危害，配备必要的灭火、排水、通风以及危险物品稀释、掩埋、收集等应急救援器材、设备和物资，并进行经常性维护、保养，保证正常运转
6	应急值班	规模较大、危险性较高的易燃易爆物品、危险化学品等危险物品的生产、经营、储存、运输单位应当成立应急处置技术组，实行24小时应急值班

二、应急救援

序号	项目	内容
1	应急救援措施	发生生产安全事故后，生产经营单位应当立即启动生产安全事故应急救援预案，采取下列一项或者多项应急救援措施，并按照国家有关规定报告事故情况： （1）迅速控制危险源，组织抢救遇险人员。 （2）根据事故危害程度，组织现场人员撤离或者采取可能的应急措施后撤离。 （3）及时通知可能受到事故影响的单位和人员。 （4）采取必要措施，防止事故危害扩大和次生、衍生灾害发生。 （5）根据需要请求邻近的应急救援队伍参加救援，并向参加救援的应急救援队伍提供相关技术资料、信息和处置方法。 （6）维护事故现场秩序，保护事故现场和相关证据。 （7）法律、法规规定的其他应急救援措施
2	应急救援队伍	应急救援队伍接到有关人民政府及其部门的救援命令或者签有应急救援协议的生产经营单位的救援请求后，应当立即参加生产安全事故应急救援。 应急救援队伍根据救援命令参加生产安全事故应急救援所耗费用，由事故责任单位承担；事故责任单位无力承担的，由有关人民政府协调解决

考点 20　生产安全事故应急预案管理

一、应急预案的编制

序号	项目	内容
1	基本要求	应急预案的编制应当符合下列基本要求： （1）有关法律、法规、规章和标准的规定。 （2）本地区、本部门、本单位的安全生产实际情况。 （3）本地区、本部门、本单位的危险性分析情况。 （4）应急组织和人员的职责分工明确，并有具体的落实措施。 （5）有明确、具体的应急程序和处置措施，并与其应急能力相适应。 （6）有明确的应急保障措施，满足本地区、本部门、本单位的应急工作需要。 （7）应急预案基本要素齐全、完整，应急预案附件提供的信息准确。 （8）应急预案内容与相关应急预案相互衔接
2	编制前的工作	编制应急预案前，编制单位应当进行事故风险辨识、评估和应急资源调查。 事故风险辨识、评估，是指针对不同事故种类及特点，识别存在的危险危害因素，分析事故可能产生的直接后果以及次生、衍生后果，评估各种后果的危害程度和影响范围，提出防范和控制事故风险措施的过程。 应急资源调查，是指全面调查本地区、本单位第一时间可以调用的应急资源状况和合作区域内可以请求援助的应急资源状况，并结合事故风险辨识评估结论制定应急措施的过程
3	编制综合应急预案	生产经营单位风险种类多、可能发生多种类型事故的，应当组织编制综合应急预案。 综合应急预案应当规定应急组织机构及其职责、应急预案体系、事故风险描述、预警及信息报告、应急响应、保障措施、应急预案管理等内容
4	编制专项应急预案	对于某一种或者多种类型的事故风险，生产经营单位可以编制相应的专项应急预案，或将专项应急预案并入综合应急预案。专项应急预案应当规定应急指挥机构与职责、处置程序和措施等内容
5	编制现场处置方案	对于危险性较大的场所、装置或者设施，生产经营单位应当编制现场处置方案。 现场处置方案应当规定应急工作职责、应急处置措施和注意事项等内容。 事故风险单一、危险性小的生产经营单位，可以只编制现场处置方案

二、应急预案的评审、公布和备案

序号	项目	内容
1	评审	矿山、金属冶炼企业和易燃易爆物品、危险化学品的生产、经营（带储存设施的，下同）、储存、运输企业，以及使用危险化学品达到国家规定数量的化工企业、烟花爆竹生产、批发经营企业和中型规模以上的其他生产经营单位，应当对本单位编制的应急预案进行评审，并形成书面评审纪要
2	公布	易燃易爆物品、危险化学品等危险物品的生产、经营、储存、运输单位，矿山、金属冶炼、城市轨道交通运营、建筑施工单位，以及宾馆、商场、娱乐场所、旅游景区等人员密集场所经营单位，应当在应急预案公布之日起 20 个工作日内，按照分级属地原则，向县级以上人民政府应急管理部门和其他负有安全生产监督管理职责的部门进行备案，并依法向社会公布

续表

序号	项目	内容
3	备案	生产经营单位申报应急预案备案，应当提交下列材料： （1）应急预案备案申报表。 （2）应当提供应急预案评审意见。 （3）应急预案电子文档。 （4）风险评估结果和应急资源调查清单

三、应急预案的实施

序号	项目	内容
1	宣传教育	各级人民政府应急管理部门、各类生产经营单位应当采取多种形式开展应急预案的宣传教育，普及生产安全事故避险、自救和互救知识，提高从业人员和社会公众的安全意识与应急处置技能
2	应急预案培训	生产经营单位应当组织开展本单位的应急预案、应急知识、自救互救和避险逃生技能的培训活动，使有关人员了解应急预案内容，熟悉应急职责、应急处置程序和措施。 应急培训的时间、地点、内容、师资、参加人员和考核结果等情况应当如实记入本单位的安全生产教育和培训档案
3	应急预案演练	生产经营单位应当制定本单位的应急预案演练计划，根据本单位的事故风险特点，每年至少组织一次综合应急预案演练或者专项应急预案演练，每半年至少组织一次现场处置方案演练。 易燃易爆物品、危险化学品等危险物品的生产、经营、储存、运输单位，矿山、金属冶炼、城市轨道交通运营、建筑施工单位，以及宾馆、商场、娱乐场所、旅游景区等人员密集场所经营单位，应当至少每半年组织一次生产安全事故应急预案演练，并将演练情况报送所在地县级以上地方人民政府负有安全生产监督管理职责的部门
4	应急预案演练效果评估	应急预案演练结束后，应急预案演练组织单位应当对应急预案演练效果进行评估，撰写应急预案演练评估报告，分析存在的问题，并对应急预案提出修订意见
5	应急预案定期评估制度	应急预案编制单位应当建立应急预案定期评估制度，对预案内容的针对性和实用性进行分析，并对应急预案是否需要修订作出结论。 矿山、金属冶炼、建筑施工企业和易燃易爆物品、危险化学品等危险物品的生产、经营、储存、运输企业、使用危险化学品达到国家规定数量的化工企业、烟花爆竹生产、批发经营企业和中型规模以上的其他生产经营单位，应当每三年进行一次应急预案评估。 应急预案评估可以邀请相关专业机构或者有关专家、有实际应急救援工作经验的人员参加，必要时可以委托安全生产技术服务机构实施
6	应急预案修订及归档	有下列情形之一的，应急预案应当及时修订并归档： （1）依据的法律、法规、规章、标准及上位预案中的有关规定发生重大变化的。 （2）应急指挥机构及其职责发生调整的。 （3）安全生产面临的风险发生重大变化的。 （4）重要应急资源发生重大变化的。 （5）在应急演练和事故应急救援中发现需要修订预案的重大问题的。 （6）编制单位认为应当修订的其他情况

序号	项目	内容
7	应急预案重新备案	应急预案修订涉及组织指挥体系与职责、应急处置程序、主要处置措施、应急响应分级等内容变更的，修订工作应当参照《生产安全事故应急预案管理办法》规定的应急预案编制程序进行，并按照有关应急预案报备程序重新备案
8	应急物资、装备定期检测和维护	生产经营单位应当按照应急预案的规定，落实应急指挥体系、应急救援队伍、应急物资及装备，建立应急物资、装备配备及其使用档案，并对应急物资、装备进行定期检测和维护，使其处于适用状态

📝 考点 21　应急演练

一、应急演练的类型

1. 按组织形式分类

序号	类型	内容
1	桌面演练	指针对事故情景，利用图纸、沙盘、流程图、计算机、视频等辅助手段，进行交互式讨论和推演的应急演练活动
2	实战演练	指针对事故情景，选择（或模拟）生产经营活动中的设备设施、装置或场所，利用各类应急器材、装备、物资，通过决策行动、实际操作，完成真实应急响应的过程

2. 按演练内容分类

序号	类型	内容
1	单项演练	指针对应急预案中某项应急响应功能开展的演练活动
2	综合演练	指针对应急预案中多项或全部应急响应功能开展的演练活动

二、应急演练的内容

序号	项目	内容
1	预警与报告	根据事故情景，向相关部门或人员发出预警信息，并向有关部门和人员报告事故情况
2	指挥与协调	根据事故情景，成立应急指挥部，调集应急救援队伍和相关资源，开展应急救援行动
3	应急通信	根据事故情景，在应急救援相关部门或人员之间进行音频、视频信号或数据信息互通
4	事故监测	根据事故情景，对事故现场进行观察、分析或测定，确定事故严重程度、影响范围和变化趋势等
5	警戒与管制	根据事故情景，建立应急处置现场警戒区域，实行交通管制，维护现场秩序
6	疏散与安置	根据事故情景，对事故可能波及范围内的相关人员进行疏散、转移和安置

续表

序号	项目	内容
7	医疗卫生	根据事故情景，调集医疗卫生专家和卫生应急队伍开展紧急医学救援，并开展卫生监测和防疫工作
8	现场处置	根据事故情景，按照相关应急预案和现场指挥部要求对事故现场进行控制和处理
9	社会沟通	根据事故情景，召开新闻发布会或事故情况通报会，通报事故有关情况
10	后期处置	根据事故情景，应急处置结束后，开展事故损失评估、事故原因调查、事故现场清理和相关善后工作
11	其他	根据相关行业（领域）安全生产特点开展其他应急工作

三、演练计划与演练准备

序号	项目		内容
1	演练计划		
2	演练准备	成立演练组织机构	（1）领导小组。负责演练活动筹备和实施过程中的组织领导工作，具体负责审定演练工作方案、演练工作经费、演练评估总结以及其他需要决定的重要事项等。 （2）策划与导调组。负责编制演练工作方案、演练脚本、演练安全保障方案，负责演练活动筹备、事故场景布置、演练进程控制和参演人员调度以及与相关单位、工作组的联络和协调。 （3）宣传组。负责编制演练宣传方案，整理演练信息、组织新闻媒体和开展新闻发布。 （4）保障组。负责演练的物资装备、场地、经费、安全保卫及后勤保障。 （5）评估组。负责对演练准备、组织与实施进行全过程、全方位的跟踪评估；演练结束后，及时向演练单位或演练领导小组及其他相关专业组提出评估意见、建议，并撰写演练评估报告
		编制演练文件	（1）演练工作方案。 （2）演练脚本。 （3）演练评估方案。 （4）演练保障方案。 （5）演练观摩手册
		演练工作保障	（1）人员保障。按照演练方案和有关要求，确定演练总指挥、策划导调、宣传、保障、评估、参演等人员参加演练活动，必要时考虑替补人员。 （2）经费保障。根据演练工作需要，明确演练工作经费及承担单位。 （3）物资和器材保障。根据演练工作需要，明确各参演单位所准备的演练物资和器材等。 （4）场地保障。根据演练方式和内容，选择合适的演练场地。演练场地应满足演练活动需要，避免影响企业和公众正常生产、生活。 （5）安全保障。根据演练工作需要，采取必要安全防护措施，确保参演、观摩等人员以及生产运行系统安全。 （6）通信保障。根据演练工作需要，采用多种公用或专用通信系统，保证演练通信信息通畅。 （7）其他保障。根据演练工作需要，提供其他的保障措施

四、应急演练的实施

序号	项目	内容
1	现场检查	确认演练所需的工具、设备、设施、技术资料以及参演人员到位。对应急演练安全设备、设施进行检查确认，确保安全保障方案可行，所有设备、设施完好，电力、通信系统正常
2	演练简介	应急演练正式开始前，应对参演人员进行情况说明，使其了解应急演练规则、场景及主要内容、岗位职责和注意事项
3	启动	应急演练总指挥宣布开始应急演练，参演单位及人员按照设定的事故情景，参与应急响应行动，直至完成全部演练工作。演练总指挥可根据演练现场情况，决定是否继续或中止响应行动
4	执行	（1）桌面演练执行。在桌面演练过程中，演练执行人员按照应急预案或应急演练方案发出信息指令后，参演单位和人员依据接收到的信息，回答问题或模拟推演的形式，完成应急处置活动。 （2）实战演练执行。按照应急演练工作方案，开始应急演练，有序推进各个场景，开展现场点评，完成各项应急演练活动，妥善处理各类突发情况，宣布结束与意外终止应急演练
5	演练记录	演练实施过程中，安排专门人员采用文字、照片和音像手段记录演练过程
6	中断	在应急演练实施过程中，出现特殊或意外情况，短时间内不能妥善处理或解决时，应急演练总指挥按照事先规定的程序和指令中断应急演练
7	结束	完成各项演练内容后，参演人员进行人数清点和讲评，演练总指挥宣布演练结束

五、应急演练评估与总结

序号	项目		内容
1	应急演练评估	现场点评	应急演练结束后，在演练现场，对演练中发现的问题及取得的成效进行现场点评
		参演人员自评	演练结束后，演练单位应组织各参演小组或参演人员进行自批评，总结演练中的优点和不足，介绍演练收获及体会。演练评估人员应参加演练人员自评会并做好记录
		评估组评估	参演人员自评结束后，演练评估组负责人应组织召开专题评估工作会议，综合评估意见
2	应急演练总结		演练结束后，由演练组织单位根据演练记录、演练评估报告、应急预案、现场总结等材料，对演练进行全面总结，并形成演练书面总结报告。演练总结报告的内容主要包括： （1）演练基本概要。 （2）演练发现的问题，取得的经验和教训。 （3）应急管理工作建议
3	演练资料归档与备案		（1）应急演练活动结束后，将应急演练工作方案以及应急演练评估、总结报告等文字资料，以及记录演练实施过程的相关图片、视频、音频等资料归档保存。 （2）对主管部门要求备案的应急演练资料，演练组织部门（单位）应将相关资料报主管部门备案

六、应急演练持续改进

序号	项目	内容
1	应急预案修订完善	根据演练评估报告中对应急预案的改进建议，由应急预案编制部门按程序对预案进行修订完善
2	应急管理工作改进	（1）应急演练结束后，组织应急演练的部门（单位）应根据应急演练评估报告、总结报告提出的问题和建议对应急管理工作（包括应急演练工作）进行持续改进。 （2）组织应急演练的部门（单位）应督促相关部门和人员，制定整改计划，明确整改目标，制定整改措施，落实整改资金，并应跟踪督查整改情况

考点 22   生产安全事故报告和调查处理

一、《生产安全事故报告和调查处理条例》关于安全事故等级的规定

序号	等级	内容
1	特别重大事故	是指造成 30 人以上死亡，或者 100 人以上重伤（包括急性工业中毒，下同），或者 1 亿元以上直接经济损失的事故
2	重大事故	是指造成 10 人以上 30 人以下死亡，或者 50 人以上 100 人以下重伤，或者 5000 万元以上 1 亿元以下直接经济损失的事故
3	较大事故	是指造成 3 人以上 10 人以下死亡，或者 10 人以上 50 人以下重伤，或者 1000 万元以上 5000 万元以下直接经济损失的事故
4	一般事故	是指造成 3 人以下死亡，或者 10 人以下重伤，或者 1000 万元以下直接经济损失的事故

二、《特种设备安全监察条例》关于安全事故等级的规定

序号	等级	内容
1	特别重大事故	（1）特种设备事故造成 30 人以上死亡，或者 100 人以上重伤（包括急性工业中毒，下同），或者 1 亿元以上直接经济损失的。 （2）600 兆瓦以上锅炉爆炸的。 （3）压力容器、压力管道有毒介质泄漏，造成 15 万人以上转移的。 （4）客运索道、大型游乐设施高空滞留 100 人以上并且时间在 48 小时以上的
2	重大事故	（1）特种设备事故造成 10 人以上 30 人以下死亡，或者 50 人以上 100 人以下重伤，或者 5000 万元以上 1 亿元以下直接经济损失的。 （2）600 兆瓦以上锅炉因安全故障中断运行 240 小时以上的。 （3）压力容器、压力管道有毒介质泄漏，造成 5 万人以上 15 万人以下转移的。 （4）客运索道、大型游乐设施高空滞留 100 人以上并且时间在 24 小时以上 48 小时以下的

序号	等级	内容
3	较大事故	（1）特种设备事故造成3人以上10人以下死亡，或者10人以上50人以下重伤，或者1000万元以上5000万元以下直接经济损失的。 （2）锅炉、压力容器、压力管道爆炸的。 （3）压力容器、压力管道有毒介质泄漏，造成1万人以上5万人以下转移的。 （4）起重机械整体倾覆的。 （5）客运索道、大型游乐设施高空滞留人员12小时以上的
4	一般事故	（1）特种设备事故造成3人以下死亡，或者10人以下重伤，或者1万元以上1000万元以下直接经济损失的。 （2）压力容器、压力管道有毒介质泄漏，造成500人以上1万人以下转移的。 （3）电梯轿厢滞留人员2小时以上的。 （4）起重机械主要受力结构件折断或者起升机构坠落的。 （5）客运索道高空滞留人员3.5小时以上12小时以下的。 （6）大型游乐设施高空滞留人员1小时以上12小时以下的

三、《生产安全事故报告和调查处理条例》关于事故报告的规定

序号	项目	内容
1	报告时限	事故发生后，事故现场有关人员应当立即向本单位负责人报告；单位负责人接到报告后，应当于1小时内向事故发生地县级以上人民政府安全生产监督管理部门和负有安全生产监督管理职责的有关部门报告
2	管理部门的事故报告	安全生产监督管理部门和负有安全生产监督管理职责的有关部门接到事故报告后，应当依照下列规定上报事故情况，并通知公安机关、劳动保障行政部门、工会和人民检察院： （1）特别重大事故、重大事故逐级上报至国务院安全生产监督管理部门和负有安全生产监督管理职责的有关部门。 （2）较大事故逐级上报至省、自治区、直辖市人民政府安全生产监督管理部门和负有安全生产监督管理职责的有关部门。 （3）一般事故上报至设区的市级人民政府安全生产监督管理部门和负有安全生产监督管理职责的有关部门
3	报告事故应当包括的内容	（1）事故发生单位概况。 （2）事故发生的时间、地点以及事故现场情况。 （3）事故的简要经过。 （4）事故已经造成或者可能造成的伤亡人数（包括下落不明的人数）和初步估计的直接经济损失。 （5）已经采取的措施。 （6）其他应当报告的情况
4	补报	事故报告后出现新情况的，应当及时补报。自事故发生之日起30日内，事故造成的伤亡人数发生变化的，应当及时补报。道路交通事故、火灾事故自发生之日起7日内，事故造成的伤亡人数发生变化的，应当及时补报
5	救援	事故发生单位负责人接到事故报告后，应当立即启动事故相应应急预案，或者采取有效措施，组织抢救，防止事故扩大，减少人员伤亡和财产损失。 事故发生地有关地方人民政府、安全生产监督管理部门和负有安全生产监督管理职责的有关部门接到事故报告后，其负责人应当立即赶赴事故现场，组织事故救援。 事故发生后，有关单位和人员应当妥善保护事故现场以及相关证据，任何单位和个人不得破坏事故现场、毁灭相关证据。因抢救人员、防止事故扩大以及疏通交通等原因，需要移动事故现场物件的，应当做出标志，绘制现场简图并做出书面记录，妥善保存现场重要痕迹、物证

四、《生产安全事故报告和调查处理条例》关于事故调查的规定

序号	项目	内容
1	调查权限	特别重大事故由国务院或者国务院授权有关部门组织事故调查组进行调查。 　　重大事故、较大事故、一般事故分别由事故发生地省级人民政府、设区的市级人民政府、县级人民政府负责调查。省级人民政府、设区的市级人民政府、县级人民政府可以直接组织事故调查组进行调查，也可以授权或者委托有关部门组织事故调查组进行调查。 　　上级人民政府认为必要时，可以调查由下级人民政府负责调查的事故
2	事故调查组成员	根据事故的具体情况，事故调查组由有关人民政府、安全生产监督管理部门、负有安全生产监督管理职责的有关部门、监察机关、公安机关以及工会派人组成，并应当邀请人民检察院派人参加。 　　事故调查组可以聘请有关专家参与调查。 　　事故调查组成员应当具有事故调查所需要的知识和专长，并与所调查的事故没有直接利害关系。 　　事故调查组组长由负责事故调查的人民政府指定。事故调查组组长主持事故调查组的工作
3	事故调查组履行的职责	（1）查明事故发生的经过、原因、人员伤亡情况及直接经济损失。 （2）认定事故的性质和事故责任。 （3）提出对事故责任者的处理建议。 （4）总结事故教训，提出防范和整改措施。 （5）提交事故调查报告
4	事故调查时限	事故调查组应当自事故发生之日起60日内提交事故调查报告；特殊情况下，经负责事故调查的人民政府批准，提交事故调查报告的期限可以适当延长，但延长的期限最长不超过60日
5	事故调查报告应当包括的内容	（1）事故发生单位概况。 （2）事故发生经过和事故救援情况。 （3）事故造成的人员伤亡和直接经济损失。 （4）事故发生的原因和事故性质。 （5）事故责任的认定以及对事故责任者的处理建议。 （6）事故防范和整改措施

五、《生产安全事故报告和调查处理条例》关于事故处理的规定

序号	项目	内容
1	处理时限	重大事故、较大事故、一般事故，负责事故调查的人民政府应当自收到事故调查报告之日起15日内作出批复；特别重大事故，30日内作出批复，特殊情况下，批复时间可以适当延长，但延长的时间最长不超过30日
2	整改措施	事故发生单位应当认真吸取事故教训，落实防范和整改措施，防止事故再次发生。防范和整改措施的落实情况应当接受工会和职工的监督

六、安全生产事故直接、间接原因的分析

序号	项目		内容
1	直接原因	物的不安全状态	(1) 防护、保险、信号等装置缺乏或缺陷。 (2) 设备、设施工具附件有缺陷。 (3) 个人防护用品、用具缺少或有缺陷。 (4) 生产施工场地环境不良
		人的不安全行为	(1) 操作错误、忽视安全忽视警告。 (2) 造成安全装置失效。 (3) 使用不安全设备。 (4) 用手代替工具操作。 (5) 物体（指成品、半成品、材料、工具、切屑和生产用品等）存放不当。 (6) 冒险进入危险场所。 (7) 攀、坐不安全位置（如平台护栏、汽车挡板、吊车吊钩等）。 (8) 在起吊物下作业、停留。 (9) 机器运转时加油、修理、检查、调整、焊接、清扫等工作。 (10) 有分散注意力的行为。 (11) 在必须使用个人防护用品用具的作业或场合中，忽视其使用。 (12) 不安全装束。 (13) 对易燃、易爆等危险物品处理错误
2	间接原因		(1) 技术和设计上有缺陷。 (2) 教育培训不够。 (3) 劳动组织不合理。 (4) 对现场工作缺乏检查和指导错误。 (5) 没有安全操作规程或不健全。 (6) 没有或不认真实施事故防范措施；对事故隐患整改不力。 (7) 其他

七、按导致事故的直接原因对危险、有害因素的分类

序号	项目	内容
1	人的因素	(1) 心理、生理性危险和有害因素：负荷超限，健康状况异常，从事禁忌作业，心理异常，识别功能缺陷，其他心理、生理性危险和有害因素。 (2) 行为性危险和有害因素：指挥错误（指挥失误、违章指挥、其他指挥错误），操作错误（误操作、违章作业、其他操作错误）；监护错误，其他行为性危险和有害因素
2	物的因素	(1) 物理性危险和有害因素：设备、设施、工具、附件缺陷，防护缺陷，电危害，噪声，振动危害，电离辐射，非电离辐射，运动物危害，明火，高温物体，低温物体，信号缺陷，标志缺陷，有害光照，其他物理性危险和有害因素。 (2) 化学性危险和有害因素：爆炸品，压缩气体和液化气体，易燃液体，易燃固体、自然物品和遇湿易燃物品，氧化剂和有机过氧化物，有毒品，放射性物品，腐蚀品，粉尘与气溶胶，其他化学性危险和有害因素。 (3) 生物性危险和有害因素：致病微生物，细菌，病菌，真菌，其他致病微生物，传染病媒介物，致害动物，致害植物，其他生物危险和有害因素

续表

序号	项目	内容
3	环境因素	（1）室内作业场所环境不良。 （2）室外作业场所环境不良。 （3）地下（含水下）作业环境不良。 （4）其他作业环境不良
4	管理因素	（1）职业安全卫生组织机构不健全。 （2）职业安全卫生责任制未落实。 （3）职业安全卫生管理规章制度不完善。 （4）职业安全卫生投入不足。 （5）职业健康管理不完善。 （6）其他管理因素缺陷

八、危险、有害因素识别的内容

序号	项目	相关要点
1	厂址	工程地质、地形地貌、水文、气象条件、周围环境、交通运输条件及自然灾害、消防支持等
2	总平面布置	功能分区、防火间距和安全间距、风向、建筑物朝向、危险有害物质设施、动力设施、道路、储运设施等
3	道路及运输	从运输、装卸、消防、疏散、人流、物流、平面交叉运输和竖向交叉运输等
4	建（构）筑物	生产火灾危险性分类、耐火等级、结构、层数、占地面积、防火间距、安全疏散等
5	生产设备、装置	工艺设备：高温、低温、高压、腐蚀、振动、关键部位的备用设备、控制、操作、检修和故障、失误时的紧急异常情况等
6		机械设备：运动零部件和工件、操作条件、检修作业、误运转和误操作等
7		电气设备：从触电、断电、火灾、爆炸、误运转和误操作、静电、雷电等
8	作业环境	存在各种职业危害因素的作业部位
9	安全管理措施	安全生产管理组织机构、安全生产管理制度、事故应急救援预案、特种作业人员培训、日常安全管理等

九、《企业职工伤亡事故分类》

（1）物体打击：不包括因机械设备、车辆、起重机械、坍塌等引发的物体打击。

（2）车辆伤害：不包括起重设备提升、牵引车辆和车辆停驶时发生的事故。

（3）机械伤害：不包括车辆、起重机械引起的机械伤害。

（4）起重伤害：指各种起重作业（包括起重机安装、检修、试验）中发生的挤压、坠落（吊具、吊重）、物体打击等。

（5）触电：包括雷击伤亡事故。

（6）淹溺：不包括矿山、井下透水淹溺。

（7）灼烫：不包括电灼伤和火灾引起的烧伤。

（8）火灾。不适用于非企业原因造成的火灾。

（9）高处坠落：不包括触电坠落事故。

（10）坍塌：挖沟时的土石塌方、脚手架坍塌、堆置物倒塌等，不适用于矿山冒顶片帮和车辆、起重机械、爆破引起的坍塌。

（11）冒顶片帮：适用于矿山、地下开采、掘进机其他坑道作业时发生的坍塌事故。

（12）透水：指矿山、地下开采或其他坑道作业时，意外水源带来的伤亡事故。

（13）放炮：是指爆破作业中发生的伤亡事故。

（14）火药爆炸：是指火药、炸药及其制品在生产、加工、运输、贮存中发生的爆炸事故。

（15）瓦斯爆炸：主要是用于煤矿，也适用于空气不流通瓦斯煤尘集聚的其他场合。

（16）锅炉爆炸：锅炉发生的物理学爆炸事故。

（17）容器爆炸。

（18）其他爆炸。

（19）中毒和窒息：不适用于病理变化导致的中毒和窒息，也不适用于慢性中毒的职业病导致的死亡。

（20）其他伤害。

考点 23　安全生产统计分析

一、安全事故统计的步骤

序号	步骤	内容
1	资料搜集	资料搜集又称统计调查，是根据事故统计的目的和任务，制定调查方案，确定调查对象和单位，拟定调查项目和表格，并按照事故统计工作的性质，选定方法
2	资料整理	资料整理又称统计汇总，是将搜集的事故资料进行审核、汇总，并根据事故统计的目的和要求计算有关数值。汇总的关键是统计分组，就是按一定的统计标志，将分组研究的对象划分为性质相同的组
3	综合分析	综合分析是将汇总整理的资料及有关数值，填入统计表或绘制统计图，使大量的零星资料系统化、条理化、科学化，是统计工作的结果

二、安全事故统计指标体系

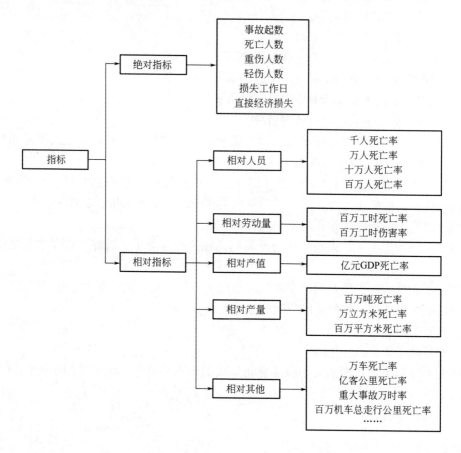

三、地区安全评价类统计指标与计算方法

序号	统计指标	计算方法
1	千人死亡率	千人死亡率＝死亡人数/从业人员数×10^3
2	千人重伤率	千人重伤率＝重伤人数/从业人员数×10^3
3	百万工时死亡率	百万工时死亡率＝死亡人数/实际总工时×10^6
4	百万吨死亡率	百万吨死亡率＝死亡人数/实际产量（t）×10^6
5	重大事故率	重大事故率＝重大事故起数/事故总起数×100%
6	特大事故率	特大事故率＝特大事故起数/事故总起数×100%
7	百万人火灾发生率	百万人火灾发生率＝火灾发生次数/地区总人口×10^6
8	百万人火灾死亡率	百万人火灾死亡率＝火灾造成的死亡人数/地区总人口×10^6
9	万车死亡率	万车死亡率＝机动车造成的死亡人数/机动车数×10^4
10	十万人死亡率	十万人死亡率＝死亡人数/地区总人口×10^5

序号	统计指标	计算方法
11	亿客公里死亡率	亿客公里死亡率＝死亡人数/（运营旅客人数×运营公里总数）×10^8
12	千艘船事故率	千艘船事故率＝一般以上事故船舶总艘数/本省（本单位）船舶总艘数×10^3
13	百万机车总走行公里死亡率	百万机车总走行公里死亡率＝死亡人数/机车总走行公里×10^6
14	重大事故万时率	重大事故万时率＝（重大事故次数/飞行总小时）×10^4
15	亿元国内生产总值（GDP）死亡率	亿元国内生产总值（GDP）死亡率＝死亡人数/国内生产总值（元）×10^8

四、伤亡事故统计分析方法

序号	统计分析方法	内容
1	综合分析法	将大量的事故资料进行总结分类，将汇总整理的资料及有关数值，形成书面分析材料或填入统计表或绘制统计图，使大量的零星资料系统化、条理化、科学化。从各种变化的影响中找出事故发生的规律性
2	分组分析法	按伤亡事故的有关特征进行分类汇总，研究事故发生的有关情况
3	算数平均法	—
4	相对指标比较法	如各省之间、各企业之间由于企业规模、职工人数等不同，很难比较，但采用相对指标可以互相比较，并在一定程度上说明安全生产的情况
5	统计图表法	（1）趋势图。即折线图。直观地展示伤亡事故的发生趋势。 （2）柱状图。能够直观地反映不同分类项目所造成的伤亡事故指标大小比较。 （3）饼图。即比例图，可以形象地反映不同分类项目所占的百分比
6	排列图	排列图也称主次图，是直方图与折线图的结合。直方图用来表示属于某项目的各分类的频次，而折线点则表示各分类的累积相对频次。排列图可以直观地显示出属于各分类的频数的大小及其占累计总数的百分比
7	控制图	控制图又叫管理图，把质量管理控制图中的不良率控制图方法引入伤亡事故发生情况的测定中，可以及时察觉伤亡事故发生的异常情况，有助于及时消除不安定因素，起到预防事故重复发生的作用

五、伤亡事故经济损失的统计范围

序号	项目	范围
1	直接经济损失	（1）人身伤亡后所支出的费用： ①医疗费用（含护理费用）。 ②丧葬及抚恤费用。 ③补助及救济费用。 ④歇工工资。 （2）善后处理费用： ①处理事故的事务性费用。

续表

序号	项目	范围
1	直接经济损失	②现场抢救费用。 ③清理现场费用。 ④事故罚款和赔偿费用。 （3）财产损失价值： ①固定资产损失价值。 ②流动资产损失价值
2	间接经济损失	（1）停产、减产损失价值。 （2）工作损失价值。 （3）资源损失价值。 （4）处理环境污染的费用。 （5）补充新职工的培训费用。 （6）其他损失费用

六、伤亡事故经济损失计算方法

序号	项目	计算
1	经济损失	$$E=E_d+E_i$$ 式中　E——经济损失，万元； 　　　E_d——直接经济损失，万元； 　　　E_i——间接经济损失，万元
2	工作损失价值	$$V_W=D_LM/(SD)$$ 式中　V_W——工作损失价值，万元； 　　　D_L——按事故的总损失工作日数，死亡一名职工按6000个工作日计算，日； 　　　M——企业上年税利（税金加利润），万元； 　　　S——企业上年平均职工人数，人； 　　　D——企业上年法定工作日数，日
3	固定资产损失价值	（1）报废的固定资产，以固定资产净值减去残值计算。 （2）损坏的固定资产，以修复费用计算
4	流动资产损失价值	（1）原材料、燃料、辅助材料等均按账面值减去残值计算。 （2）成品、半成品、在制品等均以企业实际成本减去残值计算
5	其他	（1）事故已处理结案而未能结算的医疗费、歇工工资等，采用测算方法计算。 （2）对分期支付的抚恤、补助等费用，按审定支出的费用，从开始支付日期累计到停发日期

七、伤亡事故经济损失的评价指标

序号	指标	计算
1	千人经济损失率	$$R_s(‰)=E/S×1000$$ 式中　R_s——千人经济损失率。 　　　E——全年内经济损失，万元。 　　　S——企业平均职工人数，人

序号	指标	计算
2	百万元产值经济损失率	$R_v(\%) = E/V \times 100$ 式中 R_v——百万元产值经济损失率。 E——全年内经济损失，万元。 V——企业总产值，万元

第二节 建筑施工安全案例分析

案例一 某建筑企业安全管理案例

某建筑企业，企业经理为法定代表人，设有现场安全生产管理负责人。该企业在其注册地的某项工程施工过程中，甲班队长在指挥组装起重机时，没有严格按规定把塔式起重机吊臂的防滑板装入燕尾槽中并用螺栓固定，而是用电焊将防滑板点焊住。某日甲班作业过程中发生吊臂防滑板开焊、吊臂折断脱落事故，造成 3 人死亡，1 人重伤。这次事故造成的损失包括：医疗费用（含护理费用）45 万元，丧葬及抚恤等费用 60 万元，处理事故和现场抢救费用 28 万元，设备损失 200 万元，停产损失 150 万元。

根据以上场景，回答下列问题（1～3 题为单选题，4～8 题为多选题）：

1. 此次事故的主要负责人为（　　）。

A. 企业经理　　　　　　　　　　B. 现场安全管理负责人

C. 与此次事故有关的甲班作业人员　D. 甲班队长

E. 甲班队员

2. 根据以上情况描述，此次事故的直接经济损失为（　　）万元。

A. 45　　　　　　　　　　　　　B. 105

C. 133　　　　　　　　　　　　　D. 333

E. 483

3. 根据《企业职工伤亡事故分类标准》，该起事故的类型应为（　　）。

A. 物体打击　　　　　　　　　　B. 机械伤害

C. 起重伤害　　　　　　　　　　D. 车辆伤害

E. 其他伤害

4. 根据《建设工程安全生产管理条例》，以下说法正确的有（　　）。

A. 该企业所在行政区的县级以上人民政府负责安全生产监督管理的部门，对该企业的建筑工程安全生产工作实施行业监督管理

B. 该项工程应取得施工许可证

C. 对建筑工程安全生产违法行为可以实施罚款的处罚

D. 建筑企业应当为本企业所有人员办理意外伤害保险

E. 甲班队长应取得特种作业操作资格证书

5. 此次事故发生后，组成事故调查组的部门和单位应包括（　　）。

A. 地市级安全生产监督管理部门

B. 工程监理单位

C. 地市级公安部门

D. 县级环保部门

E. 县级工会

6. 该起事故的直接原因包括（　　）。

A. 私自改装，使用不牢固的设施　　B. 起重机司机作业时未加注意

C. 现场安全生产管理不到位　　　　D. 起重机吊臂防滑板开焊

E. 安全生产责任制不健全

7. 根据《特种设备安全监察条例》和该企业的情况，下面说法正确的有（　　）。

A. 起重机设计文件应经安全生产监督管理部门组织的专家鉴定后才能进行制造

B. 该企业起重机安装后经检测检验机构进行监督检验方可使用

C. 该企业应制定起重机的事故应急措施和应急救援预案

D. 此次事故发生后，企业应及时向特种设备安全监督管理部门等相关部门报告

E. 该企业在申请办理有关特种设备行政审批事项时，特种设备安全监督管理部门应在 40 天内办理完成

8. 针对此次事故，下列说法正确的有（　　）。

A. 按照工矿商贸企业的事故调查分级原则，此次事故属于一般死亡事故

B. 按照工矿商贸企业的事故调查分级原则，此次事故属于重大事故

C. 在向受伤未愈的相关人员调查取证时，交谈取证最长时间不得超过 2h

D. 此次事故的调查报告应包括该企业的基本情况

E. 此次事故是一起责任事故

参考答案

1. C　2. D　3. C　4. B、C、E　5. A、C　6. A、D　7. B、C、D　8. D、E

案例二　某服装厂安全管理案例

某服装厂厂房为一栋 6 层钢筋混凝土建筑物，厂房一层是铣床车间，二层是平缝和包装车间及办公室，三层至六层是成衣车间，厂房一层现有 4 个门，后 2 个门被封死，1 个门上锁，仅留 1 个门供员工上下班进出，厂房内唯一的上下楼梯平台上堆放了杂物，仅留 0.8m 宽的通道供员工通行。

半年前，厂房一层用木板和铁栅栏分隔出一个临时库房。由于用电负荷加大，临时库房内总电闸保险丝经常烧断，为了不影响生产，电工用铜丝代替临时库房内总电闸保险丝。经总电闸引出的电线，搭在铁栅栏上，穿过临时库房，但没有用绝缘套管，电线下堆放了 2m 高的木料。

2018 年 6 月 6 日，该服装厂发生火灾事故。起火初期火势不大，有员工试图拧开消火栓，使用灭火器灭火，但因不会操作未果。火势迅速蔓延至二、三层，当时，正在二层办

公的厂长看到失火后立即逃离现场；二至六层的 401 名员工在无人指挥的情况下慌乱逃生，多人跳楼逃生摔伤；一层人员全部逃出。

该起火灾事故造成 67 人死亡，51 人受伤，直接经济损失 3600 万元。

事故调查发现，起火原因是一层库房内电线短路产生高温熔珠，引燃堆在下面的木料。整个火灾过程中无人报警。事故前该厂曾收到当地消防机构关于该厂火险隐患的责令限期改正通知书，但未整改；厂内仅有 1 名电工，且无特种作业人员操作证。

根据以上场景，回答下列问题（1～3 题为单选题，4～8 题为多选题）：

1. 此次火灾发生初期，作为企业负责人的厂长应优先（　　）。

A. 保护工厂财物　　　　　　　　B. 组织员工疏散

C. 保护员工财物　　　　　　　　D. 查找起火原因

E. 保护工厂重要文件

2. 根据《生产安全事故报告和调查处理条例》，该起事故属于（　　）事故。

A. 特别重大　　　　　　　　　　B. 重大

C. 较大　　　　　　　　　　　　D. 一般

E. 轻微

3. 关于此次事故中逃生时受伤的员工是否定为工伤的问题，按我国相关法律、法规，下列说法中，正确的是（　　）。

A. 应该定为，因工作受伤　　　　B. 不应定为，不是因工作受伤

C. 是否定为，由厂工会认定　　　D. 是否定为，由厂领导决定

E. 是否定为，由安全生产监督管理部门裁定

4. 针对本案存在的安全隐患，下列整改措施中，该厂应该采取的有（　　）。

A. 保持上下楼梯通道畅通

B. 确保人员出入通道不少于 2 个

C. 加强员工灭火技能培训

D. 电工取得特种作业人员操作证并持证上岗

E. 申领安全生产许可证

5. 该厂存在的下列现象中，违反法律、法规和标准的有（　　）。

A. 库房内总电闸的保险丝用铜丝代替

B. 厂房内上下楼梯平台上堆放杂物

C. 厂房三至六层是成衣车间

D. 二至六层有 401 名员工同时工作

E. 二层以上各层存放可燃物

6. 下列关于该厂安全管理现状的说法中，正确的有（　　）。

A. 员工缺乏应急救援常识　　　　B. 楼房不适合作为生产服装的厂房

C. 安全管理混乱　　　　　　　　D. 发现的事故隐患没有及时整改

E. 安全教育培训落实不到位

7. 厂房一层火灾失控时，对正在五层工作的员工来说，下列做法中，正确的有（　　）。

A. 在本层负责人的组织下灭火

B. 搬运身旁附近的财物

C. 察看火情，设法逃生

D. 无法立即逃生时，用湿毛巾捂住口鼻，等待救援

E. 逃生时尽量不要直立行走

8. 此次火灾造成人员重大伤亡的间接原因包括（　　）。

A. 厂房一层内设置临时库房

B. 厂房平时缺乏对员工的安全防火教育培训，员工自救能力差

C. 厂房内唯一的上下楼梯平台上堆放了杂物，员工无法迅速撤离

D. 责令限期改正通知书下达不及时

E. 厂房一层只有1个门供员工上下班进出

参考答案

1. B　2. A　3. A　4. A、B、C、D　5. A、B　6. A、C、D、E　7. C、D、E
8. A、B、C、E

案例三　某企业安全管理案例

B企业为扩大产能，投资1.5亿元，新建12000㎡厂房，新建厂房为新型钢结构，委托C设计公司设计，D建筑安装公司施工总承包并负责设备安装与调试，E监理公司施工监理。

新建厂房由一个主跨和一个辅跨相邻的两个独立单元组成。

主跨内有钢板下料、加工、小件焊接、打磨、大件组装、探伤、涂装、水压试验等作业，主要设备设施有剪板机、平板机、车床、冲床、电焊机、电（风）动打磨机、X射线探伤仪、涂装流水线、移动式空压机、起重机及其他工艺设备，其中，涂装流水线设在主跨的一侧，与其他设备设施间距为4m，有抛丸、清洗、喷漆、烘干等工艺单元。

辅跨有两层，一层设置了休息室、更衣室、浴室和卫生间，及气瓶库、危化品库和放射源库。气瓶库与危化品库紧邻，各为独立库房。二层设置了办公室、会议室、员工宿舍。

新建厂房投入使用后，B企业将其作为一个生产车间，配备1名车间主任、2名副主任、1名专职安全员、10名其他技术管理人员、350名生产一线员工。

根据以上场景，回答下列问题（1～3题为单选题，4～8题为多选题）：

1. 根据《职业病防治法》，新建厂房投入使用后，需要实行特殊管理的作业是（　　）。

A. 烘干作业　　　　　　　　B. 起重作业

C. X射线探伤作业　　　　　D. 大件组装作业

E. 水压试验作业

2. 涂装流水线工艺单元中存在的化学性职业病危害因素有（　　）。

A. 辐射　　　　　　　　　　B. 噪声

C. 抛丸烟尘　　　　　　　　D. 灼烫

E. 苯系物

3. 根据《建设工程安全生产管理条例》，E监理公司应履行的监理职责为（　　）。

A. 要求 D 建筑安装公司压缩合同约定的工期

B. 对 D 建筑安装公司施工组织设计中的专项施工方案进行审查

C. 要求 B 企业在建设工程中采用新结构、新工艺

D. 施工后要求 D 建筑安装公司完善补充安全技术方案记录

E. 给 D 建筑安装公司施工人员签发现场动火作业许可

4. 有关涂装流水线，下列说法正确的有（　　）。

A. 涂装流水线在投入使用前，应做好项目验收工作

B. 涂装流水线存在火灾爆炸、职业中毒等风险

C. 对进入涂装流水线的人员不必收缴火柴、打火机

D. 涂装流水线应该满足防火防爆要求，电气设施应具有相应的防爆等级

E. 涂装流水线操作人员经过厂内岗位培训后，即可上岗作业

5. 在新建厂房辅跨内不应设置的设施有（　　）。

A. 会议室
B. 员工宿舍
C. 更衣室
D. 危化品库

E. 放射源库

6. B 企业在新厂房建设项目中，应该保证的安全投入包括（　　）。

A. 烟感喷淋消防系统费用
B. 个人防护用品费用
C. 施工设备折旧和维修费用
D. 安全教育培训及宣传费用

E. 施工人员工伤保险费用

7. D 建筑安装公司履行新建厂房总承包合同时，应承担的安全管理责任有（　　）。

A. 现场消防安全管理

B. 保障施工人员人身安全

C. 脚手架等设施的检查验收

D. 根据安全生产需要修改新建厂房安全设施设计

E. 施工现场安全防护用具、机械设备、施工机具和配件的管理

8. 以上场景中，违反安全生产法律、法规和标准的有（　　）。

A. 员工宿舍与办公室、库房设在辅跨内

B. 气瓶库与危化品库同设在辅跨一层

C. 配备 1 名专职安全员

D. 涂装流水线与其他设备设施之间的间距为 4m

E. 焊接作业与涂装作业同在主跨内

参考答案

1. C　2. E　3. B　4. A、B、D　5. B、D、E　6. A、B、D　7. A、B、C、E
8. A、B、C、E

📝 案例四　某生产企业脚手架倒塌事故分析

A 公司为汽车零部件生产企业，2017 年营业收入 15 亿元。公司 3 号厂房主体为拱形

顶钢结构，顶棚采用夹芯彩钢板，燃烧性能等级为 B_2 级。2018 年年初，公司决定全面更换 3 号厂房顶棚夹芯彩钢板，将其燃烧性能等级提高到 B_1 级。

2018 年 5 月 15 日，A 公司委托具有相应资质的 B 企业承接 3 号厂房顶棚夹芯彩钢板更换工程，要求在 30 个工作日内完成。施工前双方签订了安全管理协议，明确了各自的安全管理职责。

5 月 18 日 8 时，B 企业作业人员进入现场施工，搭建了移动式脚手架，脚手架作业面距地面 8m。施工作业过程中，B 企业临时雇佣 5 名作业人员参与现场作业。

当天 15 时 30 分，移动式脚手架踏板与脚手架之间的挂钩突然脱开，导致踏板脱落，随即脚手架倒塌，造成脚手架上 3 名作业人员坠落地面，地面 10 名作业人员被脱落的踏板、倒塌的脚手架砸伤。

事故导致 10 人重伤、3 人轻伤。事故经济损失包括：医疗费用及歇工工资 390 万元，现场抢救及清理费用 30 万元，财产损失费用 50 万元，停产损失 1210 万元，事故罚款 70 万元。

事故调查发现，移动式脚手架踏板与脚手架之间的挂钩未可靠连接；脚手架上的作业人员虽佩戴了劳动防护用品，但未正确使用；未对临时雇佣的 5 名作业人员进行安全培训和安全技术交底；作业过程中，移动式脚手架滑轮未锁定；现场安全管理人员未及时发现隐患。

根据以上场景，回答下列问题（1～3 题为单选题，4～7 题为多选题）：

1. 根据《生产安全事故报告和调查处理条例》，该起事故的等级为（　　）。

A. 轻微事故　　　　　　　　　　B. 一般事故

C. 较大事故　　　　　　　　　　D. 重大事故

E. 特别重大事故

2. 根据《企业职工伤亡事故经济损失统计标准》GB 6721—1986，该起事故的直接经济损失为（　　）万元。

A. 390　　　　　　　　　　　　B. 420

C. 470　　　　　　　　　　　　D. 540

E. 1750

3. 根据《企业安全生产费用提取和使用管理办法》，安全生产费用提取以上年度实际营业收入为计提依据，按照以下标准平均逐月提取：

（1）营业收入不超过 1000 万元的，按照 2% 提取；

（2）营业收入超过 1000 万元至 1 亿元的部分，按照 1% 提取；

（3）营业收入超过 1 亿元至 10 亿元的部分，按照 0.2% 提取；

（4）营业收入超过 10 亿元至 50 亿元的部分，按照 0.1% 提取。

2018 年度 A 公司应该提取的安全生产费用为（　　）万元。

A. 150　　　　　　　　　　　　B. 340

C. 430　　　　　　　　　　　　D. 490

E. 770

4. 根据《生产安全事故报告和调查处理条例》，该起事故的调查组组成应包括（　　）。

A. A 公司所在地设区的市级安全生产监督管理部门

B. A 公司所在地县级安全生产监督管理部门

C. A 公司所在地设区的市级工会

D. A 公司所在地设区的市级监察机关

E. A 公司所在地县级监察机关

5. 在移动式脚手架上的作业人员应佩戴的劳动防护用品包括（　　）。

A. 安全带
B. 安全帽

C. 防刺穿鞋
D. 手套

E. 护目镜

6. 根据《生产经营单位安全培训规定》，B 企业对临时雇佣的 5 名作业人员进行岗前安全培训的内容应包括（　　）。

A. 企业安全生产情况及安全生产基本知识

B. 企业安全生产规章制度和劳动纪律

C. 国内外先进的安全生产管理经验

D. 有关事故案例

E. 作业人员安全生产权利和义务

7. 为有效预防此类事故再次发生，应采取的安全技术措施包括（　　）。

A. 搭设有效可靠的脚手架

B. 踏板满铺，不使用单板、浮板和探头板

C. 设置符合标准的防护栏杆

D. 增加现场安全监护人员

E. 地面设置坐落保护气垫

参考答案

1. C　2. D　3. A　4. A、C、D　5. A、B　6. A、B、D、E　7. A、B、C

📝 案例五　某施工现场安全检查案例

由某建筑公司总承包施工的宿舍楼工程项目，新建两幢学生宿舍楼，楼体为剪力墙结构，地下 1 层，地上 9 层，建筑面积共 18244m²，外檐高度均为 31.77m，合同总工期 452 日历天。该工程施工现场西侧和南侧各设置了一个出入口，西侧为人员通行出入口，南侧是运输车辆通行出入口。两幢在建宿舍楼呈东西排列，施工现场靠南侧围墙区域设置有钢筋、模板等材料堆放及加工区域。施工现场安装了两台 TC5015 型塔式起重机，分别设置在两栋在建宿舍楼南侧，另在两栋宿舍楼之间的区域设置了一台 HBT80 混凝土泵，作为浇筑大体积混凝土时的补充。该工程项目办公区设置在施工现场北侧，生活区设置在施工现场南侧围墙外，与施工区域分隔开来，便于管理。

该工程在主体结构施工阶段，项目部共有管理及施工人员 306 人，其中管理人员 16 人；施工人员 290 人，包括架子工 14 人、电焊工 8 人、电工 2 人、塔式起重机司机 4 人及其他工种 262 人。主要施工顺序为土方施工、基础施工、结构施工及装修施工。

外脚手架为悬挑式双排扣件式钢管脚手架，能够满足结构、装修施工期间的防护要

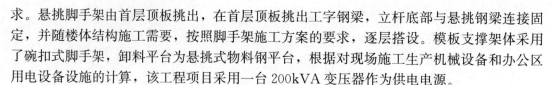

求。悬挑脚手架由首层顶板挑出，在首层顶板挑出工字钢梁，立杆底部与悬挑钢梁连接固定，并随楼体结构施工需要，按照脚手架施工方案的要求，逐层搭设。模板支撑架体采用了碗扣式脚手架，卸料平台为悬挑式物料钢平台，根据对现场施工生产机械设备和办公区用电设备设施的计算，该工程项目采用一台 200kVA 变压器作为供电电源。

根据以上场景，回答下列问题（1～3 题为单选题，4、5 题为多选题）：

1. 安全检查作为工程项目专职安全管理人员的一项重点工作，主要依靠其自身的经验和能力，检查结果直接受安全员个人素质影响的安全检查方法是（   ）。

A. 常规安全检查法
B. 安全检查表法
C. 仪器检查法
D. 数据分析法
E. 仪表检查法

2. 建筑业是高危行业之一，下列伤害类型中，不属于建筑业常见的五大伤害的是（   ）。

A. 高处坠落
B. 物体打击
C. 灼烫
D. 机械伤害
E. 坍塌

3. 作为施工现场确保安全生产的一项重要措施，任何一项分部分项工程在施工前，都应对施工人员进行安全技术交底，接受交底的施工人员要在安全技术交底书上签字确认。交底工作应由（   ）负责实施。

A. 技术员
B. 项目经理
C. 施工负责人
D. 安全员
E. 项目总监

4. 该工程项目安全员在对塔式起重机进行的检查中，如发现吊钩存在（   ）的情况，应对其进行更换。

A. 用 20 倍放大镜观察表面有裂纹
B. 危险断面及钩颈永久变形
C. 挂绳处断面磨损超过高度的 5%
D. 吊钩衬套磨损超过原厚度的 50%
E. 销轴磨损超过其直径的 5%

5. 该工程在施工过程中涉及的如下分部分项工程中，需要进行专家论证的包括（   ）。

A. 深度为 5.6m 的土方开挖、支护、降水工程
B. 单件起吊重量在 20kN 的起重吊装工程
C. 悬挑高度为 24m 的型钢悬挑脚手架工程
D. 开挖深度为 13m 的人工挖孔桩工程
E. 施工总荷载为 16kN/m² 的一层大厅顶板模板支撑系统工程

参考答案

1. A 2. C 3. C 4. A、B、D、E 5. C、E

📝 案例六 某集团公司应急管理案例

总部位于 A 省的某集团公司在 B 省有甲、乙、丙三家下属企业，为加强和规范应急

管理工作，该集团公司委托某咨询公司编制应急救援预案，咨询公司通过调查、分析集团公司及下属企业的安全生产风险，完成了应急救援预案的起草工作，提交给集团公司会议上进行评审。

评审时，集团公司领导的意见是：①集团公司和甲、乙、丙三家企业的应急救援预案在应急组织指挥结构上应保持一致；②集团公司有自己的职工医院和消防队，应急救援时伤员救治要依靠职工医院，抢险要依靠集团公司的消防队；③周边居民安全疏散，应由集团公司通知地方政府有关部门，由地方政府组织实施；④应急救援预案中因部分内容涉及集团公司商业秘密，应急救援预案不对企业全体员工和外界公开，只传达到各企业中层以上干部。应急救援预案要报 A 省安全生产监督管理部门备案。

近期，该集团公司完成了一套应急救援预案的演练计划，该计划设计的演练内容为：①打开液氨储罐阀门，将液氨排到储罐的围堰内；②参演人员在规定的时间内关闭阀门，将围堰内的液氨进行安全处置；③救出模拟中毒人员。

2008 年 3 月 6 日，集团公司在甲企业进行了应急救援实战演练，演练地点设在甲企业的液氨储罐区，为保障参演人员、控制人员和观摩人员的安全，集团公司事先调来乙企业全部空气呼吸器、防毒面具、防爆性无线对讲机和检测仪器，同时调来集团公司消防队的所有水罐车、泡沫车和职工医院的救护车辆。演练从 10 点钟开始，按照事先制订的演练计划进行，10 点 20 分氨气扩散到厂区外，由于演练前未组织周边群众撤离，扩散的氨气导致 2 名群众中毒，10 点 30 分，抢救完中毒群众后，演练继续按计划进行。

根据以上场景，回答下列问题：

1. 指出应急救援预案评审时，集团公司领导意见中的不妥之处，说明正确的做法。
2. 指出本案例的应急救援演练中存在的问题。
3. 结合本案例，简述事故应急救援的基本任务。

参考答案

1. 应急救援预案评审时，集团公司领导意见中的不妥之处有以下几点：

（1）"伤员救治依靠职工医院，抢险依靠集团公司消防队"不符合实际情况，该集团位于 A 省，而下属三家企业位于 B 省，集团公司的职工医院和消防队在应急救援时远水不解近渴，三家企业应就近和当地的医院、消防队签订救援协议。

（2）应急救援预案只传达到各企业中层以上干部不正确，预案应知晓全体员工。

（3）"应急救援预案只报 A 省安全生产监督管理部门备案"不妥，应急救援预案不仅要报 A 省安全生产监督管理部门备案，还应报 B 省备案。

（4）"周边居民安全疏散由集团公司通知地方政府有关部门"不妥，应由发生事故企业直接通知地方政府或直接通知周边群众。

2. 本案应急救援演练中存在的问题主要有：

（1）演练地点设在甲企业的液氨储罐区不正确，应远离生产及储存区，不应设在可能造成事故的区域。

（2）调来所有的救援器材和消防车辆不正确，根据演练要求配足即可。

（3）演练时使用真的氨气是不正确的，应使用无毒的替代品。

（4）本次应急救援演练未及时通知周边群众。

（5）出现 2 名群众中毒时，未立即终止演练。

3. 事故应急救援的基本任务有：

（1）立即组织营救受害人员，组织撤离或者采取其他措施保护危害区域内的其他人员。抢救受害人员是应急救援的首要任务。在应急救援行动中，快速、有序、有效地实施现场急救与安全转送伤员，是降低伤亡率、减少事故损失的关键。

（2）迅速控制事态，并对事故造成的危害进行检测、监测，测定事故的危害区域、危害性质及危害程度。及时控制住造成事故的危险源是应急救援工作的重要任务。

（3）消除危害后果，做好现场恢复。针对事故对人体、动植物、土壤、空气等造成的现实危害和可能的危害，迅速采取封闭、隔离、洗消、监测等措施，防止对人的继续危害和对环境的污染。及时清理废墟和恢复基本设施，将事故现场恢复至相对稳定的状态。

（4）查清事故原因，评估危害程度。事故发生后应及时调查事故的发生原因和事故性质，评估出事故的危害范围和危险程度，查明人员伤亡情况，做好事故原因调查，并总结救援工作中的经验和教训。

案例七　某招标项目安全管理案例

E 招标项目为 20km 管道铺设施工项目。项目作业内容主要有：挖沟、布管和焊接。主要作业程序是：挖沟、地面管道焊接、吊管入沟、沟内对管焊接、填埋。施工期为 6 月 1 日至 8 月 31 日，属于雨季。施工地点位于江淮丘陵地带，施工现场地表最大坡度达 22°。管沟开挖尺寸为：深 2.6m，上部宽 2.5m，底部宽 2.1m。管道规格为：直径 1016mm、壁厚 17.5mm、长 12.3m，重量为 5.3t。

F 公司计划参与该项目的投标。该公司主要设备有：挖掘机 10 台、焊接工程车 20 台，40t 吊管机 20 台。该公司有员工 140 人，其中挖掘机司机 15 人、焊接工程车司机 25 人、吊管机司机 25 人、焊工 60 人、管理和技术人员 15 人。该公司有类似工程施工经验，曾经完成过 300km 类似管道工程的施工，没有发生伤亡事故，有良好的安全、质量业绩。

在制作项目投标书时，需要分析该项目施工过程中的危险有害因素并进行风险评估，依据风险评估结果制定安全防范措施，计算安全生产投入。

根据以上场景，回答下列问题：

1. 参照《企业职工伤亡事故分类标准》，分析该项目施工过程中存在的危险有害因素类型及起因物。

2. 指出 F 公司主要工程设备中的特种设备，并说明该类设备安全技术档案的内容。

3. 指出该项目施工过程中应采取的安全技术措施。

4. 说明该项目安全生产投入的费用应包括哪几方面。

参考答案

1. 该项目施工过程中存在的危险有害因素类型及起因物如下：

（1）坍塌：起因物是挖沟作业。

（2）起重伤害：起因物是吊管机。

（3）车辆伤害：起因物是挖掘机和焊接工程车。

（4）高处坠落：起因物是大地。

2．F公司主要工程设备中的特种设备是吊管机。该类设备安全技术档案应当包括以下内容：

（1）吊管机的设计文件、制造单位、产品质量合格证明、使用维护说明等文件及安装技术文件和资料。

（2）吊管机的定期检验和定期自行检查的记录。

（3）吊管机的日常使用状况记录。

（4）吊管机及其安全附件、安全保护装置、测量调控装置及有关附属仪器仪表的日常维护保养记录。

（5）吊管机运行故障和事故记录。

（6）能效测试报告、能耗状况记录及节能改造技术资料。

3．该项目施工过程中应采取的安全技术措施有：

（1）为防止管沟塌方，应严格按要求坡度放边坡，雨期施工应有边坡加固措施、排水措施。

（2）为防止起重伤害，应按要求对吊管机定期检验，吊管机司机必须有特种作业人员操作证。

（3）为防止高处坠落，施工时管沟边上应有护栏，施工人员应戴安全帽。

4．该项目安全生产投入应包括的费用：

（1）安全活动、安全培训教育费用；

（2）为从业人员配备符合国家标准的个体防护用品费用；

（3）安全设施费用；

（4）保证安全生产事故隐患排查、治理费用；

（5）安全检查、安全评价和职业卫生评价所需费用；

（6）保证安全生产科技研究和安全生产先进技术推广费用；

（7）建立应急救援队伍、开展应急救援演练费用；

（8）为从业人员缴纳工伤保险和职业病预防健康体检费用；

（9）消防器材设施购置、维护费用；

（10）现场安全警示标志设置、维护更换费用；

（11）治安保卫费用；

（12）应急救援物资费用；

（13）其他与安全生产有关的费用。

案例八　建筑工程公司安全管理案例

C建筑工程公司原有从业人员650人，为减员增效，2017年3月将从业人员裁减到350人，质量部、安全部合并为质安部，原安全部的8名专职安全管理人员转入下属二级单位，原安全部的职责转入质安部，具体工作由2人承担。

2018年5月，C公司获得某住宅楼工程的承建合同，中标后转包给长期挂靠的包工头甲某，从中收取管理费。2018年11月5日，甲找C公司负责人借用起重机，吊运1台800kN·m的塔式起重机组件，并借用了有A类汽车驾驶执照的员工乙和丙，2018年11

月 6 日中午，乙把额定起重量 8t 的汽车式起重机开到工地，丙用汽车将塔式起重机塔身组件运至工地。乙驾驶汽车式起重机开始作业，C 公司机电队和运输队 7 名员工开始组装塔身。当日 18 时，因起重机油料用完且天黑无照明，丙要求下班，甲不同意。甲找来汽油后，继续组装。到 20 时，发现塔式起重机的塔身首尾倒置，无法与塔基对接。随后，甲找来 3 名临时工，用钢绳绑定、人拉钢绳的方法扭转塔身，转动中塔身倾斜倒向地面，作业人员躲避不及，造成 3 人死亡、4 人重伤。

根据以上场景，回答下列问题：

1. 确定此次事故类别并说明理由。
2. 指出 C 公司主要负责人应履行的安全生产职责。
3. 分析本次事故暴露出的现场安全管理问题。
4. 提出为防止类似事故发生应采取的安全管理措施。

参考答案

1. 此次事故类别为起重伤害。

理由：该事故是塔式起重机（起重机械）在安装过程中，由于违章操作导致塔身倾倒酿成的事故，为起重伤害。

2. C 公司主要负责人应履行的安全生产职责：

（1）建立健全安全生产责任制。

（2）组织制定本单位安全生产规章制度和操作规程。

（3）保证安全生产投入的有效实施。

（4）督促、检查本单位安全生产工作，及时消除安全生产事故隐患。

（5）组织制定并实施本单位安全生产事故应急救援预案。

（6）及时、如实汇报安全生产事故。

3. 本次事故暴露出的现场安全管理问题：

（1）塔式起重机械的安装和拆卸应由具有相应资质的单位承担，而不是临时工。

（2）起重机安装没有制定具有针对性的施工组织方案和安全技术措施。

（3）施工中没有派专业技术人员监督。

（4）在作业环境不良的条件下违章指挥，强令冒险作业。

（5）临时工未经培训上岗，特种专业人员未持证上岗。

（6）相关方管理混乱，存在非法分包、转包问题。

（7）没有设置安全生产管理机构或者配备专职安全生产管理人员。

4. 为防止类似事故发生应采取的安全管理措施：

（1）建立健全安全生产责任制。

（2）制定有针对性的安全施工方案和安全措施。

（3）加强对起重设备的安装、使用、维修管理，杜绝违章指挥、违章操作。

（4）加强相关方管理，管理机构应严格审核相关单位的资质和条件。

（5）加强从业人员岗前安全教育培训，树立良好的安全意识。

（6）现场派专业技术人员监督，保证操作规程的遵守和安全措施的落实。

📝 案例九 某扩建工程施工平台发生坍塌事故分析

2016年12月11日，南方某省L电厂二期扩建工程M标段冷却塔施工平台发生坍塌事故，造成49人死亡，3人受伤。该二期扩建工程由I工程公司总承包，K监理公司监理，M标段冷却塔施工由J建筑公司分包。

M标段的合同工期为15个月，因前期施工延误，为赶工期，I工程公司私下与J建筑公司约定，要求其在12个月内完成M标段施工，为此，J公司实行24h连续作业，时值冬季，当地气候潮湿阴冷，混凝土养护所需时间比其他季节延长。

冷却塔施工采用由下而上，利用浇筑好的钢筋混凝土塔壁作为支撑，在冷却塔壁内部和外部分别搭建施工平台和模板，当浇筑的混凝土达到要求的强度后，先拆除下部模板。将其安装在上部模板的上方，再进行下一轮浇筑。用混凝土泵将混凝土输送到冷却塔壁的内外两层模板之间，进行塔壁混凝土浇筑。

冷却塔内有塔式起重机及混凝土输送设备（混凝土运输罐车、混凝土泵和管道）。通过塔式起重机运送施工平台作业人员、其他建筑材料及施工工具。冷却塔施工平台上，有模板、钢筋、混凝土振捣棒以及电焊机、乙炔气瓶、氧气瓶等。

12月2日至10日，当地连续阴雨天气，施工并未停止，至11日零时，冷却塔施工平台高度达到85m。11日7时30分，42名作业人员到达冷却塔内，准备与前一班作业人员进行交接班，此时施工平台上有作业人员49人。突然，有人在施工平台上大声喊叫，接着就看到施工平台往下坠落，砸坏了部分冷却塔，随后整个施工平台全部坍塌。事故导致施工平台上49名作业人员全部死亡，地面3人受伤。

事故调查发现：事发时I工程公司没有人员在现场，I工程公司对J公司进行安全检查的记录不全；未发现近期J公司混凝土强度送检及相关检验报告；J公司现场作业人员共有210人，项目经理指定其亲属担任职安全员，主要任务是看护现场工具及建筑材料，防止财物被盗；施工平台现场作业安全管理由当班班组长负责；J公司上次安全培训的时间是13个月前。

根据以上场景，回答下列问题：

1. 简要分析该起事故的直接原因。根据《企业职工伤亡事故分类》，辨识冷却塔施工平台存在的危险有害因素。
2. 指出J公司在M标段冷却塔施工安全生产管理中存在的问题。
3. 简述I公司对J公司现场安全管理的主要内容。
4. 简述J公司安全生产管理人员安全培训的主要内容。
5. 简述冷却塔施工中存在的危险性较大的分部分项工程。

参考答案

1.（1）该起事故的直接原因是：施工单位未按规定对冷却塔筒壁混凝土强度进行检测，异常天气下继续违章施工，致使筒壁混凝土强度养护时间不够，强度不足以承受筒壁上部及筒壁内外施工平台的荷载，筒壁结构破坏后施工平台失去支撑坠落，砸坏部分冷却塔后整个施工平台全部坍塌造成本次事故。

根据《企业职工伤亡事故分类》，辨识冷却塔施工平台存在的危险有害因素：

① 坍塌——高大模板、冷却塔筒壁、施工平台有发生现实危险的可能。

② 高处坠落——冷却塔施工平台高度达到 85m。

③ 物体打击——作业人员上部坠落物、其他运动物。

④ 触电——冷却塔施工平台上有混凝土振捣棒以及电焊机等电气设备。

⑤ 压力容器爆炸——乙炔气瓶、氧气瓶物理爆炸。

⑥ 其他爆炸——乙炔气体发生爆炸。

⑦ 火灾——乙炔易燃。

⑧ 其他伤害——跌伤、扭伤。

⑨ 起重伤害——场内有塔式起重机。

⑩ 车辆伤害——场内有混凝土输送罐车。

⑪ 振动——混凝土振捣棒。

⑫ 噪声——混凝土振捣棒。

2. J 公司在 M 标段冷却塔施工安全生产管理中存在的问题包括：

（1）操作规程和规章制度不健全。

（2）未按规定设置独立的安全管理组织机构和配套专职安全生产管理人员配置。

（3）未按要求对混凝土强度送检和取得相关检验报告。

（4）未指派安全生产管理员进行现场监督。

（5）安全培训不到位和教育力度不足。

（6）现场管理混乱，"三违"事件时有发生。为抢工期，在未采取有效安全技术措施的情况下盲目冒险违章施工。

（7）安全生产投入缺失。

（8）隐患排查制度不健全和发现隐患整改不力。

（9）应急预案衔接不畅，未发挥作用。

（10）员工安全意识淡薄。

（11）各级人员没有危险源辨识和风险分析的能力，相关业务不熟练。

3. I 公司对 J 公司现场安全管理的主要内容：

（1）工程开工前生产经营单位应对承包方负责人、工程技术人员进行全面的安全技术交底，并应有完整的记录。必要时，在承包商教育培训的基础上对承包商管理人员和工程技术人员、工人进行安全教育培训和考试，提供有关安全生产的规程、制度、要求。

（2）在有危险性的生产区域内作业，有可能造成火灾、爆炸、触电、中毒、窒息、机械伤害、烫伤、坠落、溺水等有可能造成人身伤害、设备损坏、环境污染等事故的，生产经营单位应要求承包方做好作业安全风险分析，并制订安全措施，经生产经营单位审核批准后，监督承包方实施。承包商应按有关行业安全管理法规、条例、规程的要求，在工作现场设置安全监护人员。

（3）在承包商队伍进入作业现场前，发包单位要对其进行消防安全、设备设施保护及社会治安方面的教育。所有教育培训和考试完成后，办理准入手续，凭证件出入现场。证件上应有本人近期免冠照片和姓名、承包商名称、准入的现场区域等信息。

（4）生产经营单位协助做好办理开工手续等工作，承包商取得经批准的开工手续后方可开始施工。

（5）发包单位、承包商安全监督管理人员，应经常深入现场，检查指导安全施工，要随时对施工安全进行监督，发现有违反安全规章制度的情况，及时纠正，并按规定给予惩处。

（6）同一工程项目或同一施工场所有多个承包商施工的，生产经营单位应与承包商签订专门的安全管理协议或者在承包合同中约定各自的安全生产管理职责，发包单位对各承包商的安全生产工作统一协调、管理。

（7）承包商施工队伍严重违章作业，导致设备故障等严重影响安全生产的后果，生产经营单位可以要求承包商进行停工整顿，并有权决定终止合同的执行。

4. J公司安全生产管理人员安全培训的主要内容包括：

（1）国家安全生产方针、政策和有关安全生产的法律、法规、规章及标准。

（2）安全生产管理、安全生产技术、职业卫生等知识。

（3）伤亡事故统计、报告及职业危害的调查处理方法。

（4）应急管理、应急预案编制以及应急处置的内容和要求。

（5）国内外先进的安全生产管理经验。

（6）典型事故和应急救援案例分析。

（7）其他需要培训的内容。

5. 冷却塔施工中存在的危险性较大的分部分项工程包括：

（1）基坑支护、降水工程。

（2）土方开挖工程。

（3）模板工程及支撑体系。

（4）起重吊装及安装拆卸工程。

（5）脚手架工程。

（6）拆除、爆破工程。

案例十　某施工现场风险因素分析及对策

J市地铁1号线由该市轨道交通公司负责投资建设及运营。该市K建筑公司作为总承包单位承揽了第3标段的施工任务。该标段包括：采用明挖法施工的304地铁车站1座，采用盾构法施工、长4.5km的40号隧道1条。

J市位于暖温带，夏季潮湿多雨，极端最高温度42℃。工程地质勘查结果显示为第3标段的地质条件和水文地质条件复杂。40号隧道工程需穿越耕土层、砂质黏土层和含水的砂砾岩层，并穿越1条宽50m的季节性河流。304地铁车站开挖工程周边为居民区，人口密集，明挖法施工需特别注意边坡稳定、噪声和粉尘飞扬，并监控周边建筑物的位移和沉降。为了确保工程施工安全，K建筑公司对第3标段施工开始了安全评价。

J市轨道交通公司与K建筑公司于2014年5月1日签订了施工总承包合同，合同工期2年。K建筑公司将第3标段进行了分包，其中304地铁车站由L公司中标，L公司组建了由甲担任项目经理的项目部。项目部管理人员共25人，于6月2日举行了进场开工仪式。

304地铁车站基坑深度35m，开挖至坑底设计标高后，进行车站底板垫层、防水层的

站主体结构施工期间，模板支架最大高度为 7m。施工现场设置了两个钢筋加工区、一个木材加工区。在基坑土方开挖、支护及车站主体结构施工阶段，施工现场使用的大型机械设备包括：门式起重机 1 台、混凝土泵 2 台、塔式起重机 2 台、履带式挖掘机 2 台、排土运输车辆 6 辆。施工用混凝土由 J 市 M 商品混凝土搅拌站供应。

根据以上场景，回答下列问题：

1. 根据《企业职工伤亡事故分类》，辨识 304 地铁车站土方开挖及基础施工阶段的主要危险有害因素。

2. 简述 K 建筑公司对 L 公司进行安全生产管理的主要内容。

3. 简述第 3 标段的安全评价报告中应提出的安全对策措施。

4. 简述 304 地铁车站施工期间 L 公司项目经理甲应履行的安全生产责任。

5. 根据《危险性较大的分部分项工程安全管理规定》，指出 304 地铁车站工程中需要编制安全专项施工方案的分项工程。

参考答案

1. 根据《企业职工伤亡事故分类》，304 地铁车站土方开挖及基础施工阶段的主要危险有害因素：高处坠落，物体打击，机械伤害，火灾，起重伤害，车辆伤害，触电，坍塌，淹溺，噪声，振动，粉尘，高温。

2. K 建筑公司对 L 公司进行安全生产管理的主要内容：

(1) 签订安全生产管理协议；

(2) 负责建立对 L 公司包括评价、选择和管理等全过程的分包管理制度和管理台账并加以实施；

(3) 负责 L 公司的资质审核以及专业技术能力的审查；

(4) 负责组织、实施和监督对 L 公司作业人员的安全教育；

(5) 负责对作业现场的监督和管理。

3. 第 3 标段的安全评价报告中应提出的安全对策措施：

(1) 施工过程中工人应该佩戴好安全帽防止物体打击和重物坠落；作业过程中工人涉及登高作业的应该系好安全带，高挂低用，安全带完好无破损；

(2) 采用的金属切削工具和木工机械防护罩完好，接地良好；

(3) 木工作业现场划分防火区域，采用吸尘设备，并在现场根据《建筑灭火器配置设计规范》GB 50140—2005 配备灭火器；

(4) 使用起重机械，挖掘机和运输车辆人员应取得特种设备操作许可证持证上岗，使用的特种设备应状况良好，经过定期检验合格后方可进入现场使用；

(5) 固定及临时电器线路及用电设备接线规范，接地良好，根据使用用途及场所使用特定电压，并在直接上级加装漏电保护器；

(6) 作业过程中水下穿越工程时有坍塌、淹溺的危险，开凿隧道时要固定好支撑顶网和锚杆，防止冒顶片帮和坍塌。对隧道和河道采取监控手段并进行连锁声光报警，当发生隧道顶端出现裂纹、渗水等危险情况，立即撤离；

(7) 振动设备应进行降噪处理，设备固定螺栓加装垫片，工作人员配发耳塞；

(8) 可能情况下采用湿式作业，降低粉尘，并配发防尘口罩或面罩；

（9）开凿隧道时要对隧道内进行含氧量和有毒气体，易燃易爆气体进行检测。各项指标合格后，在专人监护的情况下，方可作业。进行机械通风；

（10）照明设施良好，不影响作业人员作业；

（11）根据危险有害因素分析评价结果制定专项应急预案，配备应急器材和应急人员。

4．304地铁车站施工期间L公司项目经理甲应履行的安全生产责任：

（1）建立、健全L公司安全生产责任制；

（2）组织经理部制定304地铁站施工安全生产规章制度、施工方案、安全技术措施方案和各项作业活动设备操作规程；

（3）保证安全生产投入的有效实施；

（4）督促、检查施工过程的安全生产工作，及时消除生产安全事故隐患；

（5）组织制定并实施地铁站施工过程的生产安全事故应急救援预案；

（6）发生事故及时、如实报告。

5．根据《危险性较大的分部分项工程安全管理规定》，304地铁车站工程中需要编制安全专项施工方案的分项工程：

（1）基坑支护、降水工程；

（2）土方开挖工程；

（3）模板工程及支撑体系；

（4）起重吊装及安装拆卸工程；

（5）脚手架工程；

（6）拆除、爆破工程；

（7）其他。